AF762948

Božina Perović

**Werkzeugmaschinen**

**Aus dem Programm Fertigungstechnik**

**Werkzeugmaschinen**
von B. Perović

Lehrbücher zu anderen Gebieten der Fertigungstechnik:

Umformtechnik, von K. Grüning

Stanztechnik, von E. Semlinger

Meß- und Prüftechnik, von M. Naumann

Zerspantechnik, von K.-Th. Preger und E. Paucksch

Wirtschaftliche Fertigungstechnik, von Horst H. Raab

Handbücher:

Arbeitshilfen und Formeln für das technische Studium
Band 3 Fertigung, von A. Böge

Das Techniker Handbuch, von A. Böge

Handbuch Industrieroboter, von H. H. Raab

Betriebsfestigkeitsberechnung, von W. U. Zammert

**Vieweg**

Božina Perović

# Werkzeugmaschinen

Berechnungsgrundlagen und Gestaltung
in den spangebenden Verfahren

Mit 238 Bildern und 16 Tabellen

Friedr. Vieweg & Sohn Braunschweig / Wiesbaden

CIP-Kurztitelaufnahme der Deutschen Bibliothek

**Perović, Božina:**
Werkzeugmaschinen: Berechnungsgrundlagen u.
Gestaltung in d. spangebenden Verfahren/Božina
Perović. – Braunschweig; Wiesbaden: Vieweg,
1984.
(Viewegs Fachbücher der Technik)

ISBN-13: 978-3-528-04290-5 e-ISBN-13: 978-3-322-86422-2
DOI: 10.1007/ 978-3-322-86422-2

1984


Umschlaggestaltung: Hanswerner Klein, Leverkusen
Satz: Vieweg, Braunschweig

# Vorwort

Ziel dieses Buches ist es, dem Studierenden der Hoch- und Fachhochschulen, dem Konstrukteur und dem Betriebsingenieur Grundlagen für die Auslegung, Berechnung, Optimierung und Konstruktion neuzeitlicher Werkzeugmaschinen zu übermitteln. Die Bearbeitung wurde bewußt nicht auf einzelne Werkzeugmaschinentypen bezogen, da solche Beschreibungen bei der heutigen Entwicklungsgeschwindigkeit sehr schnell veralten. Es erschien daher berechtigt und zweckmäßig, sich mit den Bauelementen und der Automation der Maschine, mit der Maschinensteuerung und der Zerspanungstheorie zu befassen. Diese Bauelemente sind nicht wie die einzelnen Maschinenarten großen und grundsätzlichen Änderungen unterworfen. Durch allgemeingültigen Charakter haben diese Unterlagen auch bei den verwandten Branchen des Maschinenbaus ihre Verwendung.

Das Buch wurde daher in folgende Hauptabschnitte gegliedert:

- Zerspanungstheorie,
- Führungen, Spindellagerungen, Gestelle und Antriebe (als Bauelemente der Maschine),
- Dynamisches Verhalten der Maschine,
- Maschinensteuerung,
- Einrichtungen zur Automation von Werkzeugmaschinen,
- Bauarten und Bautypen von Werkzeugmaschinen.

In dem ersten Hauptabschnitt wurde die Zerspanungstheorie behandelt, damit die die Werkzeugmaschine angreifenden Kräfte und Momente, die für die Berechnung und Konstruktion der Maschine unerläßlich sind, bestimmt werden. Für die charakteristischen und an Fertigungsstraßen allgemein anwendbaren Zerspanungsvorgänge wurden zuverlässige, praktische Tabellen ausgearbeitet, die dem Konstrukteur für die Auslegung, dem Betriebsingenieur als Grundlage zur wirtschaftlichen Bearbeitung des Metalls dienen.

Die wichtigsten Bauelemente der Maschine: Führungen, Spindellagerungen, Gestelle und Antriebe wurden in vier Hauptabschnitten gesondert bearbeitet. Die Eigenschaften unterschiedlicher Bauelemente wurden beschrieben und analysiert, damit der Konstrukteur nach den jeweils gestellten Anforderungen hinsichtlich Belastung, Steifigkeit, Genauigkeit und Geschwindigkeit die richtige Wahl treffen kann. Diese Vergleichsanalysen verschiedener Elemente der Maschine sind besonders für den Entwicklungskonstrukteur von Nutzen. Die theoretische Abhandlung der physikalischen Vorgänge übermitteln dem Studierenden wesentliche Grundlagen zur selbständigen Arbeit. In jedem Abschnitt befinden sich sämtliche zur Auslegung, Berechnung, Optimierung und Konstruktion der Maschine notwendigen Unterlagen. Das dynamische Verhalten jedes Bauteils wurde beschrieben, Maßnahmen zu seiner Verbesserung erläutert und die Berechnungsunterlagen zusammengestellt.

Ein ganzer Abschnitt wurde dem dynamischen Verhalten der Maschine gewidmet, da beim heutigen Stand der Technik und den Anforderungen, die an Genauigkeit und schwingungsfreien Lauf einer Werkzeugmaschine gestellt werden, derartige Unterlagen unentbehrlich sind.

In dem siebten Hauptabschnitt werden verschiedene Arten der Maschinensteuerung beschrieben und die konstruktiven Voraussetzungen erläutert, die erfüllt sein müssen, damit die Steuerung an der Maschine angewandt werden kann. Die numerische Steuerung und das dynamische Verhalten des Lageregelkreises wurden eingehend behandelt.

Der achte Hauptabschnitt behandelt die Einrichtungen zur Automation von Werkzeugmaschinen. Die Beschreibungen dieser Einrichtungen wurden bewußt nicht auf bestimmte Ausführungen und Erfindungen bezogen. Es wurde vielmehr versucht, anhand eigener, konstruktiver Untersuchungen allgemeingültige, prinzipielle Darstellungen dieser Einrichtungen zu erstellen. Sie sollten als Anregung zur Inangriffnahme neuer Lösungen dienen.

Der neunte Hauptabschnitt behandelt Bauarten und Bautypen von Werkzeugmaschinen.

Die Voraussetzungen und die Ideen für dieses Buch ergaben sich durch meine langjährige Konstruktionspraxis in einigen Werkzeugmaschinenfirmen und zuletzt in meinem Konstruktionsbüro, durch meine Forschungsarbeit am Institut für Werkzeugmaschinen und Fertigungstechnik der Technischen Universität Berlin, Leiter: Prof. Dr.-Ing. G. Spur, und durch meine Veröffentlichungen in Fachzeitschriften. Die neuesten Forschungsberichte, Arbeitstagungen und einschlägige Literatur haben ermöglicht, daß alle Abschnitte des Buches nach den maßgeblichen theoretischen Grundlagen bearbeitet werden.

Die meisten verwendeten Kurzzeichen sind in SI-Einheiten angegeben. Die aus der Literatur übernommenen Kurzzeichen wurden ausnahmsweise in den zweckmäßigen Einheiten, meistens nach DIN 1301 angegeben.

*B. Perović*

Berlin, im Sommer 1983

# Inhaltsverzeichnis

**Vorwort**

**Verwendete Kurzzeichen**

**1 Zerspanungstheorie** . . . 1
1.1 Drehen . . . 1
1.1.1 Geometrie der Schneide . . . 1
1.1.2 Spezifischer Schnittdruck, Leistung . . . 1
1.1.3 Schnittgeschwindigkeit, Standzeit, Vorschub . . . 4
1.1.4 Vorschubkraft . . . 7
1.2 Bohren . . . 9
1.2.1 Geometrie der Schneide . . . 9
1.2.2 Spezifischer Schnittdruck, Leistung . . . 9
1.2.3 Schnittgeschwindigkeit, Standzeit, Vorschub . . . 12
1.2.4 Vorschubkraft . . . 15
1.3 Fräsen . . . 15
1.3.1 Geometrie der Schneide . . . 18
1.3.2 Spezifischer Schnittdruck, Leistung . . . 18
1.3.3 Schnittgeschwindigkeit, Standzeit, Vorschub . . . 21
1.3.4 Vorschubkraft . . . 23
1.4 Beispielaufgaben . . . 26

**2 Führungen** . . . 27
2.1 Gleitende Führungen . . . 27
2.1.1 Reibungskoeffizient . . . 27
2.1.2 Verschleiß . . . 34
2.1.3 Freßbeginn . . . 34
2.1.4 Zusammenfassung . . . 37
2.1.5 Klemmungsgefahr eines Schlittens . . . 38
2.2 Wälzende Führungen . . . 39
2.3 Hydrostatische Führungen . . . 42
2.3.1 Taschendruck, Taschenfläche, Kräfte . . . 43
2.3.2 Berechnung und Auslegung der Ölversorgung . . . 45
2.4 Konstruktionsbeispiele Werkzeugmaschinenführungen . . . 50
2.5 Beispielaufgaben . . . 53

**3 Spindellagerungen** . . . 54
3.1 Gleitlager für Hauptspindeln . . . 54
3.2 Hydrodynamische Lager . . . 56

3.3 Hydrostatische Lager . . . 61
3.4 Wälzlager für Hauptspindeln . . . 62
3.5 Steifigkeit von Hauptspindeln . . . 66
3.5.1 Statische Steifigkeit von Hauptspindeln . . . 67
3.5.2 Dynamische Steifigkeit von Hauptspindeln . . . 70
3.6 Beispielaufgaben . . . 73

**4 Gestelle** . . . 74
4.1 Forderungen an die Gestelle hinsichtlich der Auslegung und Konstruktion . 74
4.1.1 Gegengewicht oder Gewichtsausgleich . . . 76
4.1.2 Aufstellung des Gestells auf Fundament . . . 78
4.2 Werkstoffwahl, Fertigung . . . 79
4.2.1 Guß- oder Schweißausführung . . . 79
4.2.2 Gestelle aus Beton . . . 79
4.2.3 Eigenspannungen in den Gestellen . . . 81
4.2.4 Spanende Bearbeitung, thermische Behandlung . . . 83
4.3 Steifigkeit der Gestelle . . . 83
4.3.1 Statische Steifigkeit der Gestelle . . . 83
4.3.2 Dynamische Steifigkeit der Gestelle . . . 88
4.3.3 Berechnung von Gestellbauteilen mit Hilfe der Methoder der Finiten Elemente . . . 90
4.4 Beispielaufgaben . . . 91

**5 Antriebe** . . . 92
5.1 Hauptantrieb . . . 92
5.1.1 Hauptantrieb durch asynchronen Drehstrommotor mit konstanter Drehzahl . . . 93
5.1.2 Hauptantrieb durch Gleichstrommotor . . . 94
5.1.3 Hauptantrieb durch Hydromotor . . . 104
5.2 Vorschubantrieb . . . 106
5.2.1 Mechanische Vorschubantriebe . . . 106
5.2.2 Vorschubantrieb durch Drehstrom-Servomotor . . . 110
5.2.3 Vorschubantrieb durch Gleichstrommotor . . . 111
5.2.4 Vorschubantrieb durch Hydromotor . . . 114
5.2.5 Vorschubantrieb durch Hydraulikzylinder . . . 116
5.2.6 Vorschubantrieb durch Schrittmotor . . . 120
5.2.7 Dynamisches Verhalten des Vorschubantriebes . . . 123
5.3 Beispielaufgaben . . . 126

**6 Dynamisches Verhalten der Maschine** . . . 127
6.1 Fremderregte Schwingungen . . . 128
6.1.1 Freie Schwingungen . . . 128
6.1.2 Erzwungene Schwingungen . . . 130

6.2 Selbsterregte Schwingungen . . . . . 133
6.2.1 Ruckendes Gleiten . . . . . 133
6.2.2 Rattern . . . . . 136
6.3 Statische Nachgiebigkeitsprüfung der Maschine . . . . . 138
6.4 Untersuchung des dynamischen Verhaltens der Maschine außerhalb des Bearbeitungsvorganges . . . . . 140
6.5 Untersuchung des dynamischen Verhaltens der Maschine während des Bearbeitungsvorganges . . . . . 143
6.6 Verbesserung des dynamischen Verhaltens der Maschine . . . . . 144
6.7 Beispielaufgaben . . . . . 147

**7 Maschinensteuerung** . . . . . 148
7.1 Allgemeine Begriffe für Steuerung und Regelung . . . . . 148
7.2 Steuerungsarten für Werkzeugmaschinen . . . . . 149
7.2.1 Kurvensteuerung . . . . . 150
7.2.2 Hydraulische Steuerung . . . . . 150
7.2.3 Pneumatische Steuerung . . . . . 151
7.2.4 Elektrische Steuerung . . . . . 153
(manuelle Befehlseingabe, festverdrahtete Steuerung, Programmsteuerung mit geringer Schrittanzahl, speicherprogrammierbare Steuerung, numerische Steuerung, CNC-Steuerung, DNC-Steuerung, Technologische ACC-Systeme, Technologische ACO-Systeme, Geometrische AC-Systeme, Meßsteuerung)
7.3 Steuerungsarten bei numerischer Steuerung . . . . . 165
7.3.1 Punktsteuerung . . . . . 165
7.3.2 Streckensteuerung . . . . . 165
7.3.3 Bahnsteuerung . . . . . 166
7.4 Wirkungswege bei numerischer Steuerung . . . . . 166
7.4.1 Offener Wirkungsweg . . . . . 166
7.4.2 Geschlossener Wirkungsweg . . . . . 169
7.5 Wegmeßsysteme bei numerischer Steuerung . . . . . 170
7.5.1 Digitale und analoge Meßwerterfassung . . . . . 171
7.5.2 Inkrementales und absolutes Meßverfahren . . . . . 172
7.5.3 Direkte und indirekte Wegmessung . . . . . 173
7.5.4 Kennlinien der Wegmeßsysteme . . . . . 177
7.6 Dynamisches Verhalten des Lageregelkreises . . . . . 179
7.6.1 Frequenzkennlinien der Maschine . . . . . 179
7.6.2 Frequenzkennlinien der Steuerung . . . . . 180
7.6.3 Frequenzkennlinien des kombinierten Systems Maschine – Steuerung 180
7.6.4 Stabilitätskriterium des Lageregelkreises . . . . . 181
7.7 Beispielaufgaben . . . . . 182

**8 Einrichtungen zur Automation von Werkzeugmaschinen** . . . . . . . . . 183
8.1 Werkzeugwechsel . . . . . . . . . . . . . . . . . . . . . . . . . . . . . . . . . . . 183
8.1.1 Revolver als Werkzeugspeicher . . . . . . . . . . . . . . . . . . . . . . . 183
8.1.2 Maschine mit einem Spindelstock-Magazin . . . . . . . . . . . . . . . . . 183
8.1.3 Maschine mit einem drehbaren, kegelförmigen Magazin . . . . . . . . . . 184
8.1.4 Abholprinzip . . . . . . . . . . . . . . . . . . . . . . . . . . . . . . . . . 185
8.1.5 Manueller Werkzeugwechsel . . . . . . . . . . . . . . . . . . . . . . . . . 185
8.1.6 Indirekter Werkzeugwechsel über einen Revolver . . . . . . . . . . . . . 185
8.1.7 Direkter Werkzeugwechsel mittels einer Werkzeugwechseleinrichtung 186
8.2 Bohrkopfwechsel . . . . . . . . . . . . . . . . . . . . . . . . . . . . . . . . . . 200
8.3 Palettenwechsel . . . . . . . . . . . . . . . . . . . . . . . . . . . . . . . . . . 200
8.4 Industrieroboter . . . . . . . . . . . . . . . . . . . . . . . . . . . . . . . . . . 204
8.5 Beispielaufgaben . . . . . . . . . . . . . . . . . . . . . . . . . . . . . . . . . 205

**9 Bauarten und Bautypen von Werkzeugmaschinen** . . . . . . . . . . . . . . . 206
9.1 Sonderwerkzeugmaschinen aus Baueinheiten . . . . . . . . . . . . . . . . . 206
9.2 Transferstraßen . . . . . . . . . . . . . . . . . . . . . . . . . . . . . . . . . . 209
9.3 Bearbeitungszentren . . . . . . . . . . . . . . . . . . . . . . . . . . . . . . . 211
9.4 Flexible Fertigungssysteme und flexible Fertigungszellen . . . . . . . . . . 213
9.5 Beispielaufgaben . . . . . . . . . . . . . . . . . . . . . . . . . . . . . . . . . 213

**Anhang** . . . . . . . . . . . . . . . . . . . . . . . . . . . . . . . . . . . . . . 215

**Lösungen der Beispielaufgaben** . . . . . . . . . . . . . . . . . . . . . . . . . 215

**Schrifttum** . . . . . . . . . . . . . . . . . . . . . . . . . . . . . . . . . . . . . 223

**Autorenregister** . . . . . . . . . . . . . . . . . . . . . . . . . . . . . . . . . . 227

**Sachregister** . . . . . . . . . . . . . . . . . . . . . . . . . . . . . . . . . . . . 228

# Verwendete Kurzzeichen

| | |
|---|---|
| $A$ | Kolbenfläche |
| $A$ | Amplitude |
| $A_M$ | Amplitudenverhältnis der Maschine |
| $A_{MS}$ | Amplitudenverhältnis des Systems Maschine-Steuerung |
| $A_R$ | Amplitude im Resonanzfall |
| $A_s$ | Spanquerschnitt |
| $A_S$ | Amplitudenverhältnis der Steuerung |
| $A_{se}$ | Spanquerschnitt je Schneide |
| $A_{s.MAX}$ | Maximaler Gesamtspanquerschnitt |
| $A_{ST}$ | Statische Auslenkung |
| $A_W$ | Wirksame Taschenfläche |
| $A_{z.MAX}$ | Maximaler Spanquerschnitt je Zahn im Eingriff |
| $a$ | Schnittiefe |
| $a$ | Kraglänge |
| $a_1, a_2$ | Thyristorsatz |
| $a_4$ | Diodenbrücke |
| $a_5$ | Transistorsatz |
| $B_w$ | Wirksame Taschenbreite |
| $b$ | Spanbreite |
| $b$ | Abströmbreite |
| $b$ | Lagerabstand |
| $b_f$ | Fräsbreite |
| $C$ | Festwert der Vorschubkraft |
| $C'$ | Vorschubkraftkonstante |
| $C$ | Schnittgeschwindigkeitskonstante |
| $C_V$ | Schnittgeschwindigkeit bei einem Spanquerschnitt von 1 $mm^2$ und einer Standzeit von 60 min |
| $C_1$ | Konstante |
| $C_1$ | Zwischenkreiskondensator |
| $C_2$ | Konstante |
| $D$ | Werkstückdurchmesser |
| $D$ | Bohrerdurchmesser |
| $D$ | Messerkopfdurchmesser |
| $D$ | Lagerinnendurchmesser |
| $D$ | Kolbendurchmesser |
| $D$ | Dämpfungsmaß |
| $d$ | Kolbenstangendurchmesser |
| $d$ | Durchmesser der Gewindespindel |

| | |
|---|---|
| $d_L$ | Lagerinnendurchmesser |
| $d_L$ | Läuferdurchmesser |
| $d_S$ | Durchmesser der Kugelrollspindel |
| $d_2$ | Mittlerer Gewindedurchmesser |
| E | Elastizitätsmodul |
| $E_h$ | Elastizitätsmodul des Öles |
| $e_M$ | Motorenexzentrizität |
| $e_P$ | Pumpenexzentrizität |
| F | Hydrostatische Lagerkraft |
| F | Hydrodynamische Tragkraft |
| F | Statische Kraft |
| F | Schlittenschubkraft |
| $\tilde{F}$ | Dynamische Kraft |
| F(t) | Dynamische Kraft |
| $F_H$ | Hauptschnittkraft |
| $F_{HZ}$ | Augenblickliche Schnittkraft am Zahn |
| $F_Q$ | Querkraft |
| $F_R$ | Rückkraft |
| $F_V$ | Vorschubkraft |
| $F_{VZ}$ | Augenblickliche Vorschubkraft am Zahn |
| $F_{VZ1}$ | Augenblickliche Vorschubkraft am Zahn 1 |
| $F_{VZn}$ | Augenblickliche Vorschubkraft am letzten Zahn |
| $F_y$ | Schnittkraftkomponente in Y-Richtung |
| f | Exponent des Spanquerschnitts |
| f | Frequenz |
| $f_D$ | Eigenfrequenz des gedämpften Schwingers |
| $f_h$ | Hydraulische Frequenz |
| $f_0$ | Eigenfrequenz |
| G | Schlankheitsgrad |
| G | Schlittengewicht |
| g | Exponent des Schlankheitsgrades |
| g | Erdbeschleunigung |
| H | Kleinster impulsmäßig kontrollierbare Hub |
| H | Gesamthublänge |
| h | Spandicke |
| h | Lagerspalthöhe |
| h | Steigung der Gewindespindel |
| $h_M$ | Mittenspandicke |
| $h_{MAX}$ | Maximale Spandicke |
| $h_{MAX}$ | Maximale Lagerspalthöhe |
| $h_{MIN}$ | Minimale Lagerspalthöhe |
| $\Delta h$ | Spaltänderung |
| I | Massenträgheitsmoment |
| $I_x$ | Äquatoriales Trägheitsmoment |
| $I_1$ | Ankerstrom |
| i | Untersetzungsverhältnis des Getriebes |

| | |
|---|---|
| $J_{SP}$ | Axiales Flächenträgheitsmoment der Spindel |
| K | Statische Steifigkeit |
| K | Federkonstante des Schwingungssystems |
| K | Proportionalitätskoeffizient |
| $K_{BEZ}$ | Bezogene Steifigkeit |
| $K_{DYN}$ | Dynamische Steifigkeit |
| $K_f$ | Fertigungskosten je Werkstück |
| $K_h$ | Radiale Steifigkeit des hinteren Lagers |
| $K_h$ | Federkonstante der Ölsäule |
| $K_L$ | Federkonstante des Lagers |
| $K_{LO}$ | Federkonstante des Lagers im spielfreien Zustand |
| $K_{LH}$ | Fertigungskosten je Zeiteinheit |
| $K_M$ | Federkonstante der Kolbenstange |
| $K_M$ | Federkonstante der Mutter |
| $K_{MH}$ | Maschinenstundensatz |
| $K_S$ | Federkonstante der Spindel |
| $K_T$ | Torsionsfederkonstante |
| $K_v$ | Radiale Steifigkeit des vorderen Lagers |
| $K_W$ | Werkzeugkosten je Werkstück |
| $K_{WT}$ | Werkzeugkosten je Standzeit |
| $K_1$ | Proportionalitätsfaktor |
| $k_s$ | Spezifischer Schnittdruck |
| $k_{s(h_{MAX})}$ | Spezifischer Schnittdruck bezogen auf die maximale Spandicke |
| $k_{s1.1}$ | Spezifischer Schnittdruck bei b = 1 mm und h = 1 mm |
| $k_{Vn1.1}$ | Hauptwert der spezifischen Normalvorschubkraft |
| L | Länge der Linearrollenlager |
| L | Standweg |
| $L_a$ | Ankerinduktivität des Motors |
| $L_w$ | Wirksame Taschenlänge |
| $l$ | Schlittenlänge |
| $l$ | Abströmlänge |
| $l$ | Länge der Druckzone in Umfangsrichtung |
| $l$ | Länge der Ölsäule |
| $l$ | Länge der Kugelrollspindel |
| $l_L$ | Läuferlänge |
| $l_1$ | Kommutierungsdrossel |
| $l_2, l_3$ | Kreisstromdrossel |
| $\Delta l$ | Längenänderung der Ölsäule |
| M | Drehmoment |
| M | Exponent der Standzeit |
| $M_D$ | Drehmoment |
| $M_M$ | Drehmoment des Antriebsmotors |
| $M_V$ | Vorschubmoment |
| m | Masse |
| m | Anzahl der zu fertigenden Werkstücke je Auftrag |

| | |
|---|---|
| $n$ | Drehzahl |
| $n$ | Gesamtanzahl der hydrostatischen Taschen |
| $n_N$ | Nenndrehzahl |
| $n_M$ | Motordrehzahl |
| $n_{WT}$ | Anzahl der Werkstücke je Standzeit |
| $n_Z$ | Höchste Drehzahl |
| $n_1$ | Niedrigste Drehzahl |
| $P$ | Hydrodynamische Tragkraft |
| $P$ | Antriebsleistung |
| $P_M$ | Motorleistung |
| $P_S$ | Zerspanleistung |
| $p$ | Schnittkraftexponent |
| $p$ | Druck |
| $p_P$ | Pumpendruck |
| $p_PV$ | Druck der Vordruckpumpe |
| $p_T$ | Taschendruck |
| $Q$ | Abstand zwischen Führungsbahnen |
| $Q$ | Lagerbelastung |
| $R$ | Radialkraft |
| $R_a$ | Widerstand |
| $R_Z$ | Oberflächenrauhigkeit |
| $r$ | Schneidenradius |
| $s$ | Vorschub |
| $s'$ | Vorschub je Minute |
| $s_U$ | Vorschub je Umdrehung |
| $s_Z$ | Vorschub je Zahn |
| $T$ | Schwingungsdauer |
| $T$ | Länge des Tischunterteils |
| $T_L$ | Standzeit |
| $T_{oK}$ | Kostengünstigste Standzeit |
| $t$ | Zeit |
| $t_f$ | Fertigungszeit je Werkstück |
| $t_h$ | Hauptzeit |
| $t_n$ | Nebenzeit |
| $t_w$ | Werkzeugwechselzeit |
| $t_1$ | Transformator |
| $t_{rB}$ | Betriebsmittel-Rüstzeit |
| $U_a$ | Ankerspannung |
| $\dot{V}$ | Volumenstrom |
| $V_i$ | Komprimiertes Ölvolumen pro Anschluß |
| $\dot{V}_c$ | Taschenvolumenstrom |
| $\dot{V}_P$ | Förderstrom der Pumpe |
| $V_S$ | Schluckvolumen des Hydromotors |
| $\dot{V}_S$ | Volumenstrom notwendig zum Ausgleich der Schlupfverluste |
| $V_1$ | Vergrößerungsfaktor |
| $v$ | Schnittgeschwindigkeit |

| | |
|---|---|
| $v$ | Umfangsgeschwindigkeit |
| $v$ | Tischgeschwindigkeit |
| $v_{EILG}$ | Eilganggeschwindigkeit |
| $v_M$ | Mittlere Schnittgeschwindigkeit |
| $v_O$ | Konstante Geschwindigkeit des Antriebselementes |
| $v_{oK}$ | Kostengünstigste Schnittgeschwindigkeit |
| W | Führungsgröße |
| X | Istwert der Regelgröße |
| $X_K$ | Sollwert der Regelgröße |
| $X_W$ | Regelabweichung |
| $x$ | Weg |
| $\dot{x}$ | Schwinggeschwindigkeit |
| $\ddot{x}$ | Schwingbeschleunigung |
| Y | Stellgröße |
| Y | Streckeneingangsgröße |
| $y$ | Gesamtverlagerung |
| $y$ | Exponent der Standzeit |
| $y$ | Statische Verlagerung |
| $\tilde{y}$ | Schwingungsamplitude |
| $y_L$ | Lageranteil an der Kraftangriffsstelle |
| $y_{SP}$ | Spindelanteil an der Kraftangriffsstelle |
| $1-y$ | Anstiegswert der spezifischen Normalvorschubkraft |
| $Z_L$ | Laststörgröße |
| $Z_V$ | Versorgungsstörgröße |
| $z$ | Zähnezahl des Messerkopfes |
| $z$ | Stufenzahl |
| $z$ | Anzahl der Taschenpaare |
| $z_{iE}$ | Zähnezahl die sich im Eingriff befindet |
| $\alpha$ | Freiwinkel |
| $\alpha$ | Steigungswinkel der Gewindespindel |
| $\beta$ | Keilwinkel |
| $\gamma$ | Spanwinkel |
| $\Delta h$ | Spaltänderung |
| $\delta$ | Verformung |
| $\delta$ | Abklingkonstante |
| $\epsilon$ | Spitzenwinkel |
| $\eta$ | Wirkungsgrad |
| $\eta$ | Dynamische Viskosität des Öles |
| $\eta_M$ | Wirkungsgrad des Motors |
| $\kappa$ | Einstellwinkel |
| $\kappa$ | Abstimmung |
| $\lambda$ | Neigungswinkel |
| $\mu$ | Reibungskoeffizient |
| $\mu'$ | Erstes Differential von $\mu$ nach v |
| $\rho$ | Dämpfungskonstante |
| $\rho$ | Reibungswinkel |

| | |
|---|---|
| $\sigma$ | Spannung |
| $\Phi$ | Magnetfluß des Motors |
| $\varphi$ | Phasenwinkel |
| $\varphi$ | Stufensprung |
| $\varphi_M$ | Phasenwinkel der Maschine |
| $\varphi_{MS}$ | Phasenwinkel des Systems Maschine-Steuerung |
| $\varphi_S$ | Schnittbogenwinkel |
| $\varphi_S$ | Phasenwinkel der Steuerung |
| $\psi$ | Hauptschneidewinkel |
| $\omega$ | Kreisfrequenz der Erregung |
| $\omega$ | Mechanische Kreiseigenfrequenz des Vorschubantriebes |
| $\omega$ | Stellungswinkel |
| $\omega_D$ | Kreiseigenfrequenz des gedämpften Schwingers |
| $\omega_h$ | Hydraulische Kreiseigenfrequenz |
| $\omega_0$ | Ungedämpfte Kreiseigenfrequenz |
| $\omega_{Ü}$ | Übergangsstellungswinkel |

**Indices betreffend**

| | |
|---|---|
| 0 | Anfangszustand |
| I | Tragbahn (größere Gleitbahn) |
| II | Untergriff (kleinere Gleitbahn) |

# 1 Zerspanungstheorie

Sämtliche Bearbeitungszentren und fast alle Fertigungsstraßen und Sonderwerkzeugmaschinen arbeiten nach folgenden Bearbeitungsverfahren: Drehen, Bohren und Messerkopffräsen. Für diese drei Zerspanungsvorgänge werden nur die für die Auslegung und Konstruktion unerlässlichen Grundlagen behandelt. Für jeden Zerspanungsvorgang werden für verschiedene Werkstoffe Tabellen aufgestellt, aus denen die Hauptschnittkraft, die Vorschubkraft und die Schnittgeschwindigkeit bestimmt werden können. So können die Kräfte und Momente bestimmt werden, welche die Werkzeugmaschine angreifen. Es werden Grundlagen für die wirtschaftliche Bearbeitung des Werkstücks vermittelt.

## 1.1 Drehen

### 1.1.1 Geometrie der Schneide

Bild 1-1 zeigt die Geometrie der Schneide beim Drehen.

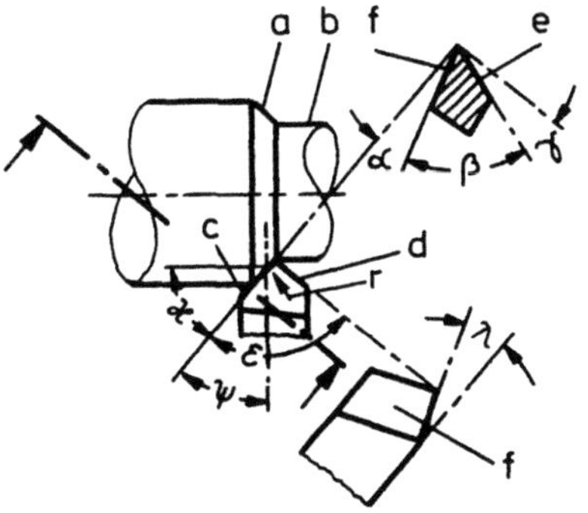


r Schneidenabrundung

Winkel:

$\alpha$ Freiwinkel
$\beta$ Keilwinkel
$\gamma$ Spanwinkel
$\epsilon$ Spitzen- oder Eckenwinkel
$\kappa$ Einstellwinkel
$\lambda$ Neigungswinkel
$\psi$ Hauptschneidewinkel

a Schnittfläche
b Arbeitsfläche
c Hauptschneide
d Nebenschneide
e Spanfläche
f Freifläche

**Bild 1-1** Geometrie der Schneide beim Drehen

### 1.1.2 Spezifischer Schnittdruck, Leistung

Bild 1-2 verdeutlicht den Spanquerschnitt beim Außendrehen, Bild 1-3 den Spanquerschnitt beim Innendrehen.

Für die Spandicke h und die Spanbreite b gilt

$$h = s \cdot \sin \kappa \qquad b = \frac{a}{\sin \kappa}.$$

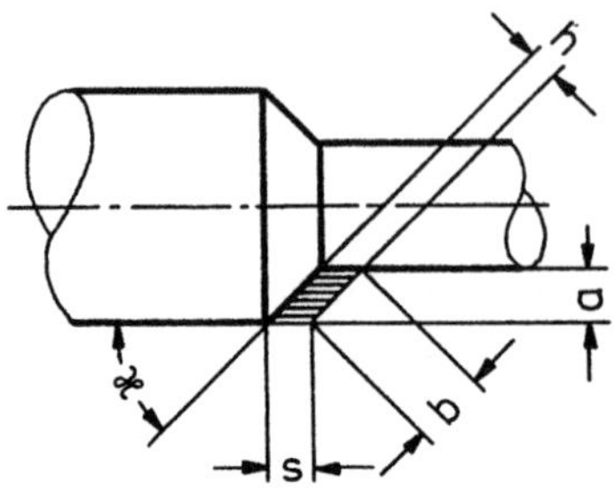


**Bild 1-2** Spanquerschnitt beim Außendrehen

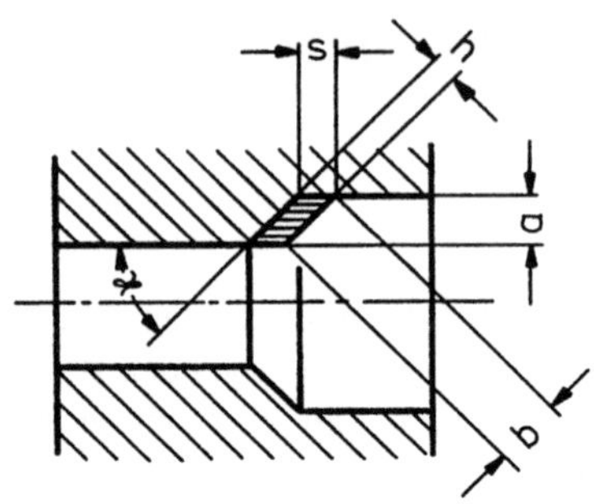


**Bild 1-3** Spanquerschnitt beim Innendrehen

Die Schnittkraft, die auf das Werkzeug wirkt, wird in drei Komponenten zerlegt (s. Bild 1-4).

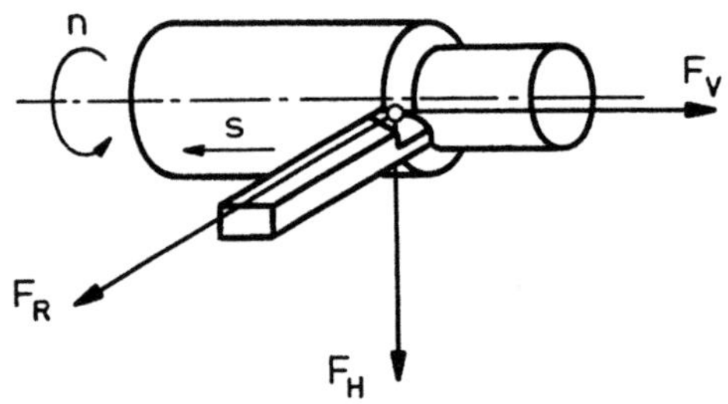


**Bild 1-4** Kräfte am Drehmeißel

| | |
|---|---|
| a [m] | Schnittiefe |
| b [m] | Spanbreite |
| h [m] | Spandicke |
| s [m/U] | Vorschub |
| $\kappa$ [Grad] | Einstellwinkel |
| $F_H$ [N] | Hauptschnittkraft |
| $F_V$ [N] | Vorschubkraft |
| $F_R$ [N] | Rückkraft |

Der Spanquerschnitt $A_S$ [$m^2$] wird aus dieser Formel bestimmt

$$A_s = b \cdot h = \frac{a}{\sin \kappa} \cdot s \cdot \sin \kappa = a \cdot s.$$

Die Hauptschnittkraft $F_H$[N] wird in der Abhängigkeit von Spanquerschnitt und dem spezifischen Schnittdruck ermittelt

$$F_H = k_s \cdot A_s$$ $k_s$ [$N/m^2$] Spezifischer Schnittdruck (in der techn. Literatur auch Spezifische Schnittkraft genannt).

Der spezifische Schnittdruck ist also

$$k_s = \frac{F_H}{A_s}.$$

Bei b = 1 mm und h = 1 mm wird der spezifische Schnittdruck mit $k_{s1.1}$ bezeichnet, so daß eine Relation zwischen diesen beiden Schnittkräften in dieser folgenden Form besteht

$$k_s = \frac{k_{s1.1}}{h^p}$$

| | |
|---|---|
| $k_{s1.1}$ [$N/m^2$] | Spezifischer Schnittdruck bei b = 1 mm und h = 1 mm |
| p | Schnittkraftexponent (vom Werkstoff abhängig) |
| h [mm] | Spandicke, die in dieser Formel in [mm] angegeben wird. |

So erhält man die Gleichung für die Errechnung der Schnittkraft

$$F_H = k_s \cdot A_s = \frac{k_{s1.1}}{h^p} \cdot A_s$$

Die Hauptschnittkraft $F_H$ kann nach dieser Gleichung bestimmt werden, wenn die spezifische Schnittkraft $k_s$ bekannt ist. Die spezifischen Schnittkräfte wurden für verschiedene Werkstoffe in der Abhängigkeit von der Spandicke durch Versuche von Kienzle [1] ermittelt und in der Tabelle 1-1 aufgestellt.

**Tabelle 1-1** Spezifische Schnittkräfte beim Drehen

| Werkstoff | Festigkeit $\sigma_B$ [N/m²] bzw. Härte | p | $k_{s1.1}$ [N/m²] | Spez. Schnittkräfte beim Drehen $k_s = f(h) = \frac{k_{s1.1}}{h^p}$ $k_s \left[\frac{N/m^2}{10^7}\right]$ bei h [mm] | | | | | | | |
|---|---|---|---|---|---|---|---|---|---|---|---|
| | | | | 0,06 | 0,1 | 0,16 | 0,25 | 0,4 | 0,63 | 1 | 1,6 |
| St 50 | $52 \times 10^7$ | 0,26 | $199 \times 10^7$ | 420 | 361 | 319 | 283 | 250 | 224 | 199 | 178 |
| St 60 | $62 \times 10^7$ | 0,17 | $211 \times 10^7$ | 331 | 308 | 283 | 262 | 244 | 227 | 211 | 196 |
| St 70 | $72 \times 10^7$ | 0,30 | $226 \times 10^7$ | 512 | 450 | 392 | 341 | 299 | 260 | 226 | 198 |
| CK 45 | $67 \times 10^7$ | 0,14 | $222 \times 10^7$ | 324 | 304 | 284 | 266 | 250 | 234 | 222 | 209 |
| CK 60 | $77 \times 10^7$ | 0,18 | $213 \times 10^7$ | 343 | 315 | 292 | 270 | 249 | 230 | 213 | 196 |
| 16 Mn Cr 5 | $77 \times 10^7$ | 0,26 | $210 \times 10^7$ | 435 | 383 | 340 | 302 | 266 | 236 | 210 | 188 |
| 18 Cr Ni 6 | $63 \times 10^7$ | 0,30 | $226 \times 10^7$ | 514 | 451 | 392 | 341 | 300 | 259 | 226 | 198 |
| 42 Cr Mo 4 | $73 \times 10^7$ | 0,26 | $250 \times 10^7$ | 500 | 450 | 400 | 355 | 315 | 280 | 250 | 224 |
| 34 Cr Mo 4 | $60 \times 10^7$ | 0,21 | $224 \times 10^7$ | 400 | 361 | 329 | 300 | 275 | 246 | 224 | 205 |
| 50 Cr V 4 | $60 \times 10^7$ | 0,26 | $222 \times 10^7$ | 462 | 410 | 361 | 319 | 282 | 250 | 222 | 199 |
| 55 NiCrMo V6 geglüht | $94 \times 10^7$ | 0,24 | $174 \times 10^7$ | 347 | 307 | 272 | 239 | 217 | 193 | 174 | 154 |
| 55 NiCrMo V6 vergütet | HB 352 | 0,24 | $192 \times 10^7$ | 367 | 331 | 295 | 266 | 238 | 210 | 192 | 172 |
| ECMo 80 | $59 \times 10^7$ | 0,17 | $229 \times 10^7$ | 365 | 339 | 313 | 290 | 268 | 247 | 229 | 202 |
| Meehanite A | $36 \times 10^7$ | 0,26 | $127 \times 10^7$ | 258 | 230 | 205 | 184 | 164 | 144 | 127 | 113 |
| Hartguß | HRC 46 | 0,19 | $206 \times 10^7$ | 350 | 319 | 294 | 268 | 245 | 224 | 206 | 190 |
| Hartguß | HRC 55 | 0,19 | $243 \times 10^7$ | 409 | 375 | 344 | 320 | 288 | 265 | 243 | 220 |
| GG 26 | HB 200 | 0,26 | $116 \times 10^7$ | 236 | 211 | 187 | 166 | 147 | 130 | 116 | 103 |
| Mg-Legier. DIN 1729 | $18 \times 10^7$ | 0,19 | $28 \times 10^7$ | 47 | 43 | 40 | 36 | 33 | 30 | 28 | 26 |

Diese Versuche wurden unter folgenden Bedingungen durchgeführt

| | |
|---|---|
| Werkstoff des Werkzeugs: | Hartmetall |
| Werkzeugschärfe: | arbeitsscharf |
| Werkzeugwinkel bei Stahlbearbeitung: | $\alpha = 5°; \beta = 79°;$<br>$\gamma = 6°; \epsilon = 90°;$<br>$\kappa = 45°; \lambda = 4°;$<br>Schneidenabrundung:<br>r = 1 mm |
| Werkzeugwinkel bei Guß- und Hartgußbearbeitung | $\alpha = 5°; \beta = 83°; \gamma = 2°; \epsilon = 90°; \kappa = 45°; \lambda = 4°;$<br>Schneidenabrundung: r = 1 mm |
| Schlankheitsgrad: | $G = \frac{a}{s} > 4.$ |

Die Zerspanleistung bzw. Schnittleistung wird aus der Schnittkraft und der Geschwindigkeit bestimmt

$$P_S = F_H \cdot v \qquad v = \frac{\pi \cdot D \cdot n}{60}.$$

Bei der Bestimmung der Motorleistung muß der Wirkungsgrad der Maschine berücksichtigt werden

$$P_M = \frac{P_S}{\eta}.$$

Das erforderliche Drehmoment kann nach der Schnittleistung bestimmt werden

$$M_D = F_H \cdot \frac{D}{2},$$

| | |
|---|---|
| $P_S$ [W] | Schnittleistung |
| v [m/s] | Schnittgeschwindigkeit |
| D [m] | Werkstückdurchmesser |
| n [$min^{-1}$] | Werkstückdrehzahl |
| $P_M$ [W] | Motorleistung |
| $\eta$ | Wirkungsgrad der Maschine |
| $M_D$ [Nm] | Drehmoment |
| $F_H$ [N] | Schnittkraft |

### 1.1.3 Schnittgeschwindigkeit, Standzeit, Vorschub

Die Richtwerte, die von manchen Werkzeugfirmen für die Schnittgeschwindigkeit empfohlen werden, sind deshalb unzuverlässig, da sie pauschal für einen Werkstoff angegeben werden, ohne Standzeit, Schnittiefe und Vorschub einbezogen und berücksichtigt zu haben.

Taylor [8, 9] hat die Abhängigkeit zwischen Schnittgeschwindigkeit und Standzeit nach folgender Gleichung ausgedrückt

$$v = \frac{C}{T_L^y}.$$

| | |
|---|---|
| v [m/min] | Schnittgeschwindigkeit |
| C | Schnittgeschwindigkeitskonstante, die physikalisch die Schnittgeschwindigkeit ausdrückt, bei der die Standzeit 1 min beträgt |
| $T_L$ [min] | Standzeit, in dieser Formel in [min] angegeben |
| y | Exponent der Standzeit |

Diese Gleichung dient bis zum heutigen Tage als Grundlage für die Errechnung der Schnittgeschwindigkeit und für die Optimierungsberechnungen.

Da bei der Taylor'schen Gleichung der Spanquerschnitt nicht einbezogen worden ist, muß für jeden Spanquerschnitt eine andere Schnittgeschwindigkeitskonstante bestimmt werden.

Kronenberg [10] hat die Taylor'sche Gleichung erweitert, indem er Spanquerschnitt und Schlankheitsgrad einbezogen hat

$$v = \frac{C_v \cdot \left(\frac{G}{5}\right)^g}{A_s^f \left(\frac{T_L}{60}\right)^y}$$

| | |
|---|---|
| $C_v$ | Schnittgeschwindigkeit bei einem Spanquerschnitt von 1 mm² und einer Standzeit von 60 min |
| G | $\frac{a}{s}$ Schlankheitsgrad |
| g | Exponent des Schlankheitsgrades |
| $A_s$ [mm²] | Spanquerschnitt, in dieser Formel in [mm²] angegeben |
| f | Exponent des Spanquerschnitts |

Aus dieser Formel geht hervor, daß bei zunehmender Schnittgeschwindigkeit bei einem bestimmten Spanquerschnitt die Standzeit kleiner wird. Sollte man die Schnittgeschwindigkeit bei einer bestimmten Standzeit erhöhen, muß der Spanquerschnitt kleiner gewählt werden. Bei einer bestimmten Standzeit und einem bestimmten Spanquerschnitt wird mit zunehmendem Schlankheitsgrad eine größere Schnittgeschwindigkeit gewählt.

Die in der Gleichung für die Berechnung der Schnittgeschwindigkeit figurierenden Konstanten und Exponenten wurden durch Versuche von Kronenberg [10] bestimmt.

Sie werden nun tabellarisch aufgestellt, damit die Schnittgeschwindigkeiten errechnet werden können.

In Tabelle 1-2 sind die Konstanten $C_v$ für Stähle, in Tabelle 1-3 für Gußeisen angegeben.

**Tabelle 1-2** Konstante $C_v$ für Stähle mit verschiedenen $\sigma_B$

| Schneidstoff: Hochwertiges Hartmetall | | | | | | | | | | | | | |
|---|---|---|---|---|---|---|---|---|---|---|---|---|---|
| Stähle mit $\sigma_B$ [N/m²] | $35 \times 10^7$ | $44 \times 10^7$ | $53 \times 10^7$ | $61 \times 10^7$ | $70 \times 10^7$ | $79 \times 10^7$ | $87 \times 10^7$ | $96 \times 10^7$ | $105 \times 10^7$ | $117 \times 10^7$ | $122 \times 10^7$ | $123 \times 10^7$ | $140 \times 10^7$ |
| $C_v$ | 361 | 283 | 224 | 183 | 150 | 133 | 113 | 101 | 89 | 84 | 76 | 68 | 63 |

**Tabelle 1-3** Konstante $C_v$ für Gußeisen und Temperguß

| Schneidstoff: Hochwertiges Hartmetall | | | |
|---|---|---|---|
| Werkstoff | GG-unlegiert-weich | GG-unlegiert-mittelhart und weicher Temperguß | GG-unlegiert-hart und harter Temperguß |
| $C_v$ | 175 | 105 | 63 |

Die Exponenten des Spanquerschnitts f, des Schlankheitsgrades g und der Standzeit y sind für Stähle und Gußeisen in Tabelle 1-4 aufgestellt.

**Tabelle 1-4** Exponenten f, g und y für Stahl und Gußeisen

| Werkstoff | Stahl | Gußeisen |
|---|---|---|
| Exponent f | 0,28 | 0,20 |
| Exponent g | 0,14 | 0,10 |
| Exponent y | 0,30 | 0,25 |

Die nach der erweiterten Taylor'schen Gleichung errechneten Schnittgeschwindigkeiten geben keine Aussage über die optimale (kostengünstigste) Schnittgeschwindigkeit, die optimale Schnittiefe und den optimalen Vorschub. Diese Schnittgeschwindigkeiten zeigen zwar die Abhängigkeit zwischen Schnittgeschwindigkeit, Standzeit, Schnittiefe und Vorschub, ohne jedoch auszusagen, welche Schnittgeschwindigkeit gewählt werden soll, damit die kleinsten Fertigungskosten entstehen. Die Bestimmung der wirtschaftlichen Schnittgeschwindigkeit ist notwendig, damit die kleinsten Verluste an Arbeitszeit entstehen. Bei höheren Schnittgeschwindigkeiten verkürzt sich einerseits die Bearbeitungszeit, was aber andererseits zur schnelleren Abstumpfung des Werkzeuges führt, und das Werkzeug öfter nachgeschliffen werden muß, was wieder zu erhöhtem Zeitverlust führt. Bei kleineren Schnittgeschwindigkeiten ist die Bearbeitungszeit länger, das führt zur langsameren Abstumpfung des Werkzeuges.

Daraus ergibt sich, daß die Schnittgeschwindigkeit und die Standzeit optimiert werden sollen, damit die geringsten Fertigungskosten für die Bearbeitung des Werkstücks entstehen.

Witthoff [2] hat die Taylor'sche Gleichung als Grundlage für die Optimierungsberechnung genommen, indem er den Standzeit-Exponent y durch den Exponent $-M$ ersetzt hat.

So ergab sich folgende Schnittgeschwindigkeitsgleichung:

$$v = C \cdot T_L^M.$$

Die Fertigungskosten je Werkstück wurden nach folgender Gleichung bestimmt

$$K_f = (K_{LH} + K_{MH}) \left( \frac{t_{rB}}{m} + t_h + t_n \right) + K_W.$$

Für die Fertigungszeit je Werkstück gilt

$$t_f = \frac{t_{rB}}{m} + t_h + t_n + \frac{t_w}{n_{WT}}.$$

Nach den entsprechenden Umformungen wird $K_f$ als Funktion der Schnittgeschwindigkeit ausgedrückt. Anschließend wird die Gleichung für $K_f$ nach v differenziert und ihr Differential gleich Null gesetzt

$$\frac{dK_f}{dv} = 0.$$

So ergaben sich die Gleichungen für die kostengünstigste Schnittgeschwindigkeit

$$v_{oK} = \sqrt[-\frac{1}{M}]{\frac{C^{-\frac{1}{M}}(K_{LH} + K_{MH})}{[(K_{LH} + K_{MH})\, t_w + K_{WT}]\left(-\frac{1}{M} - 1\right)}}$$

und für die kostengünstigste Standzeit

$$T_{oK} = \left(\frac{1}{|M|} - 1\right)\left(t_w + \frac{K_{WT}}{K_{LH} + K_{MH}}\right).$$

| | |
|---|---|
| $K_f$ | Fertigungskosten je Werkstück |
| $t_f$ | Fertigungszeit je Werkstück |
| $K_{LH}$ | Fertigungskosten je Zeiteinheit |
| $K_{MH}$ | Maschinenstundensatz |
| $t_{rB}$ | Betriebsmittel – Rüstzeit |
| m | Anzahl der zu fertigenden Werkstücke je Auftrag |
| $t_h$ | Hauptzeit |
| $t_n$ | Nebenzeit |
| $K_W$ | Werkzeugkosten je Werkstück |
| $t_w$ | Werkzeugwechselzeit |
| $n_{WT}$ | Anzahl der Werkstücke je Standzeit |
| $v_{OK}$ | ·Kostengünstigste Schnittgeschwindigkeit |
| $T_{oK}$ | Kostengünstigste Standzeit |
| M | Exponent der Standzeit |
| $K_{WT}$ | Werkzeugkosten je Standzeit |

Weitere Optimierungsunterlagen sind bei: Kirchner [3], Eisele [4], Burmester [5], Shaw [6], Schaumann [7], Kronenberg [10], Spur [11], Degenhardt [12], Hirsch [13] zu finden.

### 1.1.4 Vorschubkraft

Die Vorschubkraft kann nach folgender Gleichung [14] ermittelt werden

$$F_V = \sin\kappa \cdot b \cdot h^{1-y} \cdot k_{Vn1.1}.$$

(s. Bild 1-2, 1-3, 1-4)

| | |
|---|---|
| $F_V$ [N] | Vorschubkraft |
| $\kappa$ [Grad] | Einstellwinkel |
| b [mm] | Spanbreite |
| h [mm] | Spandicke |
| $1 - y$ | Anstiegswert der spezifischen Normalvorschubkraft |
| $k_{Vn1.1}$ [N/mm²] | Hauptwert der spezifischen Normalvorschubkraft. |

In Tabelle 1-5 befinden sich die für die Berechnung der Vorschubkraft notwendigen Werte $k_{Vn1.1}$ und $h^{1-y}$.

**Tabelle 1-5** Haupt- und Anstiegswerte der spezifischen Normalvorschubkraft

| Werkstoff | | Festigkeit $\sigma_B$ [N/m²] | Forscher | Anstieg der Vorschubkraft $(1-y)$ | Spez. Normalvorschubkraft $k_{Vn1.1}$ [N/mm²] | Die Werte $h^{1-y}$ Bei h [mm] 0,06 | 0,1 | 0,16 | 0,25 | 0,4 | 0,63 | 1 | 1,6 |
|---|---|---|---|---|---|---|---|---|---|---|---|---|---|
| Baustahl | St 50 | $72 \times 10^7$ | Pahl/Wesche | 0,78 | 850 | 0,111 | 0,166 | 0,24 | 0,339 | 0,49 | 0,692 | 1 | 1,442 |
| unlegierter vergüteter Stahl | CK 60 | $80 \times 10^7$ | Pahl/Wesche | 0,89 | 1070 | 0,0813 | 0,129 | 0,196 | 0,291 | 0,443 | 0,661 | 1 | 1,521 |
| legierter Einsatzstahl | 16 MnCr5 | $61 \times 10^7$ | Pahl/Wesche | 0,62 | 570 | 0,1746 | 0,24 | 0,3214 | 0,423 | 0,569 | 0,748 | 1 | 1,34 |
| legierter Werkzeugstahl | 100Cr6 | $80 \times 10^7$ | Pahl/Wesche | 0,65 | 1050 | 0,1604 | 0,224 | 0,3041 | 0,405 | 0,554 | 0,738 | 1 | 1,36 |

Der Hauptwert $k_{Vn1.1}$ und der Anstiegswert $1-y$ wurden für einige charakteristische Werkstoffe aus den durch Versuche ermittelten Tabellen [14] entnommen und dann für die in Frage kommenden Spandicken h der Ausdruck $h^{1-y}$ errechnet. In dieser Tabelle fehlen die Werte $k_{Vn1.1}$ und $1-y$ für Gußeisen, da die erwähnten Versuche nur für verschiedene Stähle gemacht wurden.

## 1.2 Bohren

### 1.2.1 Geometrie der Schneide

Die Geometrie der Schneide beim Bohren ist in Bild 1-5 dargestellt.

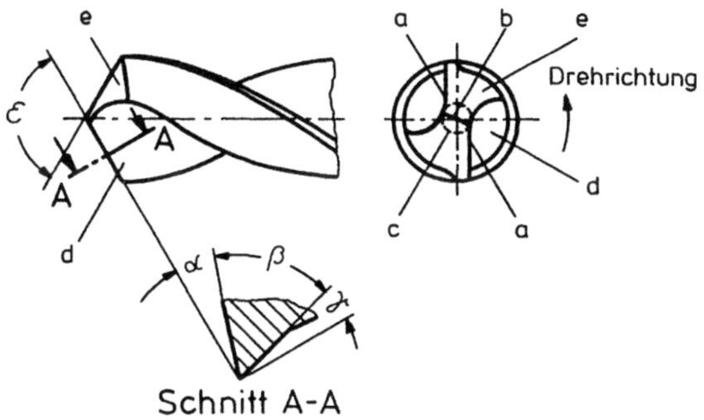


$\alpha$ Freiwinkel
$\beta$ Keilwinkel
$\gamma$ Spanwinkel
$\epsilon$ Spitzenwinkel

a Hauptschneide
b Querschneide
c Seele
d Spanfläche (Spannute)
e Freifläche

**Bild 1-5** Geometrie der Schneide beim Bohren

### 1.2.2 Spezifischer Schnittdruck, Leistung

In Bild 1-6 ist der Spanquerschnitt beim Bohren dargestellt.

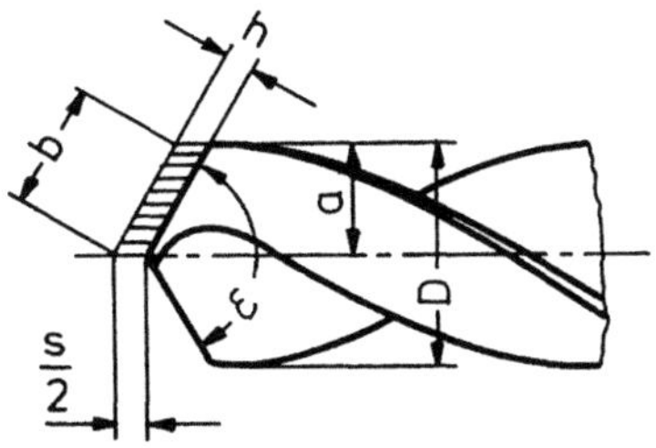


| | |
|---|---|
| a [m] | Schnittiefe |
| b [m] | Spanbreite |
| h [m] | Spandicke |
| s [m/U] | Vorschub |
| $\epsilon$ [Grad] | Spitzenwinkel |
| D [m] | Bohrerdurchmesser |

**Bild 1-6** Spanquerschnitt beim Bohren

Beim Bohren wird mit dem Vorschub $\frac{s}{2}$ pro Schneide gerechnet.
Der Spanquerschnitt $A_s[m^2]$ wird nach dieser Formel bestimmt

$$A_s = 2b \cdot h = 2 \cdot \frac{a}{\sin\frac{\epsilon}{2}} \cdot \frac{s}{2} \cdot \sin\frac{\epsilon}{2} = a \cdot s = \frac{D}{2} \cdot s.$$

Der Spanquerschnitt je Schneide

$$A_{se} = \frac{A_s}{2} = \frac{a \cdot s}{2} = \frac{D \cdot s}{4}.$$

Die auf das Werkzeug wirkenden Schnittkräfte, die Hauptschnittkraft $F_H$ und die Vorschubkraft $F_V$, sind in Bild 1-7 dargestellt.

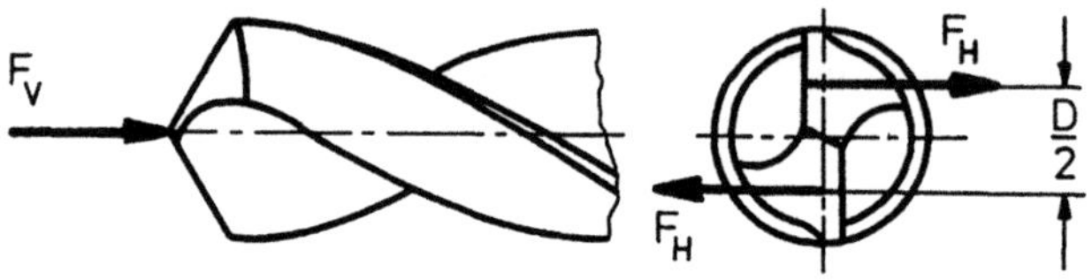


**Bild 1-7** Kräfte am Bohrer

Die Hauptschnittkraft je Schneide $F_H$ [N] wird wie beim Drehen errechnet

$$F_H = k_s \cdot A_{se} = \frac{k_{s1.1}}{h^p} \cdot A_{se} \quad .$$

$k_s$ in [N/m²],
$A_{se}$ in [m²],
$k_{s1.1}$ in [N/m²],
h in [mm].

Die Hauptschnittkraft $F_H$ wird nach dieser Gleichung gerechnet, wenn die spezifische Schnittkraft $k_s$ bekannt ist. Die spezifischen Schnittkräfte $k_{s1.1}$ und die Schnittkraftexponente p beim Bohren haben Pahl/Spur und Pahl/Zellmer ermittelt [14]. Mit diesen Werten $k_{s1.1}$ und p sind nun die für die Bestimmung der Hauptschnittkraft notwendigen spezifischen Schnittkräfte

$$k_s = \frac{k_{s1.1}}{h^p}$$

für verschiedene Spandicken h ausgerechnet und in der Tabelle 1-6 aufgestellt worden. Die erwähnten Versuche wurden nicht für Gußeisen gemacht, deshalb gelten hier für GG die aus meiner Praxis gewonnenen Erkenntnisse.

Die Zerspanleistung bzw. Schnittleistung wird aus der Schnittkraft und der Schnittgeschwindigkeit bestimmt

$$P_S = 2 \cdot F_H \cdot v_M.$$

Die mittlere Schnittgeschwindigkeit, d.h. die Geschwindigkeit am mittleren Bohrerdurchmesser, wird durch folgende Gleichung bestimmt

$$v_M = \frac{v}{2} = \frac{\pi \cdot D \cdot n}{120}.$$

Für die Motorleistung gilt

$$P_M = \frac{P_S}{\eta}.$$

**Tabelle 1-6** Spezifische Schnittkräfte beim Bohren

| Werkstoff | | Festigkeit $\sigma_B$ [N/m²] | Forscher | Schnittkraft-Exponent: p | Spez. Schnittkraft $k_{s1.1}$ [N/m²] | Spezifische Schnittkräfte $k_s = f(h) = \frac{k_{s1.1}}{h^p}$ $k_s\left[\frac{N/m^2}{10^7}\right]$ Bei h [mm] 0,025 | 0,04 | 0,063 | 0,1 | 0,16 | 0,25 | 0,4 | 0,63 | 1 |
|---|---|---|---|---|---|---|---|---|---|---|---|---|---|---|
| Baustahl | St50 gewälzt | $56 \times 10^7$ | Pahl/ Spur | 0,18 | $196 \times 10^7$ | 380 | 350 | 322 | 290 | 270 | 248 | 230 | 210 | 196 |
| Unlegierter Einsatzstahl und Vergütungsstahl | C15 kalt-gezog. | $65 \times 10^7$ | Pahl/ Zellmer | 0,35 | $178 \times 10^7$ | 650 | 550 | 467 | 400 | 338 | 288 | 245 | 210 | 178 |
| | C35 kalt-gezogen | $85 \times 10^7$ | Pahl/ Zellmer | 0,25 | $170 \times 10^7$ | 428 | 380 | 338 | 300 | 270 | 240 | 214 | 190 | 170 |
| | C35 | $62 \times 10^7$ | Pahl/ Zellmer | 0,22 | $180 \times 10^7$ | 408 | 365 | 330 | 300 | 270 | 245 | 220 | 200 | 180 |
| | C45 blank-gezog. | $98 \times 10^7$ | Pahl/ Zellmer | 0,19 | $190 \times 10^7$ | 382 | 350 | 320 | 292 | 270 | 245 | 225 | 205 | 190 |
| | C45 normal-geglüht | $67 \times 10^7$ | Pahl/ Zellmer | 0,16 | $248 \times 10^7$ | 445 | 410 | 385 | 356 | 330 | 306 | 286 | 266 | 248 |
| | CK60 weich-geglüht | $85 \times 10^7$ | Pahl/ Spur | 0,13 | $220 \times 10^7$ | 350 | 330 | 315 | 295 | 278 | 263 | 247 | 232 | 220 |
| Legiert. Einsatzst. | 16MnCr5 normal-geglüht | $56 \times 10^7$ | Pahl/ Spur | 0,17 | $202 \times 10^7$ | 378 | 350 | 325 | 295 | 272 | 250 | 235 | 218 | 202 |
| | 18CrNi8 normal-geglüht | $60 \times 10^7$ | Pahl/ Spur | 0,18 | $269 \times 10^7$ | 520 | 480 | 440 | 397 | 368 | 340 | 315 | 290 | 269 |
| Legierter Vergütungsstahl | 46MnSi4 weich-geglüht | $65 \times 10^7$ | Pahl/ Spur | 0,15 | $239 \times 10^7$ | 415 | 388 | 360 | 338 | 315 | 295 | 274 | 255 | 239 |
| | 34CrMo4 weich-geglüht | $61 \times 10^7$ | Pahl/ Spur | 0,20 | $184 \times 10^7$ | 383 | 350 | 317 | 290 | 265 | 242 | 220 | 200 | 184 |
| | 42CrMo4 vergütet | $108 \times 10^7$ | Pahl/ Spur | 0,14 | $272 \times 10^7$ | 455 | 428 | 402 | 372 | 348 | 325 | 305 | 285 | 272 |
| Unlegiert. Werkz. St. | C60W3 gezogen u. gegl. | $83 \times 10^7$ | Pahl/ Zellmer | 0,13 | $268 \times 10^7$ | 430 | 400 | 385 | 360 | 340 | 320 | 300 | 282 | 268 |
| | C100W2 gezogen u. gegl. | $95 \times 10^7$ | Pahl/ Zellmer | 0,21 | $263 \times 10^7$ | 570 | 520 | 470 | 425 | 385 | 350 | 320 | 290 | 263 |
| Legiert Wzg. St. | 100Cr6 weich-geglüht | $71 \times 10^7$ | Pahl/ Spur | 0,24 | $278 \times 10^7$ | 675 | 600 | 540 | 490 | 435 | 380 | 350 | 310 | 278 |
| Gußeisen | GG22 und GG26 | HB 200 | Eigene Ermitt-lung | 0,18 | $110 \times 10^7$ | 214 | 197 | 182 | 163 | 152 | 139 | 129 | 118 | 110 |

Das übertragbare Drehmoment wird nach der Schnittleistung bestimmt

$$M_D = F_H \cdot \frac{D}{2}.$$

| | |
|---|---|
| $P_S$ [W] | Zerspanleistung |
| $F_H$ [N] | Schnittkraft |
| $v_M$ [m/s] | Mittlere Schnittgeschwindigkeit |
| v [m/s] | Schnittgeschwindigkeit bezogen auf Außendurchmesser |
| D [m] | Bohrerdurchmesser |
| n [$min^{-1}$] | Bohrerdrehzahl |
| $P_M$ [W] | Motorleistung |
| $\eta$ | Wirkungsgrad der Maschine |
| $M_D$ [Nm] | Drehmoment |

### 1.2.3 Schnittgeschwindigkeit, Standzeit, Vorschub

Beim Bohren wird nicht immer mit der Standzeit $T_L$, sondern auch mit dem Standweg L [mm] (die Summe aller Bohrtiefen) gerechnet, da hier wegen der kurzen Bohrtiefe nicht über eine längere Zeit ununterbrochen bearbeitet werden kann.

Beim Bohren ist die Abhängigkeit zwischen der Schnittgeschwindigkeit, der Standzeit oder dem Standweg und dem Spanquerschnitt ähnlich wie beim Drehen. D.h. bei zunehmender Schnittgeschwindigkeit bei einem bestimmten Spanquerschnitt wird die Standzeit kleiner; oder bei zunehmender Schnittgeschwindigkeit bei einer bestimmten Standzeit muß der Spanquerschnitt kleiner gewählt werden.

Beim Bohren mit dem Spiralbohrer kann man für einen Bohrerdurchmesser und einen zu bearbeitenden Werkstoff den Vorschub s [mm/U] festlegen, da es bei dieser Art des Bohrens kein Schruppbohren oder Feinbohren gibt.

Bei zunehmendem Bohrerdurchmesser nimmt der Vorschub zu. Der Spanquerschnitt je Schneide hat die Form

$$A_{se} = \frac{D \cdot s}{4},$$

d.h. daß bei zunehmendem Bohrerdurchmesser sich auch der Spanquerschnitt vergrößert. Da sich die Schnittgeschwindigkeit bei zunehmendem Spanquerschnitt und bestimmter Standzeit verkleinert, verringert sich auch die Schnittgeschwindigkeit bei zunehmendem Bohrerdurchmesser.

Die Schnittgeschwindigkeit, bezogen auf die bestimmte Standzeit $T_L$ ($v_{60}$, $v_{120}$) oder auf den bestimmten Standweg L, könnte hier nicht nach einer Formel (wie beim Drehen) errechnet werden, da für diese Berechnung die notwendigen Versuchsdaten fehlen. Da aber die Richtwerte für die Schnittgeschwindigkeit beim Bohren notwendig sind, wurde Tabelle 1-7 aufgestellt. Diese Tabelle entstand nach eigenen praktischen Erkenntnissen und bezieht sich auf die wirtschaftlichen Schnittgeschwindigkeiten beim Bohren. Der physikalische Zusammenhang zwischen Schnittgeschwindigkeit und Bohrerdurchmesser ist dabei berücksichtigt worden.

### 1.2.4 Vorschubkraft

Die Vorschubkraft kann nach folgender Gleichung [14] ermittelt werden (Bild 1-6 und 1-7)

$$F_V = D \cdot h^{1-y} \cdot k_{Vn1.1}$$

| | |
|---|---|
| $F_V$ [N] | Vorschubkraft |
| D [mm] | Bohrerdurchmesser |
| h [mm] | Spandicke |
| $1-y$ | Anstiegswert der spezifischen Normalvorschubkraft |
| $k_{Vn1.1}$ [N/mm²] | Hauptwert der spezifischen Normalvorschubkraft |

Der Hauptwert $k_{Vn1.1}$ und der Anstiegswert $1-y$ wurden durch Versuche von Pahlitzsch [14] ermittelt und dann für die in Frage kommenden Spandicken h der Ausdruck $h^{1-y}$ errechnet und tabellarisch angegebenen (Tabelle 1-8). Da die Bohrversuche [14] nicht für Gußeisen gemacht wurden, ist die letzte Spalte der Tabelle, die sich auf Gußeisen bezieht, nach Erkenntnissen aus meiner Praxis entstanden.

## 1.3 Fräsen

Messerkopffräsen oder Stirnfräsen und Umfangsfräsen oder Walzenfräsen sind die Hauptarten des Fräsens. Beim Messerkopffräsen steht die Werkzeugachse unter einem Winkel von 90° im Bezug auf die zu bearbeitende Werkstückoberfläche. Beim Umfangsfräsen steht die Fräserachse parallel zur Werkstückoberfläche. In Bild 1-8 und Bild 1-9 sind gegenläufiges und gleichläufiges Umfangsfräsen dargestellt.

Das Umfangsfräsen wird hauptsächlich an den waagerechten Fräsmaschinen angewandt. Das Stirn- oder Messerkopffräsen findet nicht nur an Fräsmaschinen, sondern auch an Bearbeitungszentren, Sondermaschinen und Transferstraßen Anwendung.

Im weiteren Text wird deshalb nur das Messerkopffräsen behandelt.

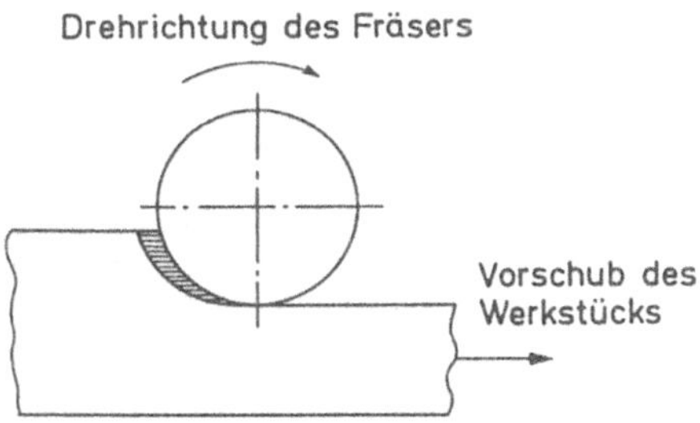


**Bild 1-8** Gegenläufiges Umfangsfräsen

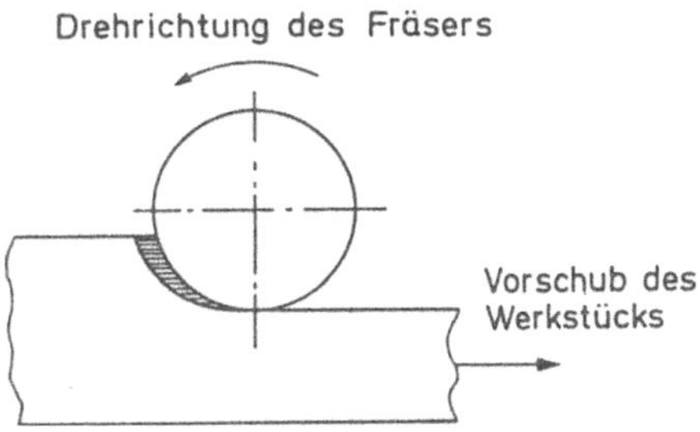


**Bild 1-9** Gleichläufiges Umfangsfräsen

**Tabelle 1-7** Wirtschaftliche Schnittgeschwindigkeit beim Bohren

| Zu bearbeitender Werkstoff | Bohrer-Werkstoff | Vorschub s [mm/U] und wirtschaftl. Schnittgeschw. v [m/min] | Bohrerdurchmesser D [mm] | | | | | | | | | | | | | | |
|---|---|---|---|---|---|---|---|---|---|---|---|---|---|---|---|---|---|
| | | | 1 | 2 | 5 | 8 | 10 | 12 | 16 | 20 | 25 | 30 | 35 | 40 | 45 | 50 | 60 |
| St50 $\sigma_B = 50 \times 10^7$ [N/m²] | HM | s | 0,02 | 0,03 | 0,06 | 0,10 | 0,11 | 0,12 | 0,15 | 0,16 | 0,18 | 0,19 | 0,20 | 0,22 | 0,23 | 0,24 | 0,25 |
| | | v | 70 | 69 | 68 | 66 | 65 | 63 | 62 | 60 | 59 | 57 | 56 | 54 | 53 | 52 | 50 |
| | SS | s | 0,015 | 0,04 | 0,10 | 0,16 | 0,18 | 0,22 | 0,25 | 0,29 | 0,32 | 0,35 | 0,38 | 0,42 | 0,44 | 0,46 | 0,48 |
| | | v | 40 | 39 | 38 | 37 | 36 | 35 | 34 | 33 | 32 | 31 | 30 | 29 | 28 | 27 | 25 |
| CK 45 $\sigma_B = 60 \times 10^7 - 72 \times 10^7$ [N/m²] | HM | s | 0,010 | 0,02 | 0,04 | 0,08 | 0,09 | 0,10 | 0,12 | 0,13 | 0,15 | 0,16 | 0,17 | 0,18 | 0,19 | 0,20 | 0,22 |
| | | v | 60 | 59 | 58 | 56 | 55 | 54 | 53 | 51 | 49 | 48 | 46 | 45 | 43 | 42 | 40 |
| | SS | s | 0,015 | 0,03 | 0,10 | 0,14 | 0,16 | 0,18 | 0,20 | 0,24 | 0,26 | 0,30 | 0,34 | 0,38 | 0,39 | 0,40 | 0,42 |
| | | v | 35 | 34 | 33 | 32 | 31 | 30 | 29 | 28 | 27 | 26 | 25 | 24 | 23 | 22 | 20 |
| CK 60 $\sigma_B = 70 \times 10^7 - 85 \times 10^7$ [N/m²] | HM | s | 0,010 | 0,02 | 0,04 | 0,06 | 0,07 | 0,08 | 0,12 | 0,13 | 0,15 | 0,15 | 0,16 | 0,16 | 0,17 | 0,18 | 0,20 |
| | | v | 50 | 49 | 48 | 46 | 45 | 44 | 43 | 41 | 39 | 38 | 36 | 35 | 33 | 32 | 30 |
| | SS | s | 0,010 | 0,02 | 0,06 | 0,11 | 0,13 | 0,15 | 0,18 | 0,21 | 0,24 | 0,26 | 0,28 | 0,30 | 0,31 | 0,33 | 0,35 |
| | | v | 30 | 29 | 28 | 27 | 26 | 25 | 24 | 23 | 22 | 21 | 20 | 19 | 18 | 17 | 15 |
| Legiert. Stahl $\sigma_B = 90 \times 10^7 - 110 \times 10^7$ | HM | s | | 0,01 | 0,03 | 0,04 | 0,05 | 0,06 | 0,08 | 0,09 | 0,10 | 0,10 | 0,11 | 0,12 | 0,13 | 0,14 | 0,15 |
| | | v | | 30 | 29 | 28 | 27 | 26 | 25 | 24 | 24 | 23 | 22 | 22 | 21 | 21 | 20 |
| | SS | s | 0,008 | 0,01 | 0,05 | 0,08 | 0,10 | 0,12 | 0,14 | 0,16 | 0,18 | 0,19 | 0,20 | 0,22 | 0,23 | 0,24 | 0,26 |
| | | v | 15 | 14 | 14 | 13 | 13 | 12 | 12 | 11 | 11 | 10 | 10 | 9 | 9 | 8 | 8 |

| | | | | | | | | | | | | | | | | | |
|---|---|---|---|---|---|---|---|---|---|---|---|---|---|---|---|---|---|
| Leg. Stahl $\sigma_B$ = (100 – 140) $10^7$ | HM | s | | 0,01 | 0,02 | 0,03 | 0,04 | 0,05 | 0,06 | 0,07 | 0,08 | 0,08 | 0,09 | 0,10 | 0,10 | 0,11 | 0,12 |
| | | v | | 25 | 24 | 23 | 22 | 21 | 20 | 19 | 19 | 18 | 17 | 17 | 16 | 16 | 15 |
| GG 18 | HM | s | | 0,04 | 0,08 | 0,10 | 0,12 | 0,14 | 0,18 | 0,20 | 0,22 | 0,25 | 0,28 | 0,30 | 0,32 | 0,34 | 0,36 |
| | | v | | 80 | 78 | 76 | 75 | 74 | 73 | 72 | 70 | 69 | 67 | 65 | 64 | 62 | 60 |
| HB < 200 | SS | s | 0,03 | 0,08 | 0,16 | 0,24 | 0,27 | 0,30 | 0,34 | 0,39 | 0,44 | 0,46 | 0,48 | 0,50 | 0,53 | 0,56 | 0,60 |
| | | v | 31 | 30 | 29 | 28 | 27 | 26 | 25 | 24 | 24 | 23 | 22 | 22 | 21 | 21 | 20 |
| GG 22 GG 26 | HM | s | | 0,02 | 0,04 | 0,06 | 0,07 | 0,08 | 0,12 | 0,14 | 0,16 | 0,17 | 0,18 | 0,20 | 0,20 | 0,21 | 0,22 |
| | | v | | 70 | 67 | 64 | 61 | 58 | 55 | 52 | 49 | 46 | 43 | 40 | 37 | 34 | 30 |
| HB > 200 | SS | s | 0,02 | 0,05 | 0,10 | 0,15 | 0,17 | 0,20 | 0,24 | 0,27 | 0,30 | 0,32 | 0,35 | 0,38 | 0,40 | 0,42 | 0,45 |
| | | v | 25 | 24 | 23 | 22 | 21 | 20 | 18 | 18 | 17 | 16 | 15 | 14 | 13 | 12 | 10 |
| Stahlguß $\sigma_B < 50 \times 10^7$ | HM | s | | 0,02 | 0,06 | 0,08 | 0,09 | 0,10 | 0,12 | 0,14 | 0,16 | 0,17 | 0,18 | 0,20 | 0,22 | 0,24 | 0,26 |
| | | v | | 60 | 58 | 56 | 55 | 54 | 53 | 52 | 50 | 49 | 47 | 45 | 44 | 42 | 40 |
| Stahlguß $\sigma_B < 70 \times 10^7$ | HM | s | | 0,02 | 0,04 | 0,06 | 0,07 | 0,08 | 0,10 | 0,11 | 0,12 | 0,13 | 0,14 | 0,15 | 0,16 | 0,18 | 0,20 |
| | | v | | 40 | 38 | 37 | 36 | 35 | 34 | 33 | 32 | 31 | 30 | 29 | 28 | 27 | 25 |
| Alu-Guß-Legier. | HM | s | | 0,03 | 0,06 | 0,10 | 0,12 | 0,14 | 0,16 | 0,18 | 0,20 | 0,21 | 0,23 | 0,25 | 0,26 | 0,27 | 0,28 |
| | | v | | 105 | 90 | 75 | 60 | 55 | 50 | 48 | 45 | 42 | 40 | 35 | 33 | 30 | 28 |
| mit hohem Si-Gehalt | SS | s | 0,02 | 0,05 | 0,14 | 0,2 | 0,23 | 0,25 | 0,32 | 0,35 | 0,38 | 0,40 | 0,42 | 0,45 | 0,49 | 0,53 | 0,58 |
| | | v | 80 | 70 | 60 | 50 | 40 | 37 | 34 | 32 | 30 | 28 | 26 | 24 | 22 | 20 | 18 |
| GALSi GALSi9 GDALSi7Cu3 | HSS | s | 0,02 | 0,03 | 0,1 | 0,15 | 0,2 | 0,22 | 0,25 | 0,28 | 0,3 | 0,34 | 0,38 | 0,42 | 0,46 | 0,5 | 0,55 |
| | | v | 100 | 90 | 80 | 70 | 60 | 55 | 50 | 45 | 40 | 38 | 36 | 34 | 32 | 30 | 28 |
| Alu-Guß Legier. | HM | s | 0,02 | 0,04 | 0,08 | 0,12 | 0,16 | 0,21 | 0,24 | 0,28 | 0,32 | 0,34 | 0,37 | 0,40 | 0,40 | 0,40 | 0,52 |
| | | v | 180 | 165 | 150 | 135 | 120 | 110 | 100 | 85 | 75 | 70 | 65 | 60 | 58 | 55 | 50 |
| mit Magn. Gehalt: | SS | s | 0,02 | 0,06 | 0,16 | 0,22 | 0,27 | 0,32 | 0,40 | 0,45 | 0,50 | 0,53 | 0,56 | 0,60 | 0,63 | 0,66 | 0,70 |
| Elektron. | | v | 120 | 110 | 100 | 90 | 80 | 72 | 65 | 57 | 50 | 46 | 42 | 38 | 34 | 30 | 26 |
| GalMg3 GAlMgMn | HSS | s | 0,02 | 0,04 | 0,12 | 0,17 | 0,24 | 0,29 | 0,33 | 0,38 | 0,42 | 0,47 | 0,52 | 0,57 | 0,60 | 0,63 | 0,67 |
| | | v | 150 | 135 | 120 | 110 | 100 | 92 | 85 | 77 | 70 | 66 | 62 | 58 | 54 | 50 | 46 |

**Tabelle 1-8** Spezifische Normalvorschubkräfte beim Bohren

| Werkstoff | | Festigkeit $\sigma_B$ [N/m²] | Forscher | Anstieg der Vorschubkraft (1 − y) | Spez. Normal-Vorschubkraft $k_{Vn1.1}$ [N/mm²] | Werte $h^{1-y}$ Bei h [mm] | | | | | | | | |
|---|---|---|---|---|---|---|---|---|---|---|---|---|---|---|
| | | | | | | 0,025 | 0,04 | 0,063 | 0,1 | 0,16 | 0,25 | 0,4 | 0,63 | 1 |
| Baustahl | St50 gewälzt | 56 × 10⁷ | Pahl/Spur | 0,71 | 1250 | 0,073 | 0,102 | 0,14 | 0,195 | 0,272 | 0,373 | 0,523 | 0,718 | 1 |
| unlegierter Einsatz- und Vergütungsstahl | C15 kalt-gezogen | 65 × 10⁷ | Pahl/Zellmer | 0,54 | 1280 | 0,136 | 0,176 | 0,224 | 0,289 | 0,372 | 0,473 | 0,61 | 0,779 | 1 |
| | C35 kalt-gezogen | 85 × 10⁷ | Pahl/Zellmer | 0,63 | 1220 | 0,098 | 0,132 | 0,175 | 0,235 | 0,315 | 0,417 | 0,563 | 0,745 | 1 |
| | C35 | 62 × 10⁷ | Pahl/Zellmer | 0,60 | 1180 | 0,11 | 0,145 | 0,191 | 0,252 | 0,333 | 0,434 | 0,577 | 0,757 | 1 |
| | C45 blank-gezogen | 98 × 10⁷ | Pahl/Zellmer | 0,73 | 1800 | 0,067 | 0,095 | 0,132 | 0,187 | 0,263 | 0,364 | 0,513 | 0,71 | 1 |
| | C45 normal-geglüht | 67 × 10⁷ | Pahl/Zellmer | 0,72 | 1620 | 0,070 | 0,098 | 0,136 | 0,191 | 0,268 | 0,368 | 0,518 | 0,716 | 1 |
| | CK60 weich-geglüht | 85 × 10⁷ | Pahl/Spur | 0,57 | 1170 | 0,122 | 0,16 | 0,207 | 0,27 | 0,352 | 0,454 | 0,595 | 0,767 | 1 |

| | | | | | | | | | | | | | | |
|---|---|---|---|---|---|---|---|---|---|---|---|---|---|---|
| legierter Einsatzstahl | 16MnCr6 normal-geglüht | $56 \times 10^7$ | Pahl/Spur | 0,64 | 1220 | 0,094 | 0,127 | 0,17 | 0,23 | 0,31 | 0,411 | 0,556 | 0,742 | 1 |
| | 18CrNi8 normal-geglüht | $60 \times 10^7$ | Pahl/Spur | 0,55 | 1240 | 0,132 | 0,17 | 0,218 | 0,282 | 0,365 | 0,466 | 0,604 | 0,773 | 1 |
| legierter Vergütungsstahl | 46MnSi4 weich-geglüht | $65 \times 10^7$ | Pahl/Spur | 0,62 | 1360 | 0,101 | 0,136 | 0,18 | 0,24 | 0,321 | 0,423 | 0,569 | 0,748 | 1 |
| | 34CrMo4 weich-geglüht | $61 \times 10^7$ | Pahl/Spur | 0,64 | 1460 | 0,094 | 0,127 | 0,17 | 0,23 | 0,31 | 0,411 | 0,556 | 0,742 | 1 |
| | 42CrMo4 vergütet | $108 \times 10^7$ | Pahl/Spur | 0,71 | 2370 | 0,073 | 0,102 | 0,14 | 0,195 | 0,272 | 0,373 | 0,523 | 0,718 | 1 |
| unlegierter Werkzeugstahl | C60W3 gezogen u. gegl. | $83 \times 10^7$ | Pahl/Zellmer | 0,79 | 2370 | 0,054 | 0,078 | 0,113 | 0,163 | 0,235 | 0,334 | 0,486 | 0,692 | 1 |
| | C100W2 gezogen u. gegl. | $95 \times 10^7$ | Pahl/Zellmer | 0,77 | 2670 | 0,058 | 0,084 | 0,119 | 0,17 | 0,244 | 0,344 | 0,495 | 0,698 | 1 |
| Legiert. Wzg. St. | 100Cr6 weich-geglüht | $71 \times 10^7$ | Pahl/Spur | 0,56 | 1630 | 0,127 | 0,165 | 0,212 | 0,276 | 0,358 | 0,46 | 0,599 | 0,769 | 1 |
| Gußeisen | GG22 und GG26 | HB 200 | Eigene Ermittlung | 0,55 | 400 | 0,132 | 0,170 | 0,218 | 0,282 | 0,365 | 0,466 | 0,604 | 0,773 | 1 |

### 1.3.1 Geometrie der Schneide

Die Geometrie der Schneide beim Messerkopffräsen ist in Bild 1-10 dargestellt.

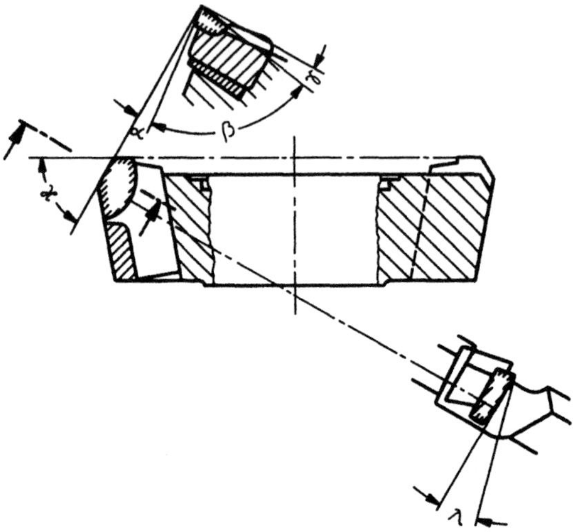

$\alpha$ Freiwinkel
$\beta$ Keilwinkel
$\gamma$ Spanwinkel
$\kappa$ Einstellwinkel
$\lambda$ Neigungswinkel

**Bild 1-10** Geometrie der Schneide beim Messerkopffräsen

### 1.3.2 Spezifischer Schnittdruck, Leistung

Die auf das Werkzeug wirkenden Schnittkräfte sind in Bild 1-11 dargestellt.
Aus Bild 1-11 wird abgeleitet

$$\sin \epsilon_1 = \frac{b_1}{D/2}$$

$$\sin \epsilon_2 = \frac{b_2}{D/2}.$$

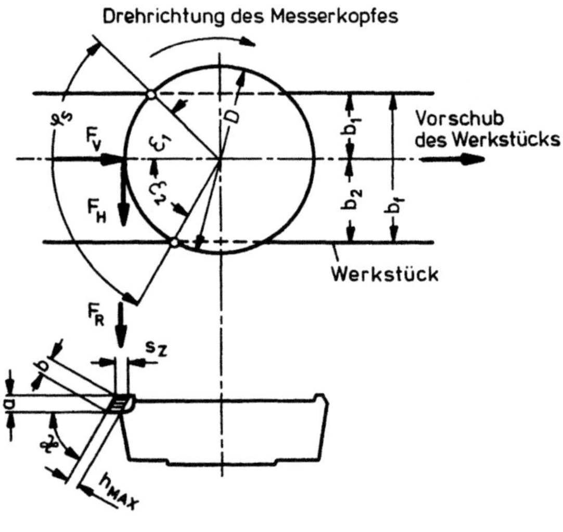


**Bild 1-11** Kräfte, die auf das Werkzeug wirken

Die Zähnezahl, die sich im Eingriff befindet, wird nach folgender Gleichung bestimmt

$$z_{iE} = \frac{z}{360^\circ} \cdot \varphi_s^0 \quad \text{oder:} \quad z_{iE} = \frac{z}{2\pi} \cdot \operatorname{arc} \varphi_s .$$

Für den Fall, wenn

$$b_1 = b_2 = \frac{b_f}{2}$$

gilt

$$\epsilon_1 = \epsilon_2 = \frac{\varphi_s}{2}; \quad \sin\frac{\varphi_s}{2} = \frac{b_f/2}{D/2} = \frac{b_f}{D}.$$

| | | | |
|---|---|---|---|
| $b_f$ [m] | Fräsbreite | a [m] | Schnittiefe |
| $\varphi_s$ [Grad] | Schnittbogenwinkel | b [m] | Spanbreite |
| $F_V$ [N] | Vorschubkraft | h [m] | Augenblickliche Spandicke |
| $F_R$ [N] | Rückkraft | $s_z$ [m/Zahn] | Vorschub je Zahn |
| z | Zähnezahl des Messerkopfes | $h_M$ [m] | Mittenspandicke |
| D [m] | Durchmesser des Messerkopfes | $h_{MAX}$ [m] | Maximale Spandicke |
| $\kappa$ | Einstellwinkel | | |

Vorschub je Umdrehung $s_U$ [m/U] und Vorschub je Minute $s'$ [m/min] werden nach folgenden Gleichungen errechnet:

$$s_U = s_z \cdot z$$

$$s' = s_U \cdot n = s_z \cdot z \cdot n.$$

n [$\text{min}^{-1}$] Drehzahl des Werkzeuges.

Der Spanquerschnitt ist beim Drehen bei gegebener Schnittiefe und gegebenem Vorschub unveränderlich, während er sich beim Fräsen ständig ändert. Beim Fräsen stehen mehrere Zähne gleichzeitig mit dem Werkstück im Eingriff. Die Spandicke ändert sich ständig, so daß in einem bestimmten Augenblick alle sich im Eingriff befindlichen Zähne eine verschiedene Spandicke aufweisen. Deshalb muß man den Unterschied zwischen augenblicklicher Spandicke h, der Mittenspandicke $h_M$ und der maximalen Spandicke $h_{MAX}$ beachten.

Die maximale Spandicke wird wie beim Drehen aus dem Vorschub und dem Einstellwinkel bestimmt

$$h_{MAX} = s_z \cdot \sin \kappa .$$

Die Spanbreite wird ebenso nach Bild 1-11 ermittelt

$$b = \frac{a}{\sin \kappa}.$$

Der maximale Spanquerschnitt je Zahn im Eingriff $A_{z \cdot MAX}$ [$m^2$] wird nach folgender Gleichung errechnet

$$A_{z \cdot MAX} = b \cdot h_{MAX} = \frac{a}{\sin \kappa} \cdot s_z \cdot \sin \kappa = a \cdot s_z .$$

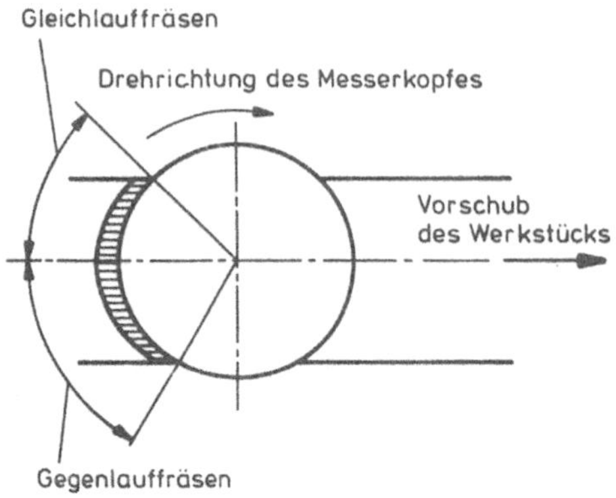


**Bild 1-12** Darstellung des Gleichlauf- und des Gegenlauffräsens

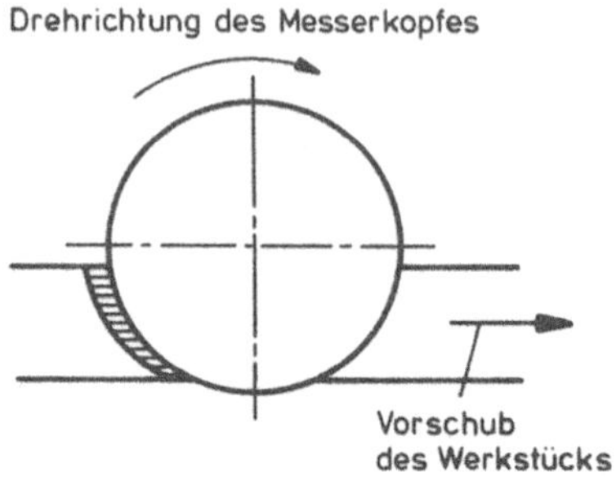


**Bild 1-13** Gegenlauffräsen

In Bild 1-12 sieht man, daß beim Messerkopffräsen Gegenlauffräsen und Gleichlauffräsen gleichzeitig vorkommen. Wenn die Achse des Messerkopfes gleichzeitig die Mittellinie des gefrästen Werkstücks ist, wird auf die Hälfte der Fräsbreite $b_f$ gegenläufig gefräst und auf die andere Hälfte gleichläufig.

Wenn die Achse des Messerkopfes sich außerhalb der Austrittsebene befindet, tritt reines Gegenlauffräsen auf. Sollte sich die Messerkopfachse außerhalb der Eintrittsebene befinden, ist es ein ausschließliches Gleichlauffräsen (s. Bild 1-13 und Bild 1-14).

Die mittlere Hauptschnittkraft wird aus dem mittleren Spanquerschnitt und dem spezifischen Schnittdruck (bezogen auf die Mittenspandicke) errechnet

$$F_H = k_s \cdot A_s$$

$$A_s = b \cdot h_M \cdot z_{iE}.$$

| | |
|---|---|
| $F_H$ [N] | Mittlere Hauptschnittkraft |
| $k_s$ [N/m²] | Spezifischer Schnittdruck, bezogen auf die Mittenspandicke $h_M$ |
| $A_s$ [m²] | Mittlerer Gesamtspanquerschnitt. |

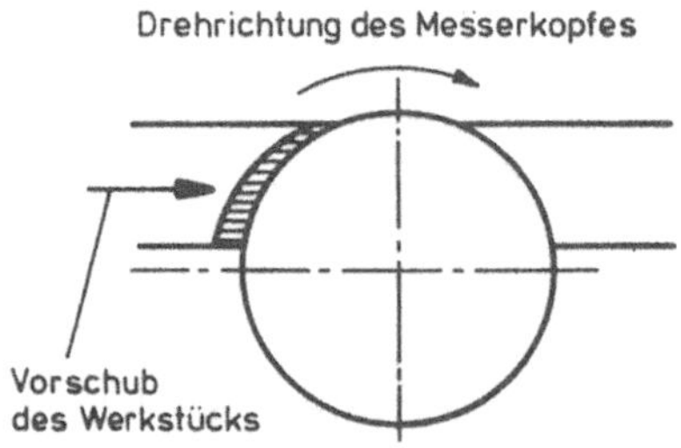


**Bild 1-14** Gleichlauffräsen

Nach Haidt [15] kann die Mittenspandicke mit hinreichender Genauigkeit nach folgender Formel errechnet werden, falls die Messerkopfachse gleichzeitig die Mittellinie des gefrästen Werkstücks ist $\left(b_1 = b_2 = \frac{b_f}{2}\right)$

$$h_M = \frac{114{,}6}{\varphi_s^0} \cdot s_z \cdot \sin\kappa \cdot \frac{b_f}{D}.$$

Wenn $b_1 \neq b_2$, d.h. $\epsilon_1 \neq \epsilon_2$, wird die Mittenspandicke nach folgender Gleichung bestimmt

$$h_M = \frac{57{,}3}{\varphi_s^0} \cdot s_z \cdot \sin\kappa \cdot [\cos(90 - \epsilon_1) - \cos(90 + \epsilon_2)].$$

Da die Bestimmung der Mittenspandicke aufwendig und kompliziert ist, wird die Hauptschnittkraft nach einer annähernden Formel bestimmt

$$F_H = k_{s(h_{MAX})} \cdot A_{s \cdot MAX}.$$

| | |
|---|---|
| $k_{s(h_{MAX})}$ [N/m²] | spez. Schnittdruck, bezogen auf die maximale Spandicke $h_{MAX}$ |
| $A_{s \cdot MAX}$ [m²] | maximaler Gesamtspanquerschnitt |

So ergibt sich

$$\boxed{F_H = k_{s(h_{MAX})} \cdot b \cdot h_{MAX} \cdot z_{iE} = \frac{k_{s1.1}}{h_{MAX}{}^p} \cdot b \cdot h_{MAX} \cdot z_{iE}}.$$

Haidt [15] hat die spezifischen Schnittkräfte beim Fräsen für verschiedene zu bearbeitende Werkstoffe und Mittenspandicken ermittelt (Tabelle 1-9).

Die Zerspanleistung bzw. Schnittleistung wird nach folgender Gleichung bestimmt

$$P_S = F_H \cdot v$$

$$v = \frac{\pi \cdot D \cdot n}{60}.$$

Die Motorleistung und das Drehmoment werden nach folgenden Gleichungen errechnet

$$P_M = \frac{P_S}{\eta}$$

$$M_D = F_H \cdot \frac{D}{2}.$$

| | |
|---|---|
| $P_S$ [W] | Schnittleistung |
| v [m/s] | Schnittgeschwindigkeit |
| D [m] | Messerkopfdurchmesser |
| n [min⁻¹] | Drehzahl des Messerkopfes |
| $P_M$ [W] | Motorleistung |
| $\eta$ | Wirkungsgrad der Maschine |
| $M_D$ [Nm] | Drehmoment |

### 1.3.3 Schnittgeschwindigkeit, Standzeit, Vorschub

Beim Fräsen ist die Abhängigkeit zwischen Schnittgeschwindigkeit, Standzeit und Spanquerschnitt ähnlich wie beim Drehen und Bohren. D.h. bei zunehmender Schnittgeschwindigkeit, bei einem bestimmten Spanquerschnitt wird die Standzeit kleiner. Oder: bei zunehmender Schnittgeschwindigkeit bei einer bestimmten Standzeit muß der Spanquerschnitt kleiner gewählt werden.

**Tabelle 1-9** Spezifische Schnittkräfte beim Fräsen

| Nr. | Bezeichnung | Festigkeit bzw. Härte $[N/m^2]$ | Wahrer Spanwinkel [Grad] | Schnittkraft Expon. p | Spez. Schnittkraft $k_{s1.1}$ $\frac{N}{m^2}$ | Spezifische Schnittkräfte beim Fräsen $k_s = f(h_M) = k_{s1.1}/h_M^p$ $k_s \left[\frac{N/m^2}{10^7}\right]$ Bei $h_M$ [mm] 0, 0,025 | 0,04 | 0,063 | 0,1 | 0,16 | 0,25 | 0,4 | 0,63 | 1 |
|---|---|---|---|---|---|---|---|---|---|---|---|---|---|---|
| 1 | St50 | $52 \times 10^7$ | 8/– 7 | 0,19 | $139 \times 10^7$ | 278 | 257 | 233 | 215 | 197 | 180 | 165 | 151 | 139 |
| 2 | St60 | $62 \times 10^7$ | 8/– 7 | 0,13 | $144 \times 10^7$ | 230 | 216 | 205 | 194 | 182 | 172 | 162 | 152 | 144 |
| 3 | St70 | $72 \times 10^7$ | 8/– 7 | 0,21 | $150 \times 10^7$ | 324 | 296 | 269 | 243 | 220 | 197 | 182 | 165 | 150 |
| 4 | Ck45 | $67 \times 10^7$ | 8/– 7 | 0,12 | $147 \times 10^7$ | 223 | 213 | 203 | 194 | 182 | 173 | 164 | 155 | 147 |
| 5 | Ck60 | $77 \times 10^7$ | 8/– 7 | 0,14 | $143 \times 10^7$ | 240 | 225 | 211 | 197 | 184 | 174 | 162 | 152 | 143 |
| 6 | 16MnCr5 | $77 \times 10^7$ | 8/– 7 | 0,19 | $144 \times 10^7$ | 288 | 266 | 242 | 223 | 204 | 187 | 171 | 157 | 144 |
| 7 | 18CrNi6 | $63 \times 10^7$ | 8/– 7 | 0,26 | $145 \times 10^7$ | 377 | 333 | 299 | 264 | 233 | 208 | 184 | 163 | 145 |
| 8 | 42CrMo4 | $73 \times 10^7$ | 8/– 7 | 0,20 | $155 \times 10^7$ | 322 | 294 | 268 | 245 | 223 | 204 | 186 | 170 | 155 |
| 9 | 34CrMo4 | $60 \times 10^7$ | 8/– 7 | 0,16 | $148 \times 10^7$ | 266 | 244 | 230 | 214 | 197 | 184 | 171 | 159 | 148 |
| 10 | 50CrV4 | $60 \times 10^7$ | 8/– 7 | 0,20 | $147 \times 10^7$ | 305 | 279 | 254 | 232 | 212 | 193 | 176 | 161 | 147 |
| 11 | 55NiCrMoV6 (G) | $94 \times 10^7$ | 8/– 7 | 0,18 | $129 \times 10^7$ | 247 | 229 | 210 | 194 | 179 | 165 | 152 | 140 | 129 |
| 12 | 55NiCrMoV6 (V) | 352 HB | 8/– 7 | 0,18 | $135 \times 10^7$ | 259 | 239 | 220 | 203 | 188 | 173 | 159 | 146 | 135 |
| 13 | EC Mo 80 | $59 \times 10^7$ | 8/– 7 | 0,14 | $150 \times 10^7$ | 252 | 236 | 221 | 207 | 193 | 182 | 170 | 160 | 150 |
| 14 | GS-52 | $52 \times 10^7$ | 8/– 7 | 0,18 | $180 \times 10^7$ | 345 | 319 | 294 | 271 | 250 | 231 | 212 | 195 | 180 |
| 15 | Hartguß | 46HRC | 8/+ 2 | 0,19 | $190 \times 10^7$ | 380 | 351 | 319 | 294 | 269 | 247 | 226 | 207 | 190 |
| 16 | Meehanite A | $36 \times 10^7$ | 8 | 0,26 | $120 \times 10^7$ | 312 | 276 | 247 | 218 | 193 | 172 | 152 | 135 | 120 |
| 17 | Graugußs GG 25 | 200 HB | 8 | 0,34 | $76 \times 10^7$ | 264 | 226 | 194 | 166 | 141 | 121 | 103 | 88 | 76 |
| 18 | Messing Ms 58 | $50 \times 10^7$ | 8 | 0,34 | $50 \times 10^7$ | 174 | 148 | 127 | 109 | 93 | 80 | 68 | 58 | 50 |
| 19 | Leichtmetall G-Al M9 | $16 \times 10^7$ | 20 | 0,34 | $25 \times 10^7$ | 87 | 74 | 63 | 54 | 46 | 40 | 34 | 29 | 25 |
| 20 | Leichtmetall G-Al Si | $20 \times 10^7$ | 20 | 0,34 | $30 \times 10^7$ | 104 | 89 | 76 | 66 | 56 | 43 | 41 | 35 | 30 |

Diese Abhängigkeiten sind aber beim Fräsen recht wenig untersucht worden. Die Untersuchungen, die auf diesem Gebiet gemacht wurden, stellten nur einen bestimmten Werkstoff in Betracht. Diese Untersuchungen machten jedoch die Abhängigkeit zwischen Schnittgeschwindigkeit, Standzeit und Spanquerschnitt deutlich, sind aber für den Praktiker in keiner Weise interessant.

In Tabelle 1-10 sind deshalb für verschiedene Grundwerkstoffe nach den Empfehlungen der Montanwerke Walter [16] die Richtwerte für Vorschub, Schnittgeschwindigkeit und kostengünstigste (wirtschaftliche) Schnittgeschwindigkeit aufgestellt.

**Tabelle 1-10** Richtwerte für kostengünstigste Schnittgeschwindigkeit beim Messerkopffräsen

| Richtwerte beim Fräsen mit Hartmetall-Messerköpfen | | | | | | |
|---|---|---|---|---|---|---|
| Zu bearbeitender Werkstoff | Vorschub je Zahn [mm/Zahn] | | übliche Schnittgeschwindigkeit [m/min] | | kostengünstigste Schnittgeschwindigkeit [m/min] | |
| | Schrupp. | Schlicht. | Schrupp. | Schlicht. | Schrupp. | Schlicht. |
| unlegierte niedriggekohlte Stähle | 0,2 –0,45 | 0,1 –0,2 | 80– 150 | 100– 190 | 250 | 280 |
| unlegierte und leichtlegierte Stähle $\sigma_B = (45-85) \cdot 10^7$ N/m² | 0,16–0,40 | 0,08–0,2 | 60–120 | 80–150 | 150 | 220 |
| Gesenkstähle $\sigma_B = (100-160) \times 10^7$ N/m² | 0,12–0,30 | 0,08–0,2 | 45– 85 | 55– 90 | – | – |
| Stahlguß, mittlerer Qualität | 0,20–0,45 | 0,1 –0,2 | 45– 90 | 50–110 | 140 | 180 |
| Grauguß, mittlerer Härte | 0,20–0,45 | 0,1 –0,25 | 45– 65 | 55– 80 | 120 | 150 |
| Alu-Guß-Legier. mit hohem Silizium Gehalt (GALSi) | 0,10–0,60 | 0,05–0,2 | 300–600 | 400–800 | 800 | 1000 |
| Alu-Guß-Legier. mit Magnesiumgehalt (Elektron) | 0,10–0,60 | 0,05–0,2 | 600–1000 | 800–1200 | 1500 | 1800 |

## 1.3.4 Vorschubkraft

Die Vorschubkraft beim Fräsen ist eine pulsierende Kraft, die sich bei der Drehung des Messerkopfes ständig ändert. An jedem sich im Eingriff befindlichen Zahn wirkt eine bestimmte augenblickliche Vorschubkraft. Die Summe aller dieser gleichzeitig wirkenden Vorschubkräfte ergibt die resultierende Vorschubkraft, mit welcher der Messerkopf auf das zu bearbeitende Werkstück in einem bestimmten Augenblick einwirkt.

$$F_V = \sum_{i=1}^{i=n} F_{VZi} = F_{VZ1} + F_{VZ2} + F_{VZ3} + \ldots F_{VZn}$$

$F_V$ [N] Resultierende Vorschubkraft in einem bestimmten Moment

$F_{VZ1}$ [N] Augenblickliche Vorschubkraft am Zahn 1

$F_{VZ2}$ [N] Augenblickliche Vorschubkraft am Zahn 2

$F_{VZn}$ [N] Augenblickliche Vorschubkraft am letzten sich im Eingriff befindlichen Zahn

$\sum_{i=1}^{i=n} F_{VZi}$ Summe aller Vorschubkräfte, die an den im Eingriff befindlichen Zähne in einem Augenblick wirken.

Wie in Bild 1-15 dargestellt, wirkt auf jeden im Eingriff befindlichen Zahn in einem Augenblick eine bestimmte Vorschubkraft (auf den Zahn 6 wirkt die Vorschubkraft $F_{VZ6}$). Jeder im Eingriff befindliche Zahn nimmt in einem Augenblick einen bestimmten Stellungswinkel $\omega$ (der Zahn 6 nimmt den Stellungswinkel $+\omega_6$).

Stellungswinkel unter der Fräserachse sind positiv, über der Fräserachse negativ. Vorschubkräfte, die dem Vorschub des Werkstückes entgegenwirken, sind positiv, die Vorschubkräfte, die in Richtung des Vorschubs wirken, sind negativ.

Die augenblickliche Vorschubkraft $F_{VZ}$, die in einem bestimmten Moment auf einen Zahn wirkt, der im Bezug auf die horizontale Achse den Stellungswinkel $\omega$ einnimmt, wird nach Kronenberg [17] nach folgender Gleichung bestimmt (s. Bild 1-16)

$$F_{VZ} = 10 \cdot C' \cdot (\cos\omega)^{1-p} \cdot \left(\sin\omega + \frac{R}{F_{HZ}} \cdot \cos\omega\right).$$

Die Konstante C′ wird nach folgender Gleichung gerechnet:

$$C' = C \cdot a \cdot (s_z)^{1-p} \cdot [\cos(90-\kappa)]^{-p}.$$

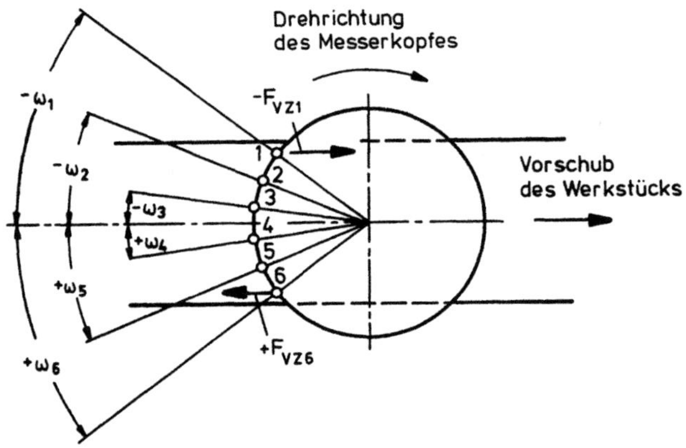


**Bild 1-15**
Vorschubkräfte an den Zähnen

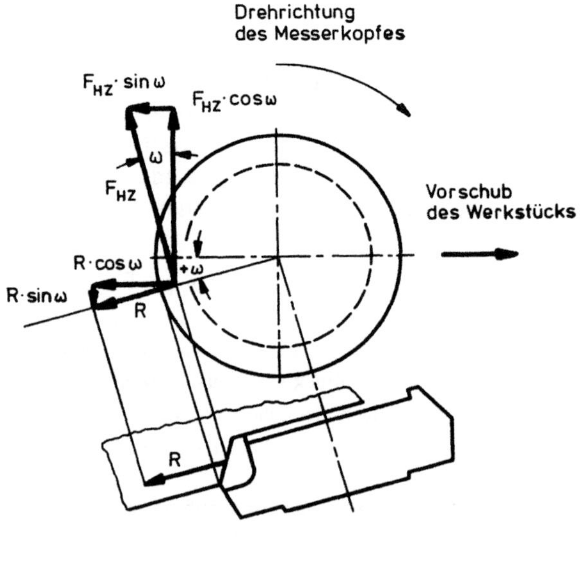


**Bild 1-16**
Augenblickliche Kräfte, die auf einen Zahn wirken

Der Festwert C wird nach Unterlagen von Kronenberg [17] in Tabelle 1-11 bestimmt.

**Tabelle 1-11** Festwert C

| Werkstoff | Brinell-Härte $[N/m^2]$ | Festwert C |
|---|---|---|
| GG 26 | $200 \times 10^7$ | 110 |
| St50 | $140 \times 10^7$ | 135 |
| St60 | $167 \times 10^7$ | 150 |
| St70 | $190 \times 10^7$ | 160 |
| 16MnCr5 gehärtet | $300 \times 10^7$ | 200 |
| 50CrV4 vergütet | $320 \times 10^7$ | 230 |

| | |
|---|---|
| $F_{VZ}$ [N] | Augenblickliche Vorschubkraft, die auf einen Zahn wirkt |
| p | Schnittkraftexponent (nach Tabelle 1-9) zu bestimmen |
| R [N] | Radialkraft, die von der Reibung des Spanes an der Spanfläche abhängt (s. Bild 1-16) |
| $F_{HZ}$ [N] | Augenblickliche Schnittkraft am Zahn |
| a [mm] | Schnittiefe |
| $\kappa$ [Grad] | Einstellwinkel |
| $s_z$ [mm/Zahn] | Vorschub je Zahn |
| C | Festwert der Vorschubkraft |
| C' | Vorschubkraftkonstante |

Das Verhältnis $R/F_{HZ}$ kann angenommen werden

$$\frac{R}{F_{HZ}} = 0{,}1 \text{ bis } 0{,}5 \text{ (mittl. Wert: 0,3).}$$

Nun können bei verschiedenen Stellungen des Messerkopfes (Beispiel in Bild 1-17) die augenblicklichen Vorschubkräfte an jedem einzelnen Zahn bestimmt und die resultierende Vorschubkraft gerechnet werden.

$\omega_ü$ Übergangsstellungswinkel, bei dem die Vorschubkraft, die dem Vorschub des Werkstückes entgegenwirkte, anfängt in Richtung des Vorschubes zu fallen.

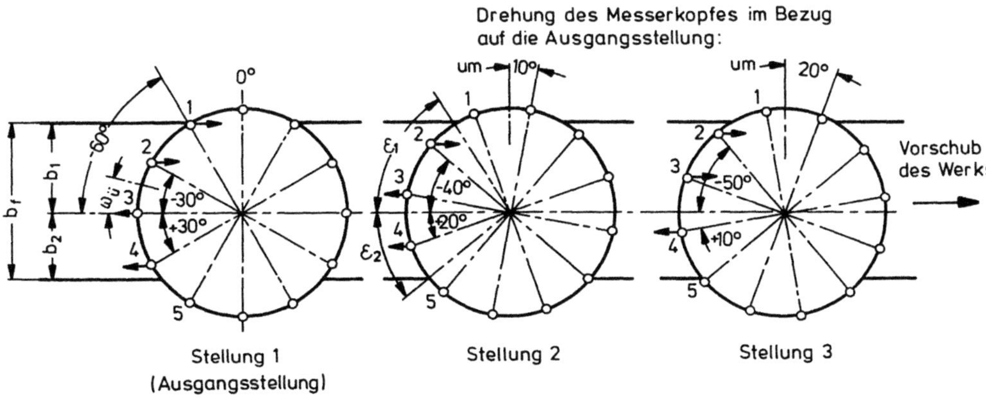


**Bild 1-17** Änderung der Vorschubkomponenten bei Änderung des Stellungswinkels

## 1.4 Beispielaufgaben

Eine Welle aus geglühtem Vergütungsstahl 55 NiCrMoV6 soll mit einem Drehmeißel bearbeitet werden. Der Einstellwinkel beträgt 45°, die Schnittiefe und der Vorschub betragen:

$a = 4$ mm, $s = 0{,}6$ mm/U.

Der Schneidstoff ist ein hochwertiges Hartmetall.

Es sollen die Hauptschnittkraft beim Drehen $F_H$ und die Schnittgeschwindigkeit für die Standzeit von 120 min ($v_{120}$) ermittelt werden.

Die Lösungen befinden sich im Buchanhang.

# 2 Führungen

Eines der wichtigsten Bauelemente einer Werkzeugmaschine ist die Führung, da die Führungsgenauigkeit die Arbeitsgenauigkeit entscheidend beeinflußt.

Die Führungen werden je nach der Berührungsart als gleitende, wälzende und hydrostatische Führungen behandelt.

## 2.1 Gleitende Führungen

Die gleitenden Führungen sind noch immer die gebräuchlichsten Führungen an Werkzeugmaschinen. Gründe dafür sind der relativ niedrige Preis, die große Steifigkeit und die gute Dämpfung der Führungen. Es gibt mehrere Möglichkeiten der Paarungen der Werkstoffe für das Gleitstück und für die Gleitbahn (Bild 2-1).

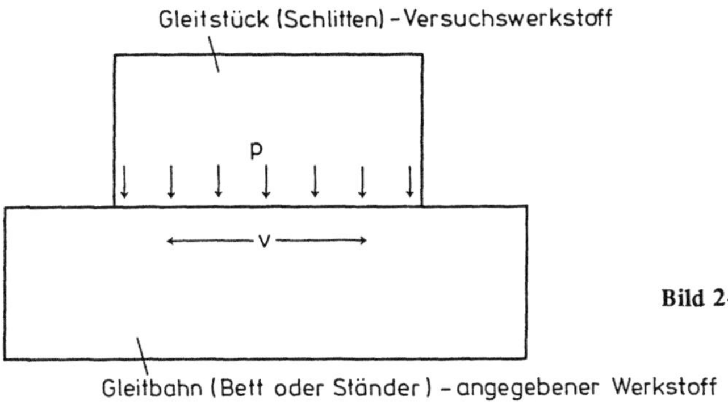


**Bild 2-1** Darstellung Gleitstück-Gleitbahn

Bei den Werkzeugmaschinen sind folgende Paarungen oft vertreten: Gußeisen/Gußeisen; Gußeisen/Bronze; geh. Stahl/Bronze; Gußeisen/Kunststoff; Gußeisen/Metallspritzschichten; Stahl/Kunststoff.

Um festzustellen, in welchen Fällen die jeweils günstigen Paarungen eingesetzt werden sollen, werden nun die wichtigsten Eigenschaften der Paarungen analysiert, wie: Reibungskoeffizient, Verschleiß und Flächenpressung bei Freßbeginn.

### 2.1.1 Reibungskoeffizient

R. Stribeck hat im Jahre 1902 in Berlin Versuche an den Gleitlagern aus Gußeisen unternommen [18]. Er hat die Abhängigkeit zwischen dem Reibungskoeffizienten $\mu$ und der Gleitgeschwindigkeit (bei drehender Bewegung: Drehzahl n) bei verschiedenen Flächenpressungen p (als Parameter) untersucht (Bild 2-2).

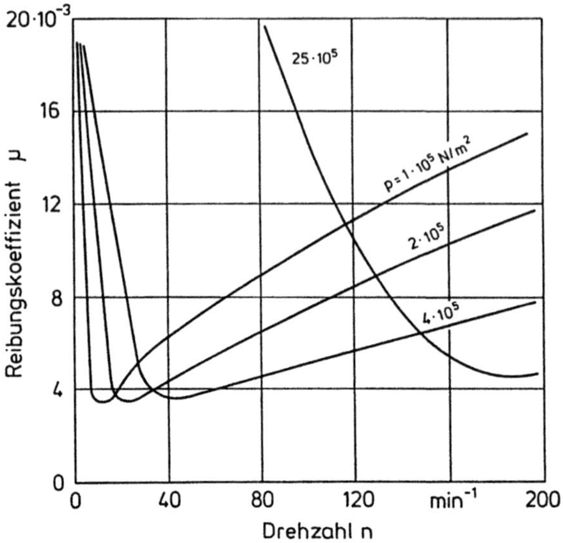


**Bild 2-2** Reibungskoeffizient in Abhängigkeit von der Drehzahl bei verschiedenen Flächenpressungen nach Stribeck [18, 19]

Charakteristisch für alle diese Kurven war ein hoher Reibungskoeffizient beim Beginn der Bewegung (Haftreibungskoeffizient), die schnelle Abnahme bis zu einem Minimum und dann wieder das langsame Ansteigen [19].

Ähnliche Kurven wurden später bei Untersuchungen des Reibungskoeffizienten von gleitenden Führungen ermittelt (Bild 2-3).

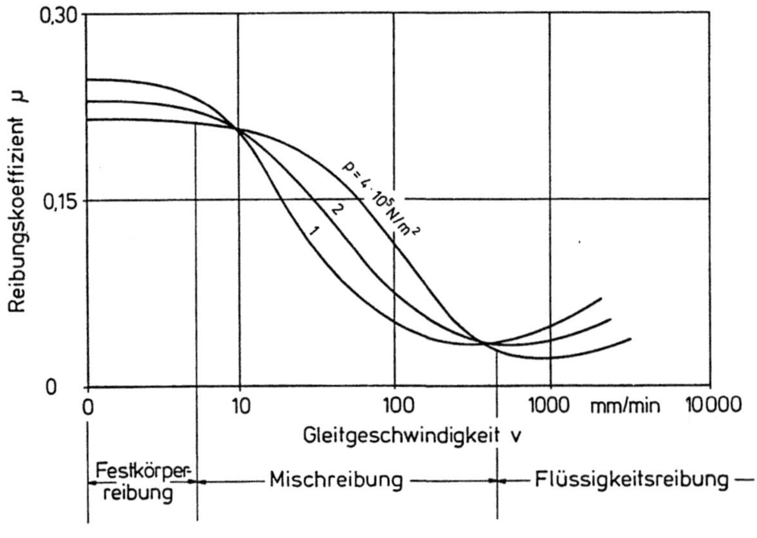


**Bild 2-3** Reibungskoeffizient in Abhängigkeit von der Gleitgeschwindigkeit bei verschiedener Flächenpressung

Der Verlauf des Reibungskoeffizienten kann bei jeder Kurve in drei Gebiete der Gleitgeschwindigkeit eingeteilt werden:

- Festkörperreibung beim Beginn der Bewegung,
- Flüssigkeitsreibung ab einer bestimmten Gleitgeschwindigkeit aufwärts,
- Mischreibung im Bereich zwischen Festkörper- und Flüssigkeitsreibung.

Bei der Festkörperreibung bleibt der Reibungskoeffizient unverändert und hat den Wert des Haftreibungskoeffizienten. Für die reine Flüssigkeitsreibung gelten hydrodynamische Gesetze, nach welchen die Reibung mit der zunehmenden Gleitgeschwindigkeit ansteigt. Deshalb fängt die reine Flüssigkeitsreibung im Punkt in welchem der Reibungskoeffizient sein Minimum erhält.

In den Gebieten der Festkörper- und der Flüssigkeitsreibung wird der Reibungskoeffizient $\mu$ mit zunehmender Belastung kleiner. In dem Gebiet der Mischreibung wird der Reibungskoeffizient mit zunehmender Belastung größer (Bild 2-3).

Weiterer Einfluß auf den Reibungskoeffizienten hat das Schmiermittel. Die Öle mit hochpolaren Zusätzen haben eine über der Gleitgeschwindigkeit nahezu gleichbleibenden Reibungskoeffizienten (Bild 2-4).

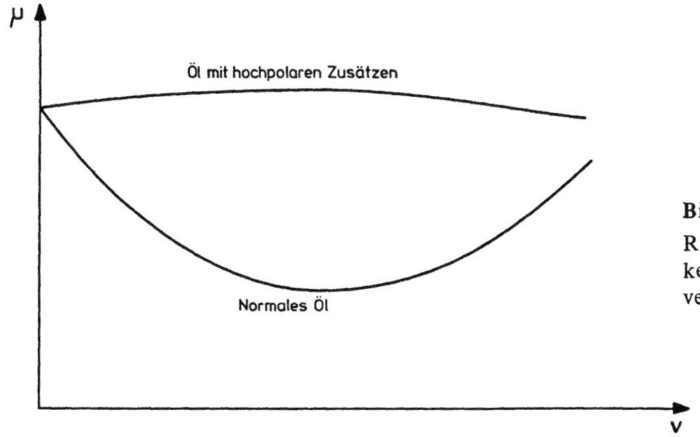


**Bild 2-4**
Reibungskoeffizient in Abhängigkeit von der Geschwindigkeit bei verschiedenen Schmierölen [20]

Im Bereich der fallenden Reibungskennlinie kann dynamische Instabilität, gekennzeichnet durch ruckendes Gleiten (stick-slip) auftreten. Deshalb werden die Öle mit hochpolaren Zusätzen zum Zwecke der Verminderung der stick-slip-Gefahr angewandt. Ähnliche Ergebnisse wurden von folgenden Forschern gewonnen: Opitz [21], Slezinger [22], Stepanek [23], Eisele [24].

Da für den Konstrukteur Kenntnisse über den Verlauf des Reibungskoeffizienten über der Gleitgeschwindigkeit unerläßlich sind, werden in Bild 2-5 bis 2-8 diese Diagramme für die interessantesten Paarungen nach den neuesten Untersuchungen (aus dem Jahre 1967) von Opitz [21] gegeben.

Die oberen Kurven einer gleichen Paarung entsprechen der Haftreibkraft beim Übergang vom Haften zum Gleiten, die unteren Kurven entsprechen der Reibkraft, bei der der Schlitten während des Rückgleitens wieder zum Stehen kommt.

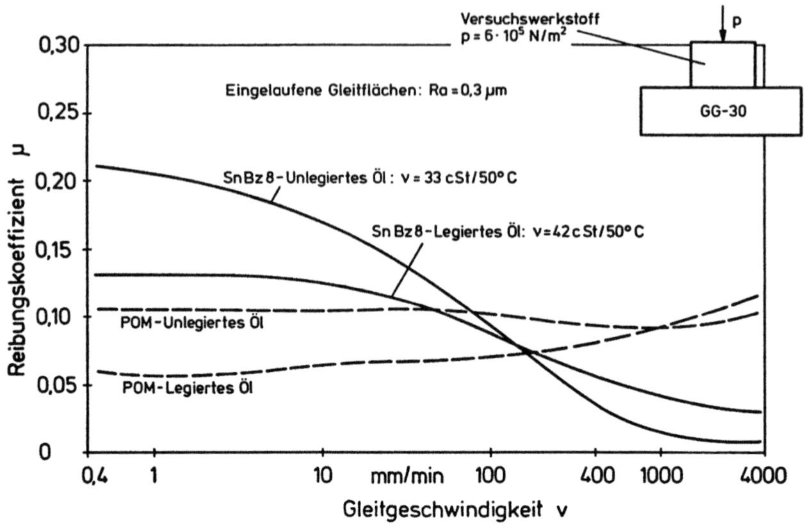


**Bild 2-5** Reibungskoeffizient in Abhängigkeit von der Gleitgeschwindigkeit für die Paarung Gußeisen gegen Bronze
POM = Polyoxymethylen (Kunststoff)

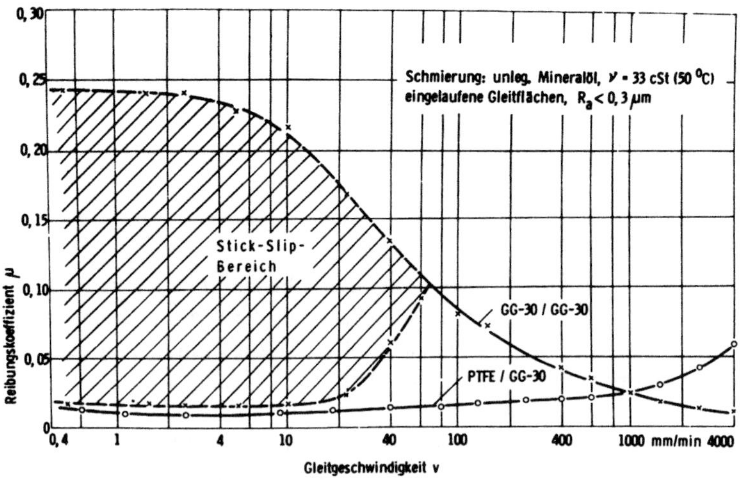


**Bild 2-6** Reibungskoeffizient in Abhängigkeit von der Gleitgeschwindigkeit für die Paarung Gußeisen gegen Gußeisen und gegen Teflon bei Flächenpressung von $6 \cdot 10^5\ N/m^2$

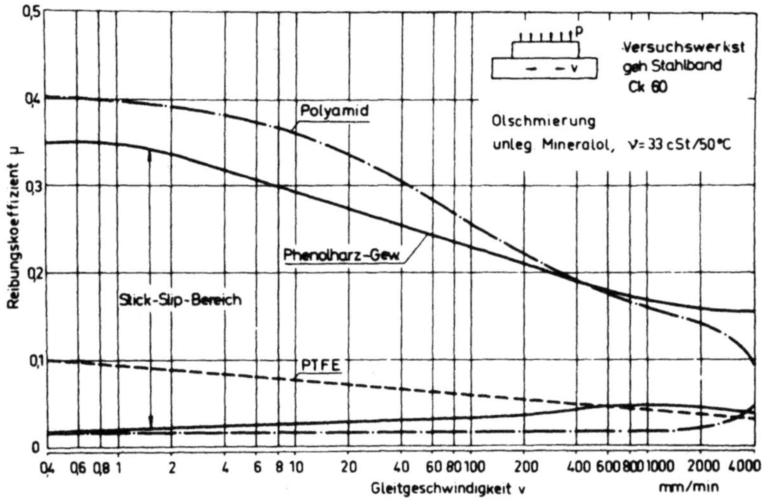


**Bild 2-7** Reibungskoeffizient in Abhängigkeit von der Gleitgeschwindigkeit für die Paarung gehörtetes Stahlband gegen Kunststoff bei Flächenpressung von 7,33 × $10^5$ N/m$^2$

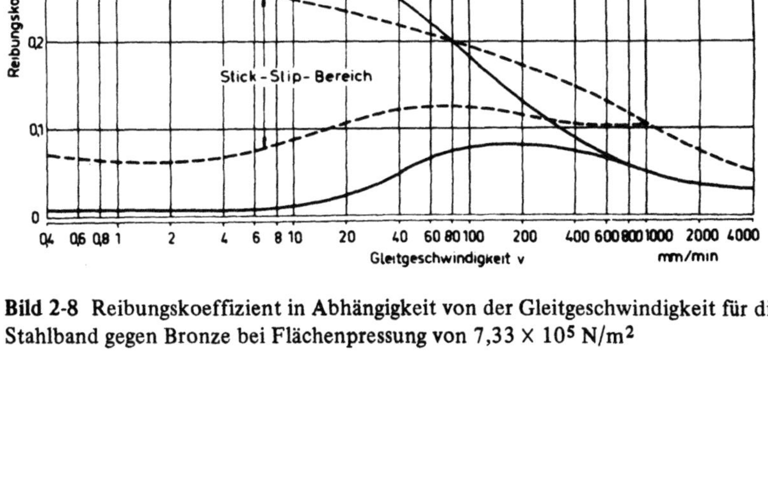


**Bild 2-8** Reibungskoeffizient in Abhängigkeit von der Gleitgeschwindigkeit für die Paarung gehärtetes Stahlband gegen Bronze bei Flächenpressung von 7,33 × $10^5$ N/m$^2$

Die Ergebnisse dieser Untersuchungen können zusammengefaßt werden.

1. Von allen untersuchten Materialpaarungen haben nur zwei Kunststoffe in der Paarung mit Gußeisen oder mit Stahl einen gleichbleibenden Reibungskoeffizienten über der Gleitgeschwindigkeit und damit keine Neigung zum stick-slip. Diese Kunststoffe sind
   - Polyoxymethylen, das noch unter folgenden Bezeichnungen bekannt ist: POM, Azetalharz, Biplast 2, Delrin, Hostaform;
   - Polytetrafluoräthylen, das noch unter folgenden Bezeichnungen bekannt ist: PTFE, Teflon;
   - Außer diesen im VDW-Forschungsbericht von 1967 der Technischen Hochschule Aachen untersuchten Kunststoffe gibt es heute noch zwei, die keine Neigung zum ruckenden Gleiten haben:
     - Epoxidharz,
     - SKC3.

   Alle anderen Paarungen wie Gußeisen/Bronze, Gußeisen/Gußeisen, Gußeisen/geh. Stahlband, Bronze/geh. Stahlband sowie die Paarungen Gußeisen oder Stahl mit den anderen Kunststoffen, neigen zum stick-slip.
2. Von allen untersuchten Materialpaarungen haben gerade die genannten Kunststoffe den kleinsten Reibungskoeffizienten, der annähernd unveränderlich über der Gleitgeschwindigkeit ist. Er beträgt
   - bei der Paarung Polyoxymethylen gegen Gußeisen, bei Flächenpressung von $6 \times 10^5$ N/m² und Ölschmierung, ergibt sich $\mu \approx 0{,}1$,
   - bei der Paarung Polytetrafluoräthylen gegen Gußeisen, bei Flächenpressung von $6 \times 10^5$ N/m² und Ölschmierung wurde ermittelt $\mu \approx 0{,}015$.

   Auch die Art, wie die Schmiernuten ausgeführt sind, hat Einfluß auf den Reibungskoeffizienten. Bei den gleichen Geschwindigkeiten, Flächenpressungen und Ölviskositäten weisen die Führungsbahnen, die nur Quernuten haben, den kleineren Reibungskoeffizienten auf als Führungsbahnen mit Quernuten, die mit einer Längsnut verbunden sind (Bild 2-9).

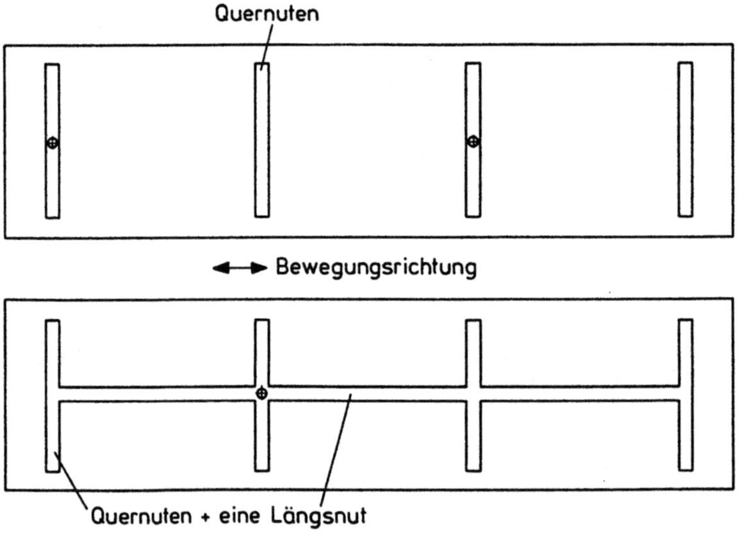


**Bild 2-9** Darstellung der Quernuten (Bild oben) und der durch eine Längsnut verbundenen Quernuten (Bild unten)

Grund dafür ist, daß die hydrodynamische Wirkung durch die Längsnut verringert wird, da das Öl den Weg des geringeren Widerstandes wählt und anstatt von einer Quernut zu der anderen zu strömen, den direkten Weg durch die Längsnut wählt. In manchen Fällen ist die hydrodynamische Wirkung bei der Lösung mit nur Quernuten so groß, daß sich der Schlitten bei den höheren Gleitgeschwindigkeiten abhebt, was bei manchen Genauigkeitsbearbeitungen sehr nachteilig sein kann. In solchen Fällen wird eine Lösung mit Quer- und Schrägnuten gewählt (Bild 2-10). Bei dieser Lösung sorgen die Quernuten für die hydrodynamische Schmierung. Die Schrägnuten sorgen dafür, daß diese Wirkung nicht so groß wird, daß sich der Schlitten abhebt.

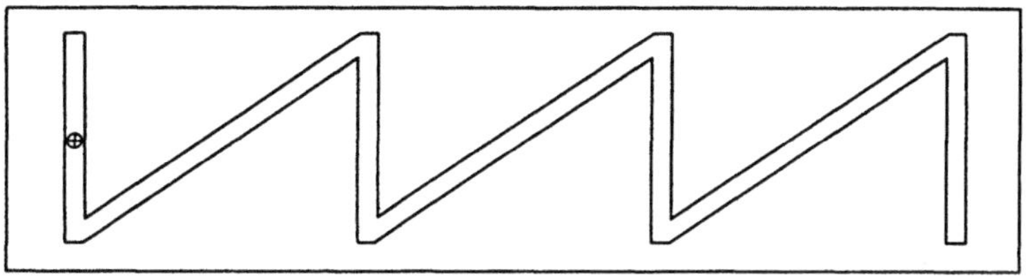

**Bild 2-10** Darstellung der kombinierten Quer- und Schrägnuten

Die Art der Oberflächenbearbeitung beeinflußt ebenfalls den Reibungskoeffizienten. Die Versuche bei einer bestimmten Paarung (Grauguß auf Grauguß) im Trockenlauf bei verschiedenen Arten der Oberflächenbearbeitung zeigten bei rauheren Oberflächen einen kleineren Reibungskoeffizienten als bei feingeschliffenen Oberflächen (Bild 2-11).

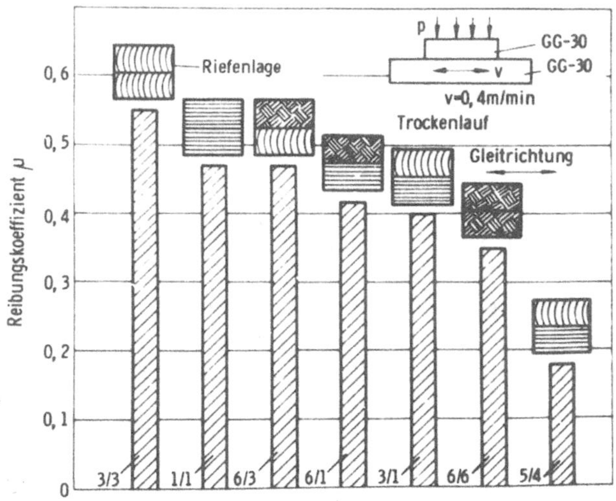


| | Ra (μm) | Bearbeitung |
|---|---|---|
| 1 | 0,6 | umfanggeschliffen |
| 3 | 0,3 | stirngeschliffen |
| 4 | 1,6 | feingehobelt |
| 5 | 2,2 | feingefräst |
| 6 | 0,9 | geschabt |

**Bild 2-11**
Einfluß der Art der Oberflächenbearbeitung auf das Reibungsverhalten bei Flächenpressung von $4 \times 10^5$ N/m² [25]

### 2.1.2 Verschleiß

Der Verschleißbetrag der Führungsbahnen ist vom Gleitweg, von der Paarung, Flächenpressung, Gleitgeschwindigkeit, Art der Oberflächenbearbeitung, Ölviskosität und Ölmenge abhängig. Der bezogene Verschleiß als Quotient aus dem Verschleiß in [µm] und dem Gleitweg in [km] wurde nach den Untersuchungen von Opitz [21] für verschiedene Material-Paarungen in Bild 2-12, 2-13 und 2-14 dargestellt.

Von allen untersuchten Materialpaarungen haben: GG gegen GG, GG gegen C45 gehärtet und GG gegen Polyoxymethylen den kleinsten Verschleiß auf beiden Laufbahnen.

Nach Bild 2-12, 2-13 und 2-14 wurde Tabelle 2-1 für einen Gleitweg von 70 km aufgestellt.

Der Verschleiß der Gleitbahnen wurde in mehreren Arbeiten untersucht: Opitz [21, 25, 26], Lapidus [27], Saljé [28], Hertel [29], Escher [30].

### 2.1.3 Freßbeginn

Die Flächenpressung bei Freßbeginn wurde bei verschiedenen Materialpaarungen und verschiedenen Arten der Oberflächenbearbeitung durch Versuche von Opitz [25] ermittelt und in Bild 2-15 und 2-16 dargestellt.

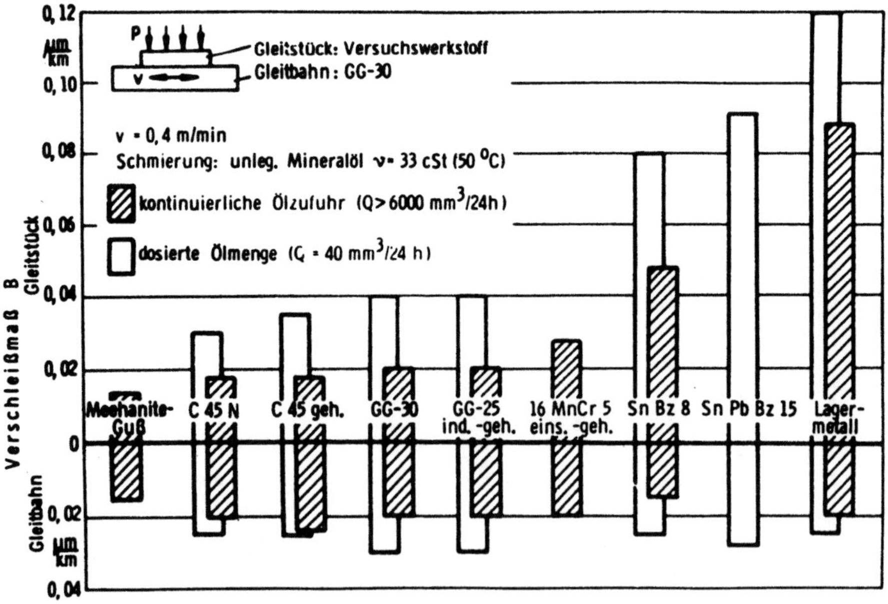


**Bild 2-12** Verschleißverhalten von Paarungen Grauguß gegen Grauguß, Stahl, Bronze und Lagermetall bei Flächenpressung von $4 \times 10^5$ N/m$^2$

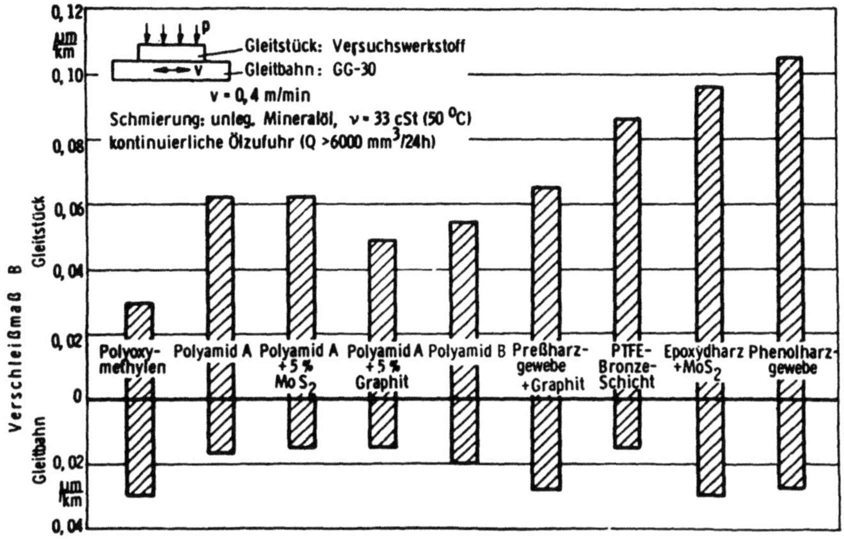


**Bild 2-13** Verschleißverhalten von Paarungen Grauguß gegen Kunststoff bei Flächenpressung von $4 \times 10^5$ N/m²

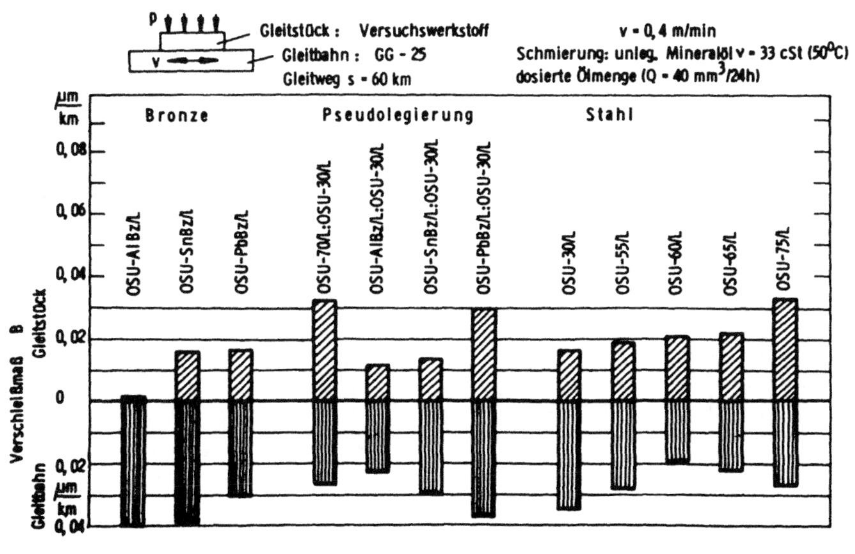


**Bild 2-14** Verschleißverhalten von Metallspritzschichten auf Basis von Bronze in der Paarung mit Grauguß bei Flächenpressung von $4 \times 10^5$ N/m²

**Tabelle 2-1** Verschleiß in [$\mu$m] von verschiedenen Materialpaarungen bei einem Gleitweg von 70 km

| Paarung GG/Versuchswerkst. | Gleitweg: 70 km; $p = 4 \cdot 10^5$ N/m² Verschleiß [$\mu$m] | |
|---|---|---|
| | an Gleitbahn aus GG | an Gleitstück aus: Versuchswerkst. |
| GG30/GG30 | 1,5 | 1,5 |
| GG30/C45 geh. | 1,5 | 1,5 |
| GG30/Polyoxymethyl. | 2 | 2 |
| GG30/Lagermetall | 1,5 | 6 |
| GG30/Polyamid | 1,3 | 4 |
| GG30/PTFE | 1,3 | 6 |
| GG25/OSU-SnBz/L | 2,8 | 0,8 |

Aus diesen Untersuchungen ergibt sich, daß bei allen Kunststoffen, die mit Gußeisen oder Stahl im Trockenlauf gepaart wurden, selbst bei den Flächenpressungen von 80 bar, kein Fressen der Gleitbahnen auftrat. Bei der Materialpaarung Gußeisen gegen Gußeisen ist es am günstigsten, wenn beide Führungsbahnen geschabt oder eine Bahn feingefräst und die andere Bahn feingehobelt ist.

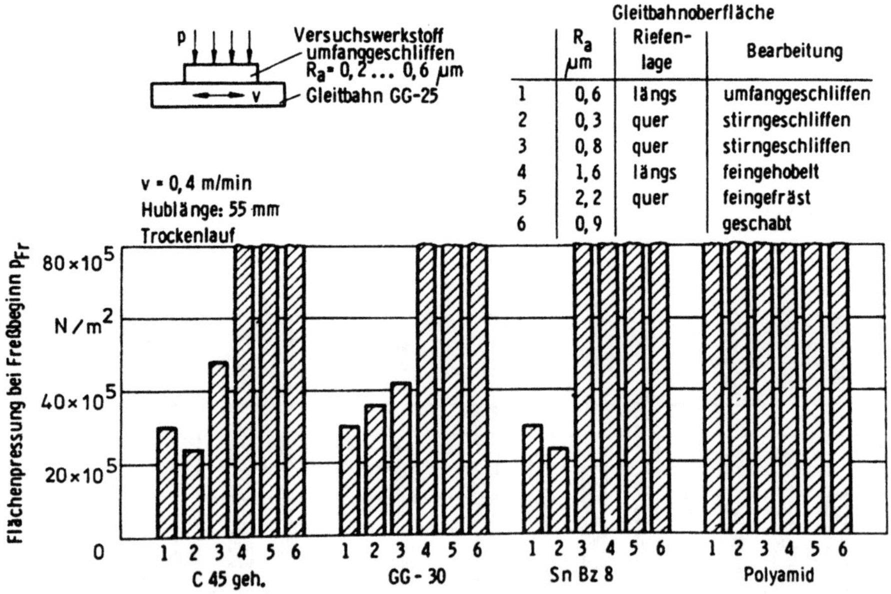


**Bild 2-15** Flächenpressung bei Freßbeginn bei verschiedenen Materialpaarungen und verschiedenen Arten der Oberflächenbearbeitung

p nach je 4 Doppelhüben um $6 \times 10^5$ N/m² gesteigert

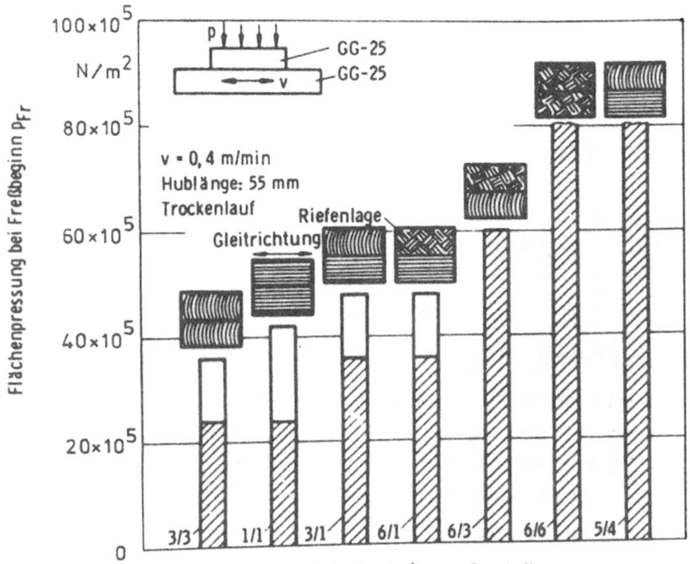


| Gleitfläche | | $R_a$ (µm) | Bearbeitung |
|---|---|---|---|
| | 1 | 0,6 | umfanggeschliffen |
| | 3 | 0,3 | stirngeschliffen |
| | 4 | 1,6 | feingehobelt |
| | 5 | 2,2 | feingefräst |
| | 6 | 0,9 | geschabt |

**Bild 2-16** Flächenpressung bei Freßbeginn bei verschiedenen Arten der Oberflächenbearbeitung. p nach je 4 Doppelhüben um $6 \times 10^5$ N/m$^2$ gesteigert

### 2.1.4 Zusammenfassung

Gleitführungen in der Paarung Grauguß gegen Grauguß, Grauguß gegen Stahl oder gegen Bronze entsprechen den an neuzeitliche Werkzeugmaschinen gestellten Anforderungen nicht, da bei niedrigen Tischgeschwindigkeiten Mischreibung auftritt. Ungleiche Vorschubbewegung, Verschleiß der Gleitbahnen und erhöhte Erwärmung sind die Folge.

Die Kunststoffe Polyoxymethylen (POM), Epoxidharz und SKC3 weisen in der Paarung mit Gußeisen oder mit Stahl einen kleinen und nahezu gleichbleibenden Reibwert über der Gleitgeschwindigkeit auf und neigen daher nicht zum ruckenden Gleiten. Der Kunststoff Polytetrafluoräthylen (PTFE) neigt auch nicht zum stick-slip, hat aber einen relativ großen Verschleiß und kann deshalb nicht empfohlen werden.

Alle Kunststoffe haben sehr gute Notlaufeigenschaften. Die Untersuchungen zeigten, daß es bei allen Kunststoffen, die mit Gußeisen oder mit Stahl im Trockenlauf gepaart waren, selbst bei den Flächenpressungen über 80 bar, kein Fressen der Gleitbahnen gab.

Es gibt drei Verfahren für die Beschichtung von Gleitstücken mit Kunststoff

- Gieß- oder Injizierverfahren,
- Spachtelverfahren,
- Aufkleben von Kunststoffbelägen.

In allen Fällen muß beachtet werden, daß die Kunststoffschicht dünn wird (unter 2 mm), damit die Durchfederung des Kunststoffgleitbelages wegen des geringen Elastizitätsmoduls ($E = 32.000 \times 10^5\ N/m^2$) nicht zu groß wird.

Die Kunststoffe werden auf dem beweglichen Gleitstück, d.h. auf dem Schlitten (Bild 2-1) und nicht auf die Gleitbahn (Bett oder Ständer) aufgetragen, damit verhindert wird, daß Späne oder harte Gegenstände die offenen und freien Bahnen beschädigen. Es muß noch darauf geachtet werden, daß die Abstreifer einwandfrei funktionieren, damit die Metallspäne nicht hineindringen und sich in die Kunststoffbahnen einfressen.

### 2.1.5 Klemmungsgefahr eines Schlittens

Bei den gleitenden Führungen muß überprüft werden, ob die Klemmungsgefahr bzw. die Gefahr der ruckenden Bewegung des Schlittens besteht. Bild 2-17 zeigt einen Schlitten mit der Länge $l$, der durch eine zentrisch wirkende Vorschubkraft $F_V$ und durch ein äußeres Moment M belastet wird. Das Moment M verursacht zwei Widerstandskräfte $F_Q$.

Die Gleichgewichtsgleichung für Momente lautet:

$$M = F_Q \cdot l \quad \text{oder} \quad F_Q = \frac{M}{l}.$$

Die Querkräfte $F_Q$ verursachen an den zwei Belastungskanten die Reibungskräfte

$$\mu \cdot F_Q.$$

Damit die Bewegung stattfindet, muß die Vorschubkraft $F_V$ größer als zwei Reibungskräfte $\mu \cdot F_Q$ sein

$$F_V \geqq 2 \cdot \mu \cdot F_Q \quad \text{oder}$$

$$\boxed{F_V \geqq 2 \cdot \mu \cdot \frac{M}{l}}\ .$$

Aus dieser Gleichung wird deutlich, daß $\mu$ und M klein und $l$ groß sein sollen, damit die Klemmungsgefahr verringert wird. Die Breite zwischen den Führungsbahnen b hat keinen Einfluß auf die Klemmungsgefahr.

Die Antriebsspindel liegt bei manchen Konstruktionen nicht in der Führungsbahnmitte (Bild 2-18). Die Vorschubkraft $F_V$, die auf den Abstand a von der Führungsbahnmitte wirkt, verursacht in der Führungsbahnmitte eine Kraft $F_V$ und ein Moment $M_V$

$$M_V = F_V \cdot a.$$

Das Moment $M_V$ verursacht zwei Widerstandskräfte $F_Q$. Die Gleichgewichtsgleichung lautet

$$M_V = F_V \cdot a = F_Q \cdot l \quad \text{oder}$$

$$F_Q = \frac{F_V \cdot a}{l}.$$

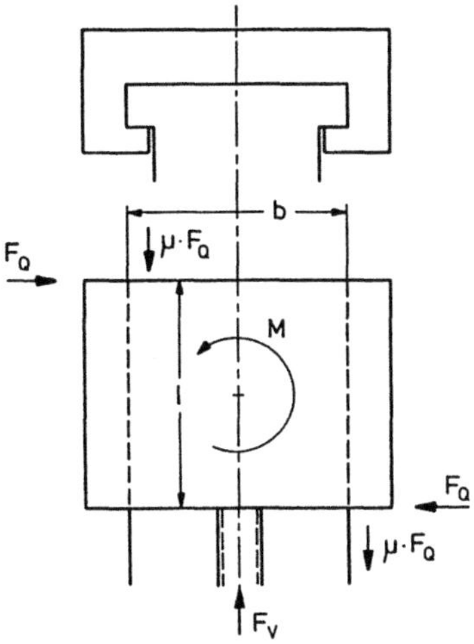


**Bild 2-17**
Verklemmung eines Schlittens durch ein äußeres Moment M

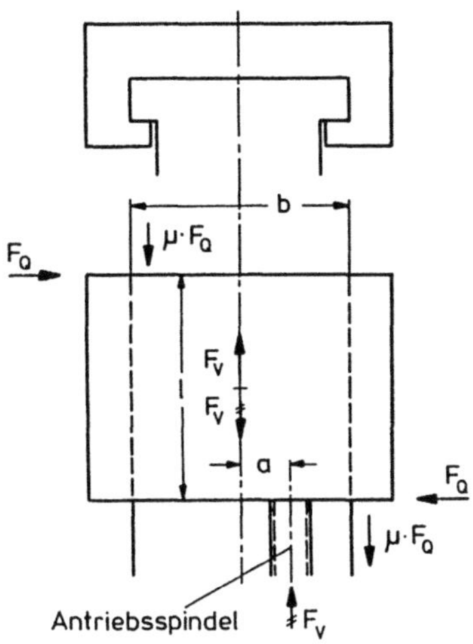


**Bild 2-18**
Verklemmung eines Schlittens durch eine exzentrisch wirkende Vorschubkraft

Damit die Bewegung stattfindet, muß die Vorschubkraft größer als die Reibungskräfte sein

$$F_V \geqq 2 \cdot \mu \cdot F_Q .$$

Setzt man den Ausdruck $F_Q$ in die obere Gleichung, ergibt sich

$$F_V \geqq 2 \cdot \mu \cdot \frac{F_V \cdot a}{l} .$$

so erhält man die endgültige Gleichung

$$\boxed{l \geqq 2 \cdot a \cdot \mu} .$$

Aus dieser Gleichung wird deutlich, daß $\mu$ und a klein und l groß sein sollen, damit der Schlitten nicht klemmt. Die Breite zwischen den Führungsbahnen b hat auch in diesem Falle keinen Einfluß auf die Klemmungsgefahr.

## 2.2 Wälzende Führungen

Die wälzenden Führungen weisen einen geringeren Reibwert und einen geringeren Verschleiß als die gleitenden Führungen auf. In zunehmendem Maße werden sie daher für Werkzeugmaschinen mit genauer Positionierung sowie mit der Bahnsteuerung angewandt.

Im Vergleich zu gleitenden und hydrostatischen Führungen haben Wälzführungen jedoch den Nachteil, daß die Schlittenbewegung bei schlechter Schwingungsdämpfung stattfindet.

In einigen Konstruktionsbeispielen wird die Anwendung von wälzenden Führungen verdeutlicht.

Bild 2-19 zeigt einen durch 12 Rollenumlaufschuhe geführten Tisch. Durch die Zurückführung der Wälzkörper ist diese Führung für unbegrenzte Bewegungslängen vorgesehen. Über eine Keilzustellung werden die Rollenschuhe der Untergriffführung und der seitlichen Führung vorgespannt und damit spielfrei eingestellt. Es wird deutlich, daß die wälzenden Führungen mit Rollenumlaufschuhen eine relativ große Bauhöhe aufweisen, und daß die Schlittenbewegung bei hoher Flächenpressung stattfindet. Deshalb laufen die Wälzkörper auf den gehärteten Führungsbahnleisten. Bei längeren Schlitten und großen Belastungen müssen mehrere Wälzelemente vorgesehen werden. Da das System statisch unbestimmt ist, müssen einzelne Wälzelemente sorgfältig justiert werden, die Herstellungskosten der Führung werden dadurch ungünstig beeinflußt. Diese Führungen werden bevorzugt an numerisch gesteuerten Bohrmaschinen angewandt.

Für höhere Genauigkeiten und kleinere Belastungen werden Kugelumlaufschuhe angewandt. Bevorzugte Anwendungsbereiche solcher Führungen sind Meßmaschinen und Versuchseinrichtungen.

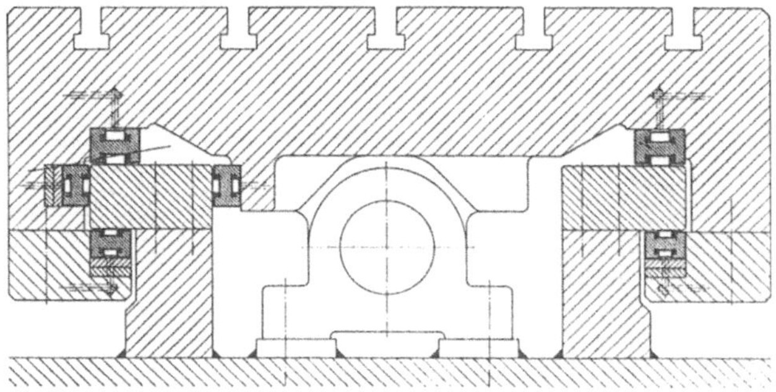

**Bild 2-19** Tischführung durch INA-Rollenumlaufschuhe

In Bild 2-20 ist ein durch Linearrollenlager geführter Tisch dargestellt. Diese Führung ist für begrenzte Bewegungslängen konzipiert, da die Wälzkörper, die in einer Käfigleiste gehalten werden, nur den halben Weg des auf dem unbeweglichen Tischunterteil sich bewegenden Tischoberteils zurücklegen (Bild 2-21). Die Länge L der Linearrollenlager muß deshalb um die Hälfte der Gesamthublänge H kleiner sein als die Länge des Tischunterteils T

$$L = T - \frac{H}{2}.$$

Nach Empfehlungen von IBC-Linearrollenlager

$$L = (1{,}5 \text{ bis } 2)\, H,$$

$$\frac{L}{Q} > 1.$$

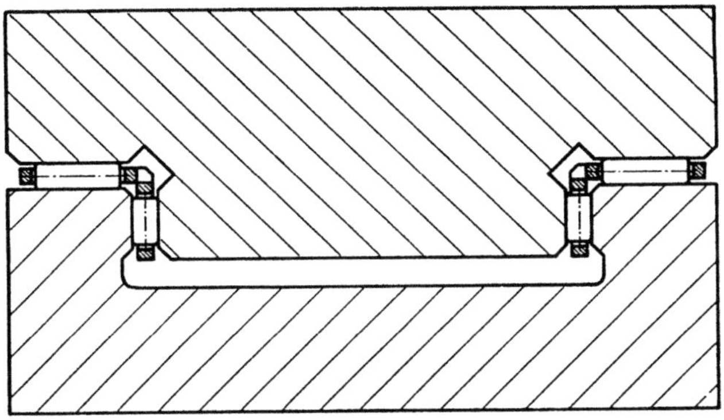

**Bild 2-20** Tischführung durch IBC-Linearrollenlager

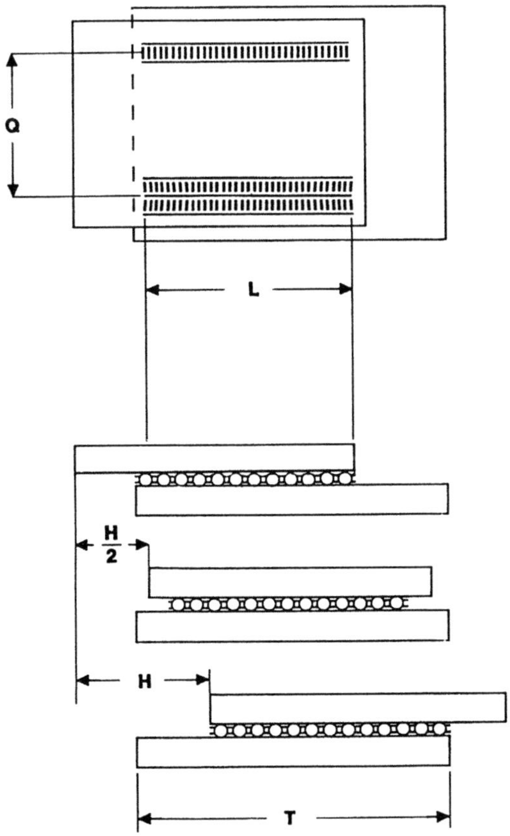


**Bild 2-21** Schematische Darstellung zur Bestimmung der Länge der Linearrollenlager

Die Führungen mit Linearrollenlagern haben im Vergleich zu denen mit Rollenumlaufschuhen den Vorteil, daß sie eine relativ kleine Bauhöhe aufweisen, und daß die Schlittenbewegung bei niedriger Flächenpressung stattfindet. Deshalb können hier die Wälzkörper zwischen den ungehärteten Gußteilen laufen (Bild 2-20). Diese Führungen zeichnen sich durch höchste Genauigkeit aus. Sie werden bevorzugt an Genauigkeitsschleifmaschinen und für die Koordinatentischführung der Lehrenbohrwerke angewandt.

Eine kombinierte wälzende-gleitende Führung ist in Bild 2-22 dargestellt. Die seitliche Führung wird durch INA-Rollenumlaufschuhe, die Führung der Tragbahn und des Untergriffes durch gleitende Bahnen verwirklicht.

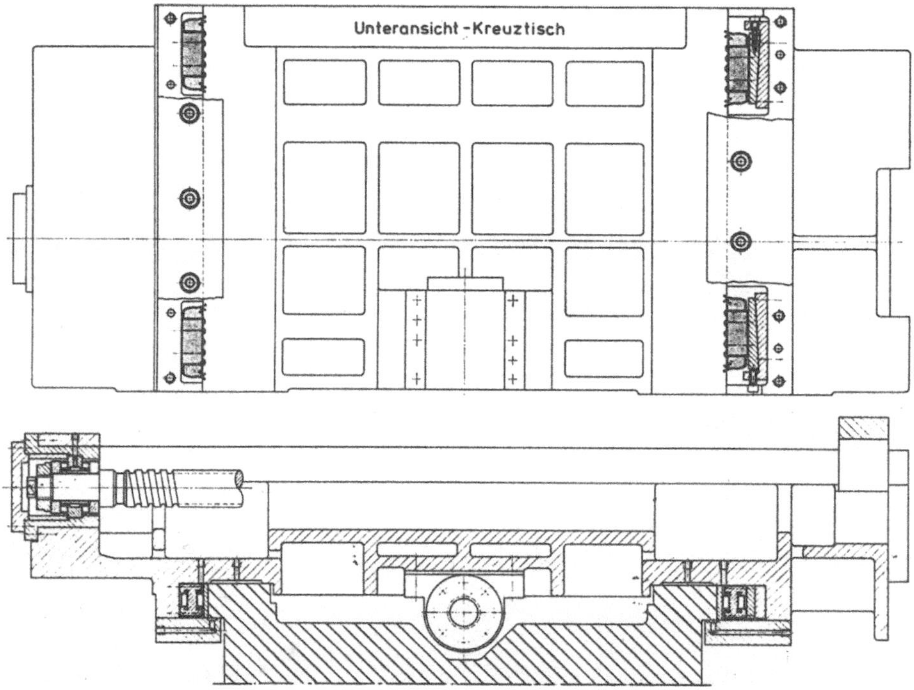


**Bild 2-22** Kombinierte wälzende-gleitende Führung im Koordinatentisch eines Bearbeitungszentrums

Die gleitende Führung wird in den meisten Fällen als Paarung aus Gußeisen und Kunststoff (SKC3 oder Epoxidharz) ausgeführt. Diese Führungen werden bevorzugt an Bearbeitungszentren und Genauigkeitsfräsmaschinen angewandt, da die Schlittenbewegung bei relativ geringer Reibung und guter Schwingungsdämpfung stattfindet. Die gleitende Führung sorgt dafür, daß die Schwingungsdämpfung sehr hoch ist, durch die Rollenumlaufschuhe wird der Reibwert der Führung herabgesetzt.

## 2.3 Hydrostatische Führungen

Hydrostatische Führungen arbeiten im Gebiet der Flüssigkeitsreibung, da die Gleitflächen in jedem Betriebszustand durch einen Ölfilm voneinander getrennt sind. Ein außerhalb der Führung angeordnetes Ölversorgungsaggregat sorgt für die Aufrechterhaltung des Ölfilms. Ein Verschleiß der Gleitflächen ist daher ausgeschlossen. Auch bei kleinsten Vorschubgeschwindigkeiten ist eine gleichförmige, ruckfreie Vorschubbewegung gewährleistet. Der Reibungskoeffizient bleibt klein, die Schwingungsdämpfung normal zur Gleitfläche ist sehr hoch. Durch entsprechende Wahl der Taschenflächen und des Taschendruckes kann eine große Tragfähigkeit des Lagers erreicht werden. Die Steifigkeit des hydrostatischen Lagers hängt vom Pumpendruck, von der Taschenfläche, der Lagerspalthöhe und vom Ölversorgungssystem ab. Das Ölversorgungssystem hat dabei auf die Steifigkeit des hydrostatischen Lagers den größten Einfluß.

Wenn mehr als drei Bewegungsachsen hydrostatisch geführt werden, können mit den hydrostatischen Führungen niedrigere Herstellungskosten erreicht werden als mit den wälzenden Führungen. Der Mehrpreis des Ölversorgungsaggregates wird durch die niedrigeren Herstellungskosten der hydrostatisch geführten Bahnen kompensiert.

### 2.3.1 Taschendruck, Taschenfläche, Kräfte

Zur Erläuterung der physikalischen Vorgänge, für die Berechnung der Führung und für die Auslegung des Ölversorgungsaggregates dient Bild 2-23, mit dem grundsätzlichen Aufbau eines hydrostatischen Lagers. Das untere Bild ist eine Draufsicht auf das Tischunterteil mit verschiedenen Taschentypen. In Schnitt A–B sind Tischoberteil und Tischunterteil mit den hydrostatischen Taschen im Querschnitt eingezeichnet. Das obere Bild ist eine schematische Darstellung des Druckaufbaus. Schnitt C–D ist ein Längsschnitt durch das Tischunterteil mit den hydrostatischen Taschen. Die Taschen sind von Stegen umgeben und werden durch das Ölversorgungsaggregat mit Öl versorgt. Der Abstand zwischen Führungflächen am Tischoberteil und Tischunterteil ist die Lagerspalthöhe h. Der Taschendruck $p_T$, der vom Ölversorgungsaggregat kommt, fällt linear über den Stegen auf den Außendruck, d.h. in der Regel auf den Druck Null ab.

Beim Taschentyp 1 strömt das Öl aus der Tasche nach allen vier Seiten ab. Die Abströmbreite b, senkrecht zur Strömungsrichtung, entspricht hier der Länge der gestrichelten Umrandungslinie

$$b_1 = 2 \cdot L_W + 2 \cdot B_W.$$

Beim Taschentyp 2 strömt das Öl auf den beiden Längsseiten und an der freien Stirnseite ab. Die Abströmbreite wird nach folgender Formel gerechnet

$$b_2 = 2 \cdot L_W + B_W.$$

Beim Taschentyp 3 kann das Öl nur über die beiden Längsseiten abströmen. So ergibt sich

$$b_3 = 2 \cdot L_W.$$

Die Abströmlänge $l$ in Strömungsrichtung ist die Länge des Stegelementes.

Bei Taschen mit scharfen Ecken und bei kleinen Verhältnissen $l/B$ können die wirksamen Taschenflächen nach folgender Näherungslösung bestimmt werden

$$A_W = B_W \cdot L_W.$$

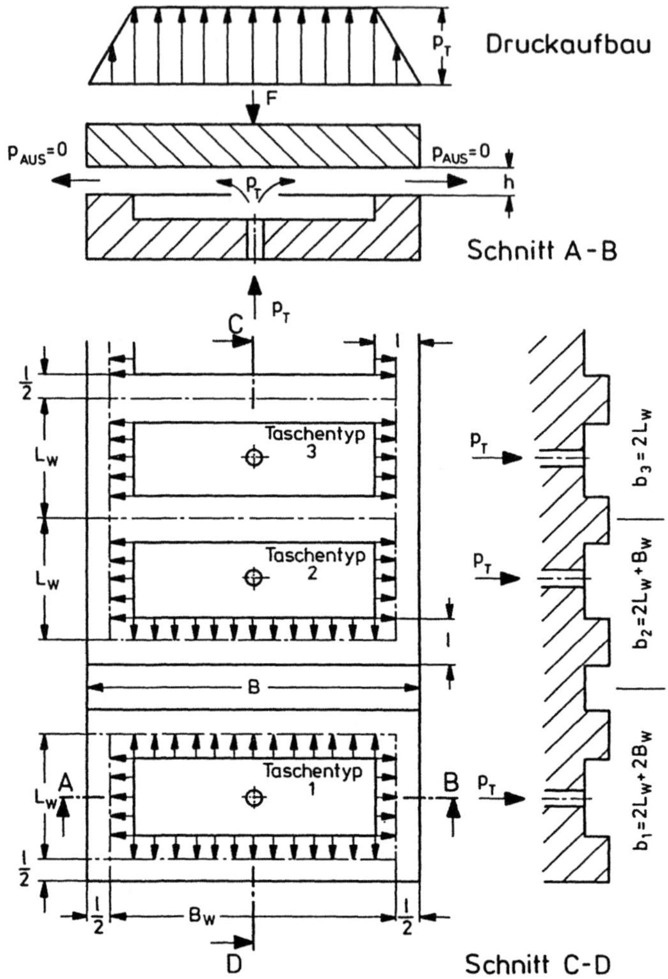


**Bild 2-23** Grundsätzlicher Aufbau eines hydrostatischen Lagers

Die Kraft, die auf ein hydrostatisches Lager wirkt, wird als Produkt aus der wirksamen Taschenfläche und dem Taschendruck errechnet

$$F = p_T \cdot A_W.$$

| | |
|---|---|
| $b$ [m] | Abströmbreite |
| $l$ [m] | Abströmlänge |
| $B_W$ [m] | Wirksame Taschenbreite |
| $L_W$ [m] | Wirksame Taschenlänge |
| $A_W$ [$m^2$] | Wirksame Taschenfläche |
| $F$ [N] | Kraft, die auf ein hydrostatisches Lager wirkt |
| $p_T$ [$N/m^2$] | Taschendruck |

### 2.3.2 Berechnung und Auslegung der Ölversorgung

Der Volumenstrom, der durch eine hydrostatische Tasche fließt, wird nach dem Hagen-Poiseuilleschen Gesetz bestimmt

$$\boxed{\dot{V} = \frac{p_T \cdot h^3}{12 \cdot \eta} \cdot \frac{b}{l}}.$$

| | |
|---|---|
| $\dot{V}$ [m³/S] | Volumenstrom durch eine Tasche |
| $p_T$ [N/m²] | Taschendruck |
| h [m] | Lagerspalthöhe |
| b [m] | Abströmbreite |
| $l$ [m] | Abströmlänge |
| $\eta$ [NS/m²] | Dynamische Viskosität des Öles. |

Der Pumpenvolumenstrom $\dot{V}_P$ muß wenigstens so groß sein wie die Summe aller Volumenströme, die durch die Taschen der Tragbahn, des Untergriffs und der seitlichen Führung fließen

$$\dot{V}_P \geqq \sum_{i=1}^{i=n} \dot{V}_i.$$

Es ist zweckmäßig, die hydrostatischen Taschen der Tragbahn, des Untergriffs und der seitlichen Führung so zu gestalten, daß die Strömungsverhältnisse gleich sind

$$\frac{b_I}{l_I} = \frac{b_{II}}{l_{II}} = \frac{b_{III}}{l_{III}} = \frac{b}{l}.$$

Wenn auch die wirksamen Taschenflächen der Tragbahn, des Untergriffes und der Mittenführung so bestimmt werden, daß im Anfangszustand, d.h. unter Wirkung der Anfangslast, die Taschendrücke in allen Taschen gleich sind,

$$p_{TOI} = p_{TOII} = p_{TOIII} = p_{TO},$$

und wenn dabei die Spalthöhen aller Bahnen gleich sind

$$h_{OI} = h_{OII} = h_{OIII} = h_O,$$

sind die Volumenströme, die durch die Taschen fließen, auch gleich

$$\dot{V}_{OI} = \dot{V}_{OII} = \dot{V}_{OIII} = \dot{V}_O = \frac{p_{TO} \cdot h_O^3}{12 \cdot \eta} \cdot \frac{b}{l}.$$

In diesem Falle kann der Pumpenvolumenstrom nach dieser Gleichung bestimmt werden

$$\dot{V}_P = n \cdot \dot{V}_O = n \cdot \frac{p_{TO} \cdot h_O^3}{12 \cdot \eta} \cdot \frac{b}{l}.$$

| | |
|---|---|
| O | Anfangszustand |
| I | Tragbahn (größere Gleitbahn) |
| II | Untergriff (kleinere Gleitbahn) |
| III | Seitliche Führung |
| n | Gesamtanzahl der hydrostatischen Taschen. |

Bei einer seitlichen Führung (Mittenführung) ist die Kraft, die die Führung im Anfangszustand belastet, gleich Null, da die wirksamen Taschenflächen gleich sind.

Bei Tragbahn und Untergriff (Umgriff) gilt im Anfangszustand folgende Gleichgewichtsgleichung

$$F_O = p_{TOI} \cdot A_{WI} - p_{TOII} \cdot A_{WII}.$$

Bild 2-24 veranschaulicht die obere Gleichgewichtsgleichung für den Fall, wenn

$$p_{TOI} = p_{TOII} \quad \text{und} \quad p_{TOI} \neq p_{TOII}$$

ist.

Als vorteilhaft zur Anwendung an Werkzeugmaschinen zeigen sich drei Ölversorgungssysteme. Die Prinzipskizze dieser Systeme und eine qualitative Darstellung der Taschenkennlinien ist in Bild 2-25 dargestellt.

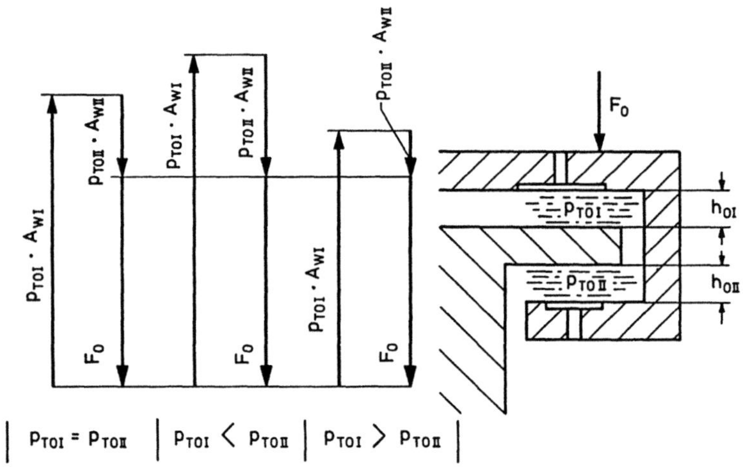


**Bild 2-24** Gleichgewicht unter Wirkung der Anfangskraft bei der Führung mit Umgriff [31]

Bei den meisten hydrostatischen Führungen wird als Ölversorgungssystem eine gemeinsame Pumpe mit Kapillardrosseln wegen der einfach durchführbaren Einstellung verwendet. Die Anpassung der Kapillardrosseln an das hydrostatische Lager erfolgt durch Änderung der Kapillarlänge. Bei der Erwärmung des Öles tritt keine Änderung der Lagerspalthöhe auf, da die Volumenströme durch die Kapillare und durch die hydrostatische Tasche in gleicher Weise viskositätsabhängig sind. In der Praxis jedoch ergaben sich Schwierigkeiten, da gerade mit diesem System von allen anderen Systemen bei gleicher Belastung die geringste Lagersteifigkeit erreicht wurde.

Das System mit einer Pumpe pro Tasche wird durch die Verwendung von Mehrkreispumpen auch an hydrostatischen Führungen mit mehreren Taschen wirtschaftlich eingesetzt. Mit diesem Ölversorgungssystem wird eine relativ gute Steifigkeitskennlinie bei Konstanthaltung des Pumpenvolumenstromes erreicht.

Obwohl mit den Membrandrosseln von allen Systemen die größte Lagersteifigkeit erreicht werden kann, fand dieses System wegen der hohen Herstellungskosten und der aufwendigen Anpassung der Membrandrosseln an das hydrostatische Lager bei hydrostatischen Führungen keine breite Anwendung.

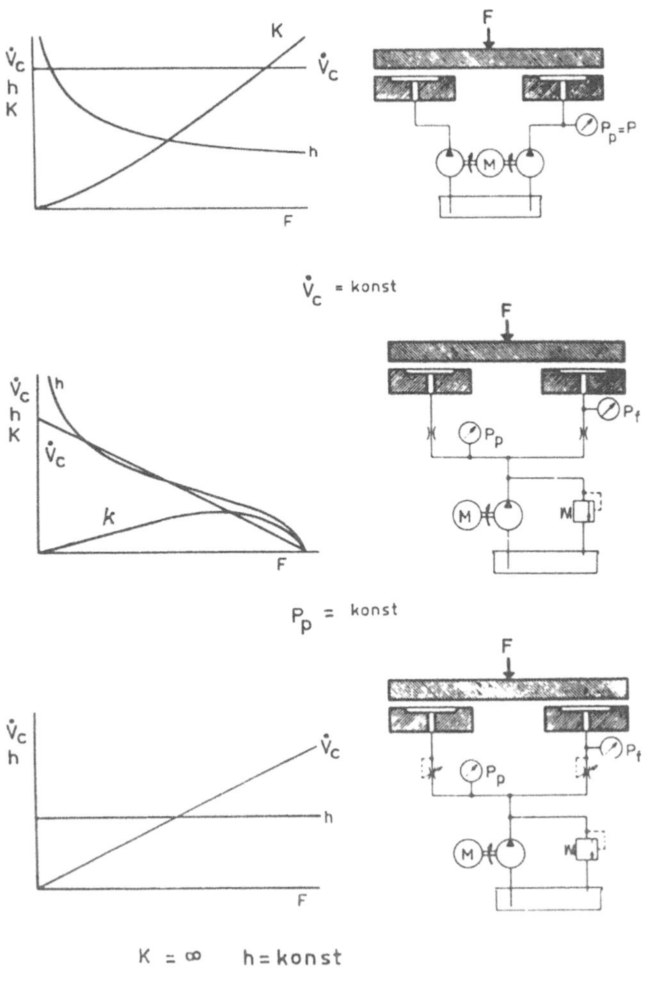


**Bild 2-25**

Kennlinien und Hydraulikpläne der Ölversorgungssysteme

von oben: Eine Pumpe pro Tasche, eine gemeinsame Pumpe und Kapillardrosseln, eine gemeinsame Pumpe und Membrandrosseln

Die Steifigkeit des hydrostatischen Lagers bei Verwendung verschiedener Ölversorgungssysteme läßt sich auch mit Hilfe der Hagen-Poiseuilleschen Gleichung

$$\dot{V} = \frac{p_T \cdot h^3}{12 \cdot \eta} \cdot \frac{b}{l}$$

analysieren [31]. Unabhängig vom Ölversorgungssystem besteht zwischen der Belastung F und dem Taschendruck $p_T$ lineare Proportionalität

$$p_T = \frac{F}{A_W}.$$

Mit den Kapillardrosseln wird die kleinste Lagersteifigkeit erreicht, da sich der Taschenvolumenstrom mit zunehmender Belastung verringert. Der Taschendruck steigt dabei an, die Lagerspalthöhe nimmt ab, was zur Verringerung der Lagersteifigkeit führt. Dieses System arbeitet mit konstantem Pumpendruck.

Bei dem System „eine Pumpe pro Tasche“ nimmt die Lagerspalthöhe mit zunehmender Belastung nicht so schnell ab, wie beim System mit den Kapillardrosseln, da bei dem Kraftanstieg der Pumpenvolumenstrom, der bei diesem System zugleich Taschenvolumenstrom ist, annähernd konstant bleibt. Deshalb erreicht das hydrostatische Lager mit diesem System höhere Steifigkeiten als mit den Kapillardrosseln.

Die höchsten Lagersteifigkeiten von allen Systemen werden mit den Membrandrosseln erreicht, da der Taschenvolumenstrom $\dot{V}_c$ in einem bestimmten Kraftbereich mit der Belastung annähernd linear ansteigt, so daß die Lagerspalthöhe in diesem Belastungsbereich annähernd konstant bleibt. Wenn beim Kraftanstieg die Lagerspalthöhe unverändert bleibt, ist die Lagersteifigkeit K theoretisch unendlich groß.

Die Steifigkeit des hydrostatischen Lagers wird nach folgender Gleichung definiert [32, 33]

$$K = \frac{F - F_0}{\Delta h} = K_{BEZ} \cdot \frac{p_P \cdot A_W}{h_0} \; .$$

| | |
|---|---|
| K [N/m] | Steifigkeit des hydrostatischen Lagers |
| $K_{BEZ}$ [N/m] | Von dem Ölversorgungssystem abhängige, bezogene Steifigkeit |
| $F - F_0$ [N] | Kraftanstieg |
| $\Delta h$ [m] | Spaltänderung |

Aus dieser Steifigkeitsgleichung wird deutlich, daß der Pumpendruck und die Taschenflächen groß, die Lagerspalthöhe klein gewählt werden sollen, damit hohe Lagersteifigkeiten erreicht werden. Den größten Einfluß auf die Steifigkeit hat das Ölversorgungssystem durch den Faktor $K_{BEZ}$.

In Bild 2-26, 2-27 und 2-28 sind die Hydraulikpläne der drei beschriebenen Ölversorgungssysteme, die man an einem Versuchsstand nacheinander angeschlossen und untersucht hat, dargestellt.

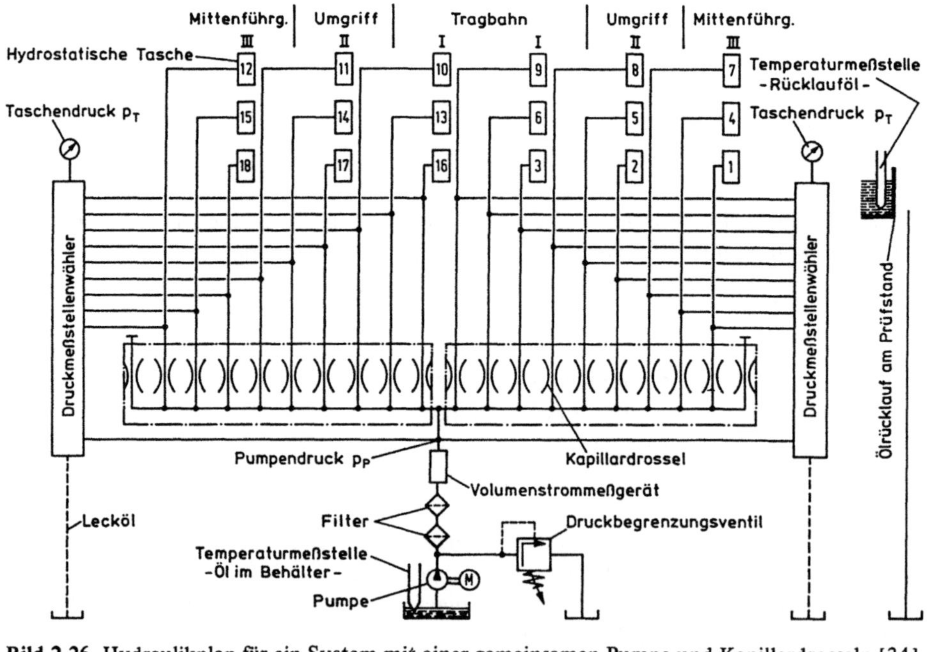


**Bild 2-26** Hydraulikplan für ein System mit einer gemeinsamen Pumpe und Kapillardrosseln [34]

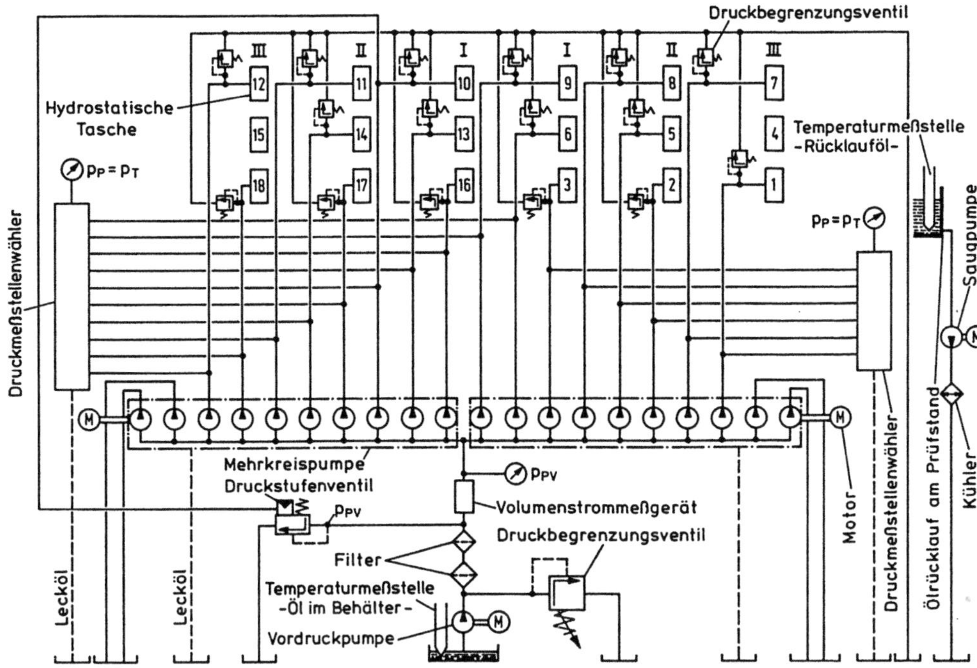


**Bild 2-27** Hydraulikplan für ein System mit einer Pumpe pro Tasche [34]

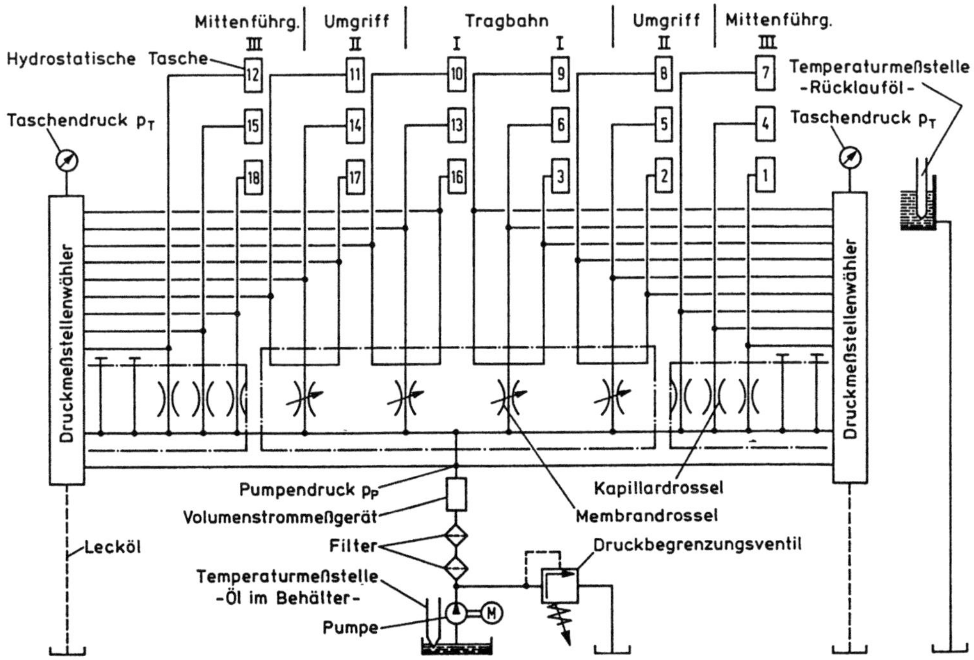


**Bild 2-28** Hydraulikplan für ein kombiniertes System aus einer gemeinsamen Pumpe und Membrandrosseln kombiniert mit Kapillardrosseln [35]

Beim System mit den Kapillardrosseln wird nur eine Pumpe und für jede Tasche je eine Kapillardrossel eingesetzt. Der Pumpendruck wird an dem Druckbegrenzungsventil eingestellt und konstant gehalten. Der Pumpenvolumenstrom wird etwas größer als die Summe aller Taschenvolumenströme bestimmt, damit immer eine Ölmenge durch das Druckbegrenzungsventil fließt.

Beim System mit einer Pumpe pro Tasche werden die hydrostatischen Taschen von den Mehrkreispumpen mit Öl versorgt. Die Fördermenge jeder einzelnen Pumpe ist mit dem Taschenvolumenstrom der zu versorgenden Tasche identisch und muß deshalb genau berechnet werden. Eine Vordruckpumpe mit etwas größerem Volumenstrom als der, den alle eingebauten Mehrkreispumpen verbrauchen, versorgt die Mehrkreispumpen mit Öl. Der Pumpendruck ist mit dem Taschendruck identisch und hängt von der äußeren Last ab. Das Druckbegrenzungsventil wird auf den maximalen Pumpendruck der Vordruckpumpe eingestellt. Das Druckstufenventil sorgt dafür, daß die Druckdifferenz

$$p_T - p_{PV} \quad \text{bzw.} \quad p_P - p_{PV}$$

konstant gehalten wird ($p_{PV}$ = Druck der Vordruckpumpe). Steigt der Druck $p_T$ bei zunehmender Belastung, erhöht sich automatisch durch das Druckstufenventil der Vordruck $p_{PV}$, so daß die Druckdifferenz konstant bleibt.

Die Membrandrosseln sind veränderliche Vorwiderstände. Sie werden nicht wie die festen Vorwiderstände (Kapillardrosseln) eingestellt, sondern dem Lager angepaßt. Beim Kraftzuwachs an der Führung erhöht sich der Taschendruck, die Membran biegt sich mehr durch, der Drosselspalt wird größer, und somit fließt mehr Öl durch die Drossel zur Tasche. Sie werden deshalb auch lastabhängige Vorwiderstände genannt. In Bild 2-28 ist ein aus den Membrandrosseln und den Kapillardrosseln kombiniertes System dargestellt. Die Taschen der Tragbahn und des Umgriffes wurden durch die Membrandrosseln, die Taschen der Mittenführung durch die Kapillardrosseln versorgt. Um die Anzahl der Drosseln und somit die Kosten zu reduzieren, wurden mit jeder Membrandrossel drei hydrostatische Taschen angeschlossen.

## 2.4 Konstruktionsbeispiele Werkzeugmaschinenführungen

Für jede Werkzeugmaschine wird nach der Berührungsart und nach der Gestaltungsform die geeignetste Führung gewählt. Im Abschnitt 2.2 wurde schon in einigen Konstruktionsbeispielen die Anwendung von wälzenden Führungen verdeutlicht. So wurde angegeben, daß die Tischführung durch die Rollenumlaufschuhe (Bild 2-19) für numerisch gesteuerte Bohrmaschinen angewandt werden. Die Tischführung durch Linearrollenlager (Bild 2-20) wird bevorzugt an Genauigkeitsschleifmaschinen und an Lehrenbohrwerken angewandt. Die kombinierte wälzende – gleitende Führung (Bild 2-22) findet an Bearbeitungszentren und Genauigkeitsfräsmaschinen Anwendung.

An einigen Konstruktionsbeispielen wird die Verwendung verschiedener Gestaltungsformen beschrieben.

Die Tischführung einer waagerechten Schlitteneinheit, die als Baueinheit für die Sonderwerkzeugmaschinen und Transferstraßen verwendet wird, ist in Bild 2-29 dargestellt. Die Führung des Tisches in der x-z-Ebene wird in dem linken Bild durch die exzentrische Schmalführung, in dem mittleren Bild durch die zentrische Schmalführung, in dem rechten Bild durch die Breitführung verwirklicht. Die Leiste „a", die bei den Schmalführungen verwendet wird, wird bei geringeren Genauigkeitsansprüchen als Abstimmleiste ausgeführt. Sie wird planparallel so geschliffen, daß die Führung noch ein für die Bewegung des Tisches erforderliches Spiel hat. Für höhere Genauigkeitsansprüche wird die Leiste „a" als einstellbare Keilleiste ausgeführt. Bei den abgenützten Führungsbahnen kann das Führungsbahnspiel in der x-z-Ebene durch das axiale Verschieben der Keilleiste auf das vorgeschriebene Maß verringert werden.

Das Spiel zwischen den Führungsbahnen in y-z-Ebene wird durch das Schleifen der Umgriffsleiste „b" auf das vorgeschriebene Maß eingehalten. Bei den abgenützten Führungsbahnen kann das Führungsbahnspiel durch das Nachschleifen der Fläche „c" der Umgriffsleiste auf das gewünschte Maß verringert werden.

Bei den schweren waagerechten Tischen, bei welchen keine Gefahr für die Abhebung des Tisches infolge der in y-z- und y-x-Ebene wirkenden Momenten besteht, kann auf Umgriffsleiten verzichtet werden.

Die Tischführung einer waagerechten Genauigkeitsschlitteneinheit ist in Bild 2-30 dargestellt. Die Führung des Tisches in der x-z-Ebene übernehmen die Prismenbahnen, in der y-z-Ebene die Prismen- und die Flachbahnen. Da das System in der y-z-Ebene statisch unbestimmt ist, ist eine teuere und aufwendige Bearbeitung (Schaben) der Schlittenbahnen erforderlich. Der höhere Preis der kombinierten Flach-Prismenführung von Bild 2-30 durch die aufwendige Bearbeitung der Prismenbahnen wird im Bezug auf die Führung mit

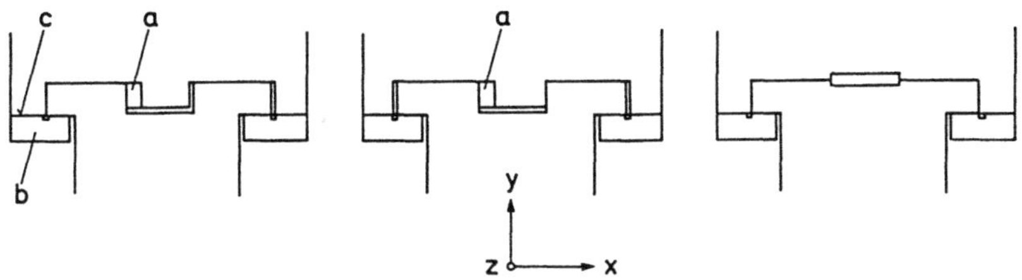


**Bild 2-29** Tischführung einer waagerechten Schlitteneinheit

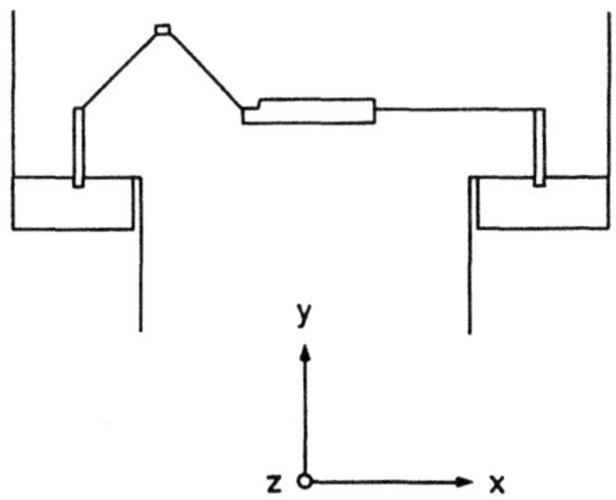


**Bild 2-30** Tischführung einer waagerechten Genauigkeitsschlitteneinheit

Doppelflachbahnen von Bild 2-29 teilweise kompensiert, da die kombinierte Führung weniger Bahnen (5 anstatt 6) und keine Keilleiste benötigt. Bei der Abnützung der Führungsbahnen werden bei den kombinierten Führungen die Befestigungsflächen der Umgriffsleisten nachgeschliffen.

Für die senkrechten Schlitten können keine kombinierten Führungen angewandt werden, da diese Schlitten infolge des Kippmomentes F · a den oberen Teil der Ständerprismenbahnen verlassen würde, eine exakte Führung wäre nicht gewährleistet. Deshalb werden für sie Doppelflachbahnen angewandt. Die Schlittenführung einer senkrechten Schlittenständer-Einheit, die als Baueinheit für Sonderwerkzeugmaschinen und Transferstraßen angewandt wird, ist in Bild 2-31 dargestellt. Die Führung des Schlittens in der y-z-Ebene übernehmen die Tragbahnen „b“ und die Umgriffsleisten „c“. Die Schlittenführung in der z-x-Ebene wird durch die zentrische Schmalführung verwirklicht. Zum Einstellen und Nachstellen des Führungsbahnspiels in der z-x-Ebene werden in dem oberen und dem unteren Teil des Schlittens Doppelkeilleisten „d“ verwendet. Die beiden Teile der Keilleiste werden beim Einstellen des Führungsbahnspiels auf die abgeschrägten Flächen verschoben, bis das gewünschte Spiel erreicht wird. Die Doppelkeilleisten werden deshalb angewandt, damit an dem Schlitten keine schrägen Flächen bearbeitet werden müssen. Die Umgriffsleisten „c“ werden bei der in Bild 2-31 dargestellten Maschine nicht wie üblich an dem Schlitten, sondern an dem Senkrechtständer angeschraubt. Diese Lösung wird dort angewandt, wo Senkrechtständer größerer Querschnitte bzw. höherer statischer Steifigkeit benötigt werden.

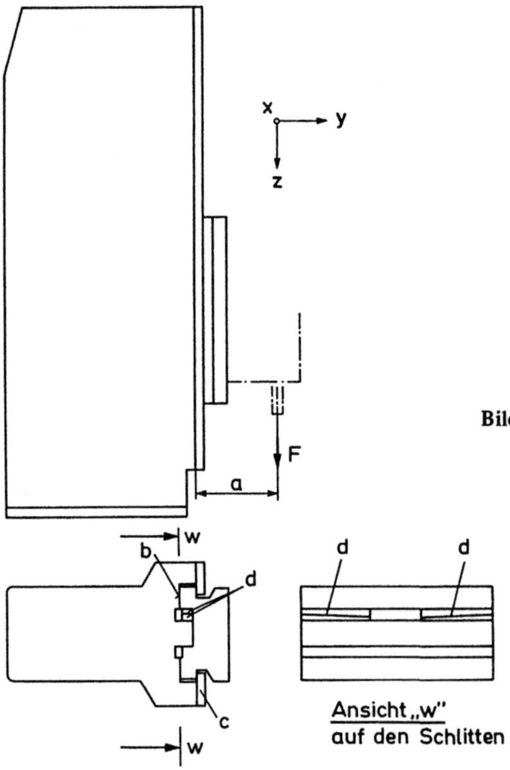


**Bild 2-31** Schlittenführung eines Senkrechtständers

Die Führungen eines Kreuztisches für eine Schleifmaschine ist in Bild 2-32 dargestellt. Für den Oberschlitten wurden die Schwalbenschwanzführungen, für den Unterschlitten kombinierte Führungen, bestehend aus den Doppelprismen- und Flachführungen angewandt. Der lange Unterschlitten muß am Ende durch eine Flachführung gestützt werden. Eine solche Führung, die aus vier Prismenbahnen und einer Flachbahn besteht, ist sehr teuer, und die Wahrscheinlichkeit, daß alle fünf Bahnen in vollkommener Berührung stehen, ist gering. Trotzdem ergeben sich manchmal solche Konstruktionen, wenn die Forderung gestellt wird, daß der Führungsbahnverschleiß geringen Einfluß auf die Arbeitsgenauigkeit ausübt.

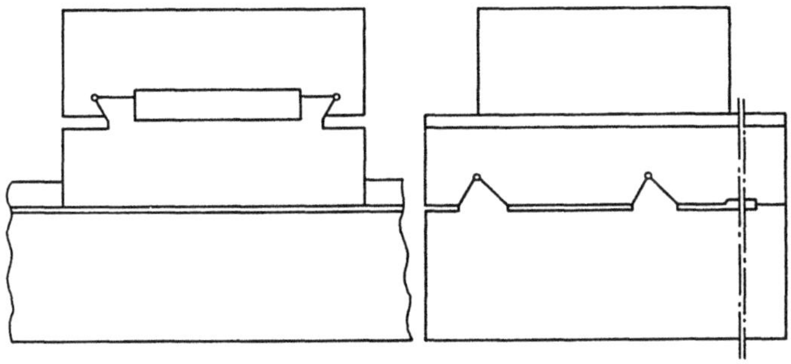

**Bild 2-32** Kreuztischführung einer Schleifmaschine

## 2.5 Beispielaufgaben

Ein hydrostatisch geführter Schlitten mit Umgriff (Bild 2-24) hat 8 Taschenpaare (z = 8), d.h. 8 Taschen in der Tragbahn und 8 Taschen im Umgriff, Taschentyp 1 (Bild 2-23) mit folgenden Abmessungen:

Tragbahn: $B_{WI} = 200$ mm, $L_{WI} = 100$ mm, $l_I = 20$ mm

Umgriff: $B_{WII} = 125$ mm, $L_{WII} = 100$ mm, $l_{II} = 15$ mm.

Unter der Wirkung des Schlittengewichtes:

$$G = 60.000 \text{ N}$$

sind die Taschendrücke und die Lagerspalthöhen der Tragbahn und des Umgriffes gleich:

$$p_{TOI} = p_{TOII} = p_{TO}$$

$$h_{OI} = h_{OII} = h_O = 0{,}02 \text{ mm} = 0{,}00002 \text{ m}.$$

Es soll der Pumpenvolumenstrom mit dem Öl ISO VG 22 bei 20 °C bestimmt werden.

Lösung im Anhang.

# 3 Spindellagerungen

Hauptspindellagerungen von Werkzeugmaschinen übernehmen folgende Aufgaben: Aufnahme und geometrische Fixierung von Werkstücken (bei Drehmaschinen) bzw. von Werkzeugen (bei Fräs- und Bohrmaschinen) und Übertragung der Leistung. Eine hohe Arbeitsgenauigkeit, Maß-Form-Lagegenauigkeit und Oberflächengüte werden durch hohe Fertigungsgenauigkeit und durch hohe statische, dynamische und thermische Steifigkeit von Spindel und Lager erreicht.

Der Konstrukteur einer Werkzeugmaschine muß die Eigenschaften unterschiedlicher Spindellagerungen kennen, damit er nach den jeweils gestellten Anforderungen hinsichtlich Belastung, Steifigkeit und Rundlaufgenauigkeit die richtige Wahl treffen kann. Ebenso muß er die Einflüsse des Lagerabstandes, der Kraglänge, der Lagersteifigkeit und der Lageranzahl auf die statische und dynamische Steifigkeit des Spindel-Lager-System kennen, um die Spindellagerung nach der gestellten Steifigkeitsanforderung auslegen zu können.

Die Spindellagerung wird nach der Berührungsart in Gleitlager, hydrodynamische, hydrostatische und Wälzlager eingeteilt.

## 3.1 Gleitlager für Hauptspindeln

Gleitlager haben noch heute im Maschinenbau eine große Bedeutung, da sie große Steifigkeit, gute Schwingungsdämpfung und eine kostengünstige Bauweise ermöglichen. Im Werkzeugmaschinenbau dagegen sind sie nur noch bei manchen Schleifmaschinen vertreten. Dafür lassen sich hauptsächlich folgende Gründe anführen

- im unteren Drehzahlbereich tritt Ruck-Gleiten (stick-slip) auf, da sich die Spindel im Bereich der Mischreibung dreht;
- geringe Rundlaufgenauigkeit.

Ruck-Gleiten tritt nicht auf, wenn die Spindel im Bereich der Flüssigkeitsreibung läuft (Bild 2-3).

In Bild 3-1 wird gezeigt, unter welchen Bedingungen die Flüssigkeitsreibung, d.h. die hydrodynamische Schmierung auftritt. Bei der Bewegung des scharfkantigen Schlittens (Bild 3-1 – links) wird keine hydrodynamische Schmierung erreicht, da das Gewicht des Schlittens nicht zuläßt, daß das Öl unter den Schlitten eindringt. Die scharfen Kanten des Schlittens kratzen das gesamte Öl von der Fläche ab. Bei den abgeschrägten Enden des Schlittens (Bild 3-1 – rechts) kann ab einer Gleitgeschwindigkeit v aufwärts die hydrodynamische Schmierung erreicht werden, da hier das Öl keilförmig unter den Schlitten eindringt. Der Schlitten hebt sich nun auf der Ölschicht ab. Das Druckdiagramm zeigt, daß das Druckmaximum in Bewegungsrichtung kurz vor der engsten Stelle erreicht wird. Bei der rotatorischen Bewegung einer Welle (Bild 3-2) hat der Ölspalt $H = D - d$, die gleiche Funktion wie die abgeschrägten Enden des Schlittens von Bild 3-1.

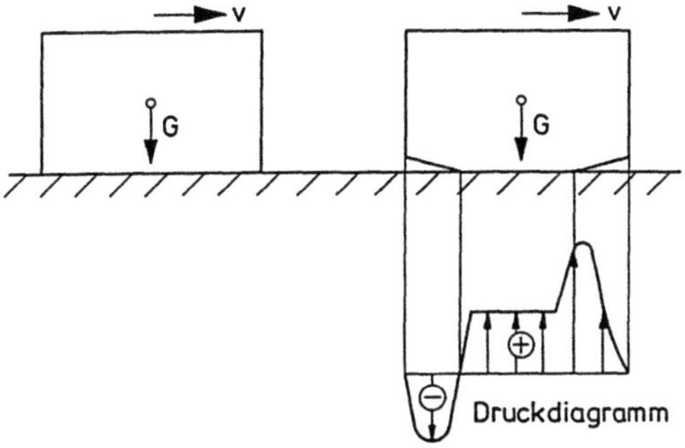


**Bild 3-1** Bedingungen zum Erreichen der Flüssigkeitsreibung [36] G = Gewicht, v = Gleitgeschwindigkeit

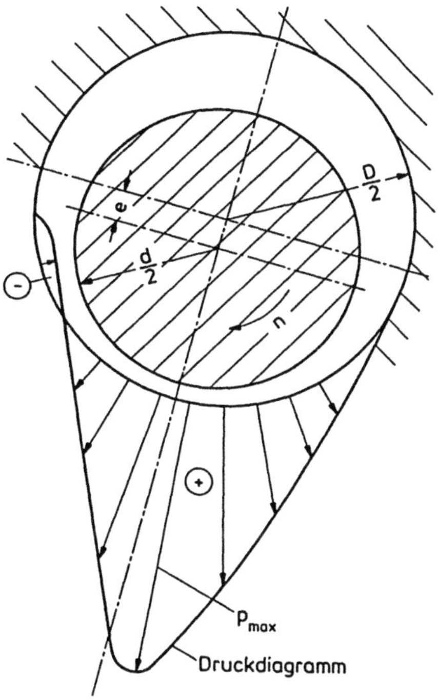


**Bild 3-2** Druckverteilung im Gleitlager p = hydrodynamischer Druck

Beim Stillstand der Welle setzt sich die Welle auf die untere Kante der Bohrung, die Exzentrizität e erreicht den größten Wert

$$e_{MAX} = \frac{D}{2} - \frac{d}{2}.$$

Je schneller sich die Welle dreht, desto kleiner wird die Exzentrizität e, da auch hier das Öl keilförmig unter die Welle eindringt. Die Welle hebt sich dann auf der Ölschicht ab. Bei unendlich großer Drehzahl ist die Exzentrizität gleich Null $n \to \infty$, $e \to 0$.

Das Druckdiagramm zeigt auch hier, daß das Druckmaximum in Umlaufrichtung kurz vor der engsten Stelle erreicht wird. Dann fällt der Druck ab, und nach der engsten Stelle kann sogar ein Unterdruck entstehen.

Im Abschnitt 2.1 (Gleitende Führungen) wurde in Bild 2-2 die Abhängigkeit zwischen dem Reibungskoeffizienten und der Drehzahl dargestellt. Bild 3-3 zeigt die Wanderung des Zapfens in der Buchse bei steigender Geschwindigkeit. Beim Beginn der Bewegung herrscht Festkörperreibung. Die Gleitflächen der Welle und der Bohrung berühren sich unmittelbar (Bild 3-3a). Die Exzentrizität zwischen den Achsen der Welle und des Lagers erreicht den größten Wert. Bei niedrigen Drehzahlen herrscht Mischreibung, da sich die Welle noch nicht von der unteren Gleitfläche der Bohrung abhebt (Bild 3-3b).

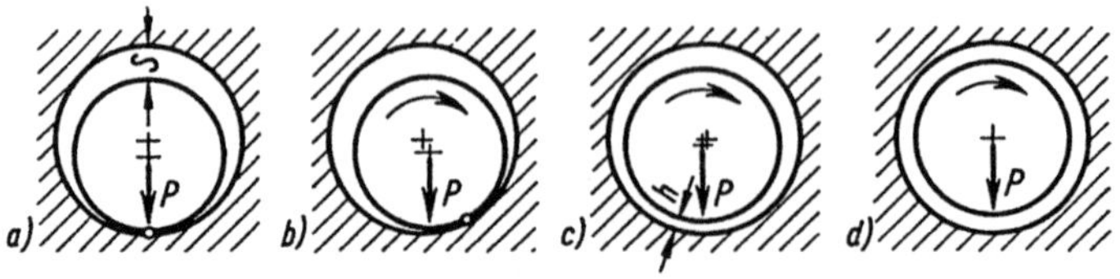


**Bild 3-3** Wanderung des Zapfens in der Buchse bei steigender Geschwindigkeit [37]
P = Kraft, s = Lagerspiel, h = engster Spalt

Der Reibungskoeffizient nimmt in dem Mischreibungsbereich mit zunehmender Geschwindigkeit ab. Aus Bild 2-2 wird deutlich, daß sich bei hoher Belastung (p = 25 bar) die Mischreibung bis $n \approx 200 \text{ min}^{-1}$ ausstreckt, da in diesem Bereich die Reibungskennlinie fallend ist. Ab einer bestimmten Umfangsgeschwindigkeit tritt Flüssigkeitsreibung ein (Bild 3-3c und 3-3d). Die Rundlaufgenauigkeit der Spindeln mit Gleitlagern ist relativ klein, da auch beim Erreichen der Flüssigkeitsreibung nur eine Druckzone aufgebaut wird (Bild 3-2). Nur bei unendlich großer Drehzahl dreht sich die Welle konzentrisch im Lager (Bild 3-3d).

## 3.2 Hydrodynamische Lager

Die Flüssigkeitsreibung wird bei diesen Lagern auch bei niedrigen Drehzahlen erreicht. Die Tragkraft des Lagers F ist bei den hydrodynamischen Lagern von der Drehzahl abhängig:

$$F = K \cdot \eta \cdot v \cdot \left(\frac{l}{h}\right)^2$$

| | |
|---|---|
| F [N/m] | Hydrodynamische Tragkraft des Lagers |
| K | Proportionalitätskoeffizient |
| $\eta$ [NS/m²] | Dynamische Viskosität des Öles |
| v [m/s] | Umfangsgeschwindigkeit |
| $l$ [m] | Länge der Druckzone in Umfangsrichtung (Bild 3-4) |
| h [m] | Lagerspalt (Bild 3-4) |

Aus dieser Gleichung wird deutlich, daß die Tragkraft mit zunehmender Drehzahl ansteigt. Das in Bild 3-4 dargestellte Mehrgleitflächenlager hat vier Gleitflächen und vier Druckzonen und deshalb eine hohe Rundlaufgenauigkeit.

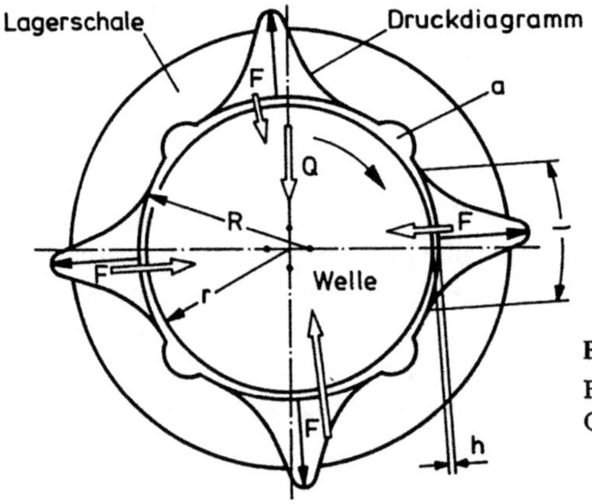


**Bild 3-4** Festes hydrodynamisches MGF-Lager [36]
F = hydrodynamische Tragkraft
Q = Lagerbelastung

Bild 3-5 zeigt eine für höhere Drehzahlen und horizontalen Betrieb durch feste hydrodynamische Mehrgleitflächen-Lager gelagerte Schleif- und Feinbohrspindel mit Fremdschmierung. Bei diesen Lagern wird das Lagerspiel experimentell nach der Umfangsgeschwindigkeit ermittelt. Für höhere Umfangsgeschwindigkeiten werden größere Lagerspiele gewählt, damit das Lager nicht durch Fressen zerstört wird. In der Tabelle 3-1 befinden sich durch eigene Versuche ermittelte maximale und minimale Werte des radialen Lagerspaltes für hydrodynamische Lager.

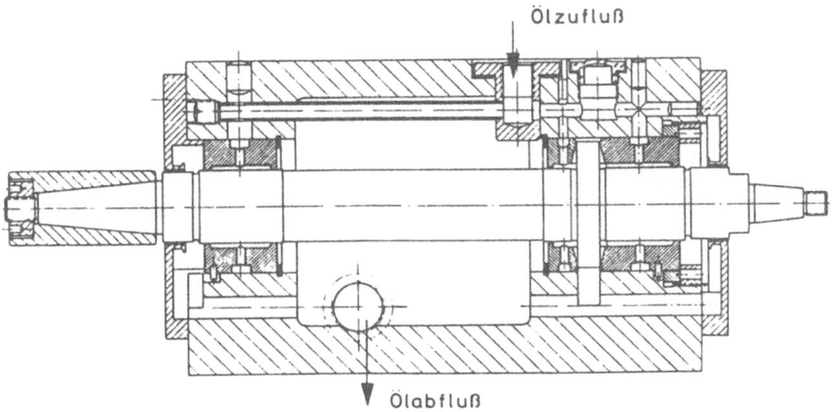


**Bild 3-5** Achsenschnitt durch die festen MGF-Lager

An einem Beispiel wird die Anwendung dieser Tabelle erläutert. Eine hydrodynamisch gelagerte Spindel, D = ⌀ 40 mm, dreht sich mit n = 3000 $min^{-1}$. Für den Umfangsgeschwindigkeitswert

$$\frac{D \cdot n}{1000} = \frac{40 \cdot 3000}{1000} = 120$$

werden Lagerspalthöhen zwischen 6,2 μm und 8,4 μm gewählt. Für diese Spindel, ⌀ 40 mm, würde die optimale Lagerspalthöhe bei n = 5000 $min^{-1}$

$$\frac{D \cdot n}{1000} = \frac{40 \cdot 5000}{1000} = 200$$

zwischen 10,7 μm und 12,7 μm liegen.

Da die Lagerspalthöhe beim Umschalten auf eine höhere Drehzahl nicht verändert werden kann, sind die Spindeln mit den festen hydrodynamischen Lagern nur für einen kleinen Drehzahlbereich geeignet. Sie finden deshalb Anwendung an Feinbohrspindeln von Sondermaschinen und Transferstraßen und an Schleifspindeln von Universalschleifmaschinen.

Die Lagerspalthöhe und die Ölviskosität muß für den gewünschten Drehzahlbereich vom Lagerhersteller bestimmt werden. Kleinstmögliche Lagerspalthöhen werden gewählt, damit hohe Lagersteifigkeiten und Arbeitsgenauigkeiten erreicht werden. Die Welle wird

**Tabelle 3-1** Richtwerte für maximale und minimale Lagerspalthöhen für hydrodynamische Lager nach eigenen Untersuchungen

| $\frac{D \cdot n}{1000}$ D [mm] n [min⁻¹] | 10 | 20 | 40 | 60 | 80 | 100 | 120 | 140 | 160 | 180 | 200 | 220 | 240 |
|---|---|---|---|---|---|---|---|---|---|---|---|---|---|
| $h_{max}$ [µm] für d bis Ø 75 mm | 4,6 | 4,6 | 4,6 | 5,1 | 6,2 | 7,3 | 8,4 | 9,4 | 10,5 | 11,7 | 12,7 | 13,8 | 14,9 |
| $h_{min}$ [µm] für d bis Ø 75 mm | 2,4 | 2,4 | 2,4 | 3 | 4,1 | 5,2 | 6,2 | 7,4 | 8,5 | 9,5 | 10,7 | 11,8 | 12,9 |
| $h_{max}$ [µm] für d über Ø 75 mm | 7 | 7 | 7 | 7,2 | 7,5 | 8,4 | 9,5 | 10,5 | 11,6 | 12,7 | 13,8 | 15 | 16 |
| $h_{min}$ [µm] für d über Ø 75 mm | 4,2 | 4,2 | 4,2 | 4,2 | 4,5 | 5,2 | 6,2 | 7,4 | 8,5 | 9,5 | 10,7 | 11,8 | 12,9 |

$h_{MAX}$ [µm] **Maximale Lagerspalthöhe**
$h_{MIN}$ [µm] **Minimale Lagerspalthöhe**
D [mm] **Lagerinnendurchmesser**
n [min⁻¹] **Spindeldrehzahl.**

dann so geschliffen, bis das vom Lagerhersteller empfohlene Spiel zwischen der Welle und dem gekauften Lager erreicht wird. Wegen ungleicher Kühlung im Betrieb und unterschiedlicher Ausdehnung kann es vorkommen, daß das Kaltlagerspiel größer als das Betriebsspiel ist. Das Kaltlagerspiel wird bewußt klein gehalten, die Lager werden nachgeläppt bis das gewünschte Betriebsspiel erreicht wird.

Bei Verwendung von spieleinstellbaren Mehrgleitflächen-Lagern ist dieser Einpaßvorgang zum Erreichen kleinster Betriebsspiele durch Nachläppen der Gleitflächen nicht erforderlich. Die Minimalspieleinstellung erfolgt bei diesen Lagern durch die von außen zugänglichen Stellschrauben. Das maximale Lagerspiel wird nach den höchsten Drehzahlen gewählt. Bei jeder Drehzahl stellt sich ein Gleichgewichtszustand zwischen hydrodynamischer Kraft und der Federvorspannkraft ein. Bei höheren Drehzahlen wird die hydrodynamische Kraft größer, die federnden Backen des Lagers werden radial nach außen gedrückt, das Lagerspiel wird größer. In Bild 3-6 ist ein spieleinstellbares MGF-ZYBLO-S-Lager schematisch dargestellt. Die vier federnden Backen sind in diesem Bild nicht eingezeichnet.

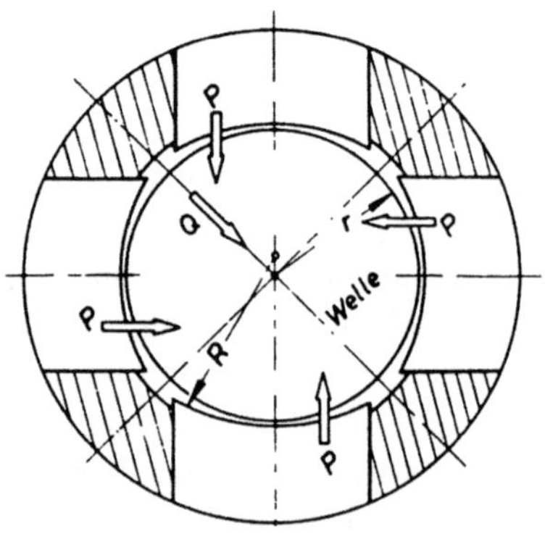


**Bild 3-6** Spieleinstellbares hydrodynamisches MGF-Lager [36]
P = hydrodynamische Tragkraft
Q = Lagerbelastung

Bei dem Mackensen-Lager (Bild 3-7) wird eine elastische Lagerbuchse a mit drei außenliegenden Stützrippen durch axiale Verschiebung in dem konischen Gehäuse b derart zusammengedrückt, daß sich zwischen Welle und Lager drei Keilspalten bilden. Das Lagerspiel wird auf diese Art manuell genau eingestellt.

Das FAG-Gleitstützenlager wurde aus dem Hydrolager nach Mohrenstein [38] entwickelt. Es besteht aus mehreren gleichmäßig angeordneten Gleitstützen (Bild 3-8 und 3-9).

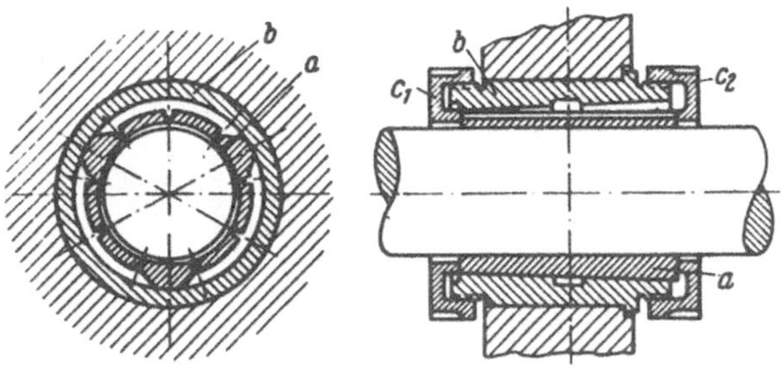


**Bild 3-7** Mackensen-Lager

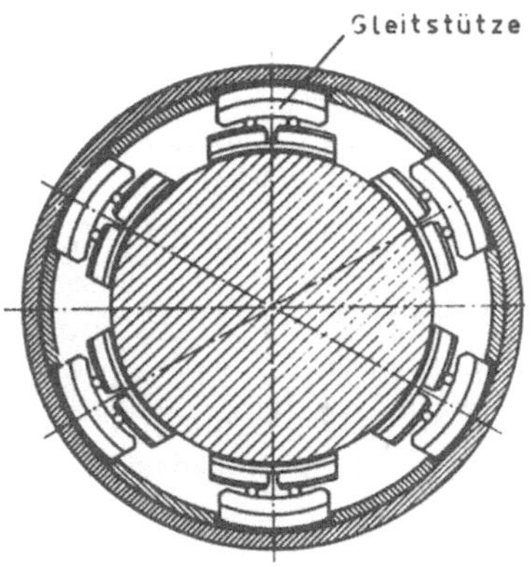


**Bild 3-8** FAG-Gleitstützenlager [39]

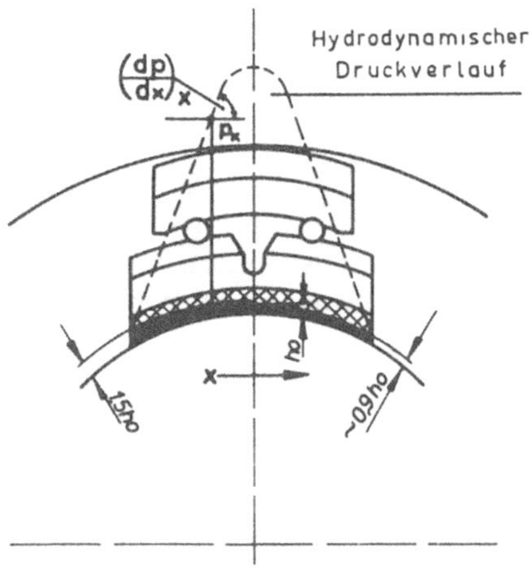


DRUCKVERLAUF und SCHMIERSPALT

Durch den kegeligen Sitz übernehmen diese Lager die radiale und axiale Führung der Spindel. Die Lager werden beim Einbau der Spindel durch Tellerfedern vorgespannt. Vor dem Einschalten des Hauptantriebes wird die Vorspannung durch ein hydrauliksystem gelöst, so daß die Hauptspindel zuerst mit Spiel anläuft. Dann baut sich der hydrodynamische Druck auf und spannt die Spindel wieder vor. Das Lager, das sich auf der Abtriebsseite befindet, ist fest, so daß sich das auf der Antriebsseite befindliche Lager axial durch Zusammendrücken der Tellerfedern verschieben läßt. Die thermisch verursachten Längenänderungen der Spindel werden dadurch hauptsächlich zum Spindelende abgeleitet. Durch den sphärischen Rücken der Gleitstützen und die Punktberührung am

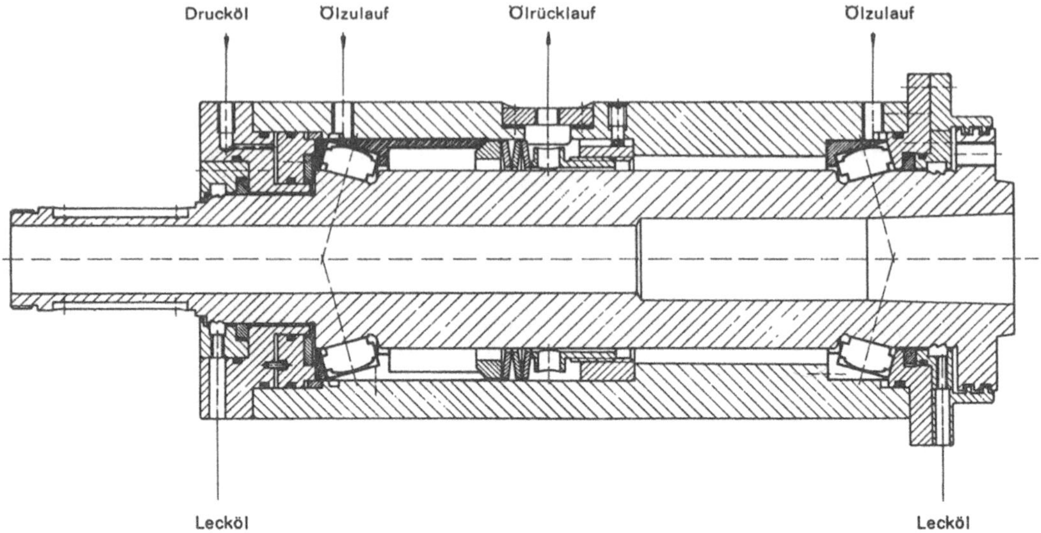


**Bild 3-9** Spindel mit FAG-HDK-Gleitstützenlager [39]

Außenring können die Gleitstützen der durch die Belastung hervorgerufenen Verformung der Spindel folgen [36]. Diese Lagerung ist, wie die in Bild 3-6 darstellte, selbsttätig spieleinstellbar. Bei höheren Drehzahlen wird die hydrodynamische Kraft größer, so daß das ganze Lager durch Zusammendrücken der Tellerfedern axial verschoben wird.

Alle hydrodynamisch gelagerten Spindeln zeichnen sich durch einen ruhigen Lauf, gute Schwingungsdämpfung und hohe Rundlaufgenauigkeit aus. Die festen hydrodynamischen Lager werden für relativ kleinere, die selbsttätig spieleinstellbaren für relativ größere Drehzahlbereiche verwendet. Die Grenze für die maximale Drehzahl wird bei einem bestimmten Öl durch das Abreißen des Ölfilms gesetzt. Die Grenze für die minimale Drehzahl ist an der Stelle, an der der hydrodynamische Druck nicht mehr aufgebaut werden kann.

Bei niedrigen Drehzahlen und bei geringeren Wärmeströmen wird vorteilhaft die Tauchschmierung angewandt. Diese Lagerung, die ganz unter Öl steht, kann wegen der geringen Alterung guter Öle in vielen Fällen jahrelang ohne Wartung laufen. Bei schnellaufenden Spindeln muß die Fremdschmierung vorgesehen werden. Diese Lösung hat größere Betriebssicherheit und wird deshalb in zunehmendem Maße für Werkzeugmaschinen angewandt. Für die größeren Wärmeströme sowie für die höchsten Genauigkeitsanforderungen wird die Fremdschmierung mit der Kühlung des Öles verwendet (Bild 3-10). Zum schnellen Erreichen der Betriebstemperatur kann noch dazu im Ölbehälter eine regelbare Heizeinrichtung eingebaut werden.

Die Lagerstellen der Spindel müssen auf 58 bis 60 HRC gehärtet, geschliffen und geläppt werden. Die vorgeschriebene Oberflächenrauhigkeit beträgt

$$R_Z = 1 - 2\ \mu m.$$

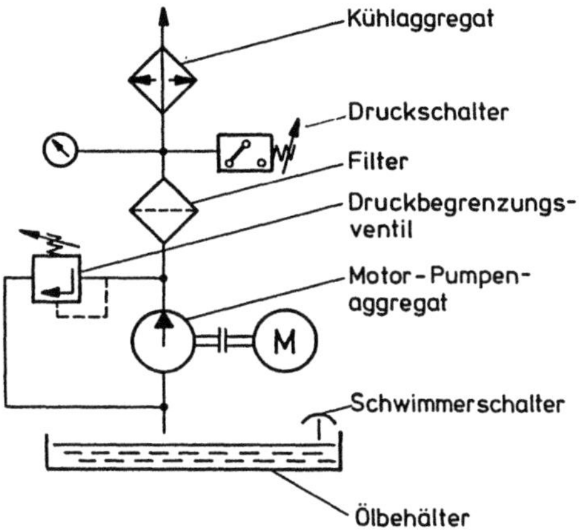


**Bild 3-10** Hydraulikplan für die Fremdschmierung der hydrodynamischen Spindel

## 3.3 Hydrostatische Lager

Während man bei den hydrodynamischen Lagern die Flüssigkeitsreibung durch die richtige Wahl der Umfangsgeschwindigkeit, der Ölviskosität und der Lagerspalthöhe erreicht, wird sie bei den hydrostatischen Lagern durch ein außerhalb der Führung angeordnetes Ölversorgungsaggregat auch beim Stillstand gewährleistet. Die Tragkraft eines hydrostatischen Lagers F ist vom Taschendruck $p_T$ und der Taschenfläche $A_W$ abhängig

$$F = p_T \cdot A_W .$$

Sie wird nur geringfügig durch die Spindeldrehzahl beeinflußt. Die Steifigkeit des hydrostatischen Lagers K hängt vom Pumpendruck $p_P$, von der Taschenfläche $A_W$, der Lagerspalthöhe $h_0$ und vom Ölversorgungssystem ab

$$K \approx \frac{p_P \cdot A_W}{h_0} .$$

Das Ölversorgungssystem hat dabei auf die Steifigkeit des hydrostatischen Lagers den größten Einfluß [40]. Mit geeigneter Wahl der Ölversorgung, des Pumpendruckes, der Taschenfläche und der Spalthöhe kann eine sehr hohe Lagersteifigkeit erreicht werden.

In Bild 3-11 ist ein hydrostatisches Radiallager mit vier Taschen dargestellt. Die Rundlaufgenauigkeit des hydrostatischen Lagers ist sehr groß, da die Spindel durch die vier Druckzonen zentrisch in der geometrischen Mitte der Bohrung gehalten wird.

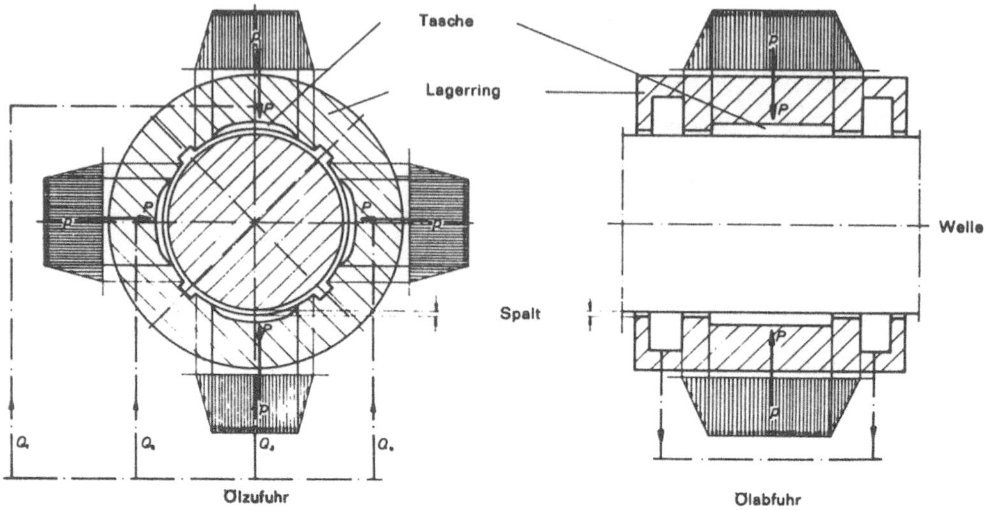


**Bild 3-11** Hydrostatisches Radiallager

Die hydrostatisch gelagerten Spindeln haben folgende Eigenschaften

- Tragkraft des Lagers ist von der Drehzahl nahezu unabhängig,
- hohe Rundlaufgenauigkeit,
- Flüssigkeitsreibung bei allen Drehzahlen,
- ruhiger Lauf,
- große Schwingungsdämpfung,
- geeignet für größere Drehzahlbereiche,
- bei geeigneter Auslegung kann eine sehr hohe Lagersteifigkeit erreicht werden.

Die in 2.3.1 und 2.3.2 erläuterten Berechnungen der Taschenfläche, der Kräfte und die Auslegung der Ölversorgung für die hydrostatischen Führungen haben auch bei den hydrostatischen Lagerungen ihre Gültigkeit.

Die hydrostatischen Lager finden Anwendung an Genauigkeitsspindeln von Universal- und Sonderwerkzeugmaschinen.

## 3.4 Wälzlager für Hauptspindeln

Die wälzgelagerten Spindeln haben folgende Hauptmerkmale

- kleine und genormte Abmessung,
- geeignet für verschiedene Drehzahlen von n = 0 bis zur für die Lagertype und Lagerdurchmesser bestimmten $n_{MAX}$,
- die Tragkraft des Lagers nimmt bei konstanter Lebensdauer mit zunehmender Drehzahl ab,
- im allgemeinen ruhiger Lauf, bei niedrigsten Drehzahlen jedoch tritt Ruck-Gleiten auf,
- geringe Schwingungsdämpfung.

Die Spindeln der Werkzeugmaschinen werden bevorzugt durch folgende Wälzlager gelagert

- Radiale Lagerung der Spindel durch zweireihige Zylinderrollenlager, axiale Lagerung durch Axialrillenkugellager (Bild 3-12) oder durch Axialschrägkugellager (Bild 3-13).

  Die zweireihigen Zylinderrollenlager haben im vorgespannten Zustand hohe radiale Steifigkeit und hohe Rundlaufgenauigkeit. Die Wärmeentwicklung ist bei diesen Lagern relativ gering. Die Axialschrägkugellager eignen sich für höhere Drehzahlen als Axialrillenkugellager. Die in Bild 3-12 und 3-13 dargestellte Lagerung wird für mittlere Drehzahlen und Belastungen und deshalb bevorzugt an Fräs- und Drehmaschinen angewandt.

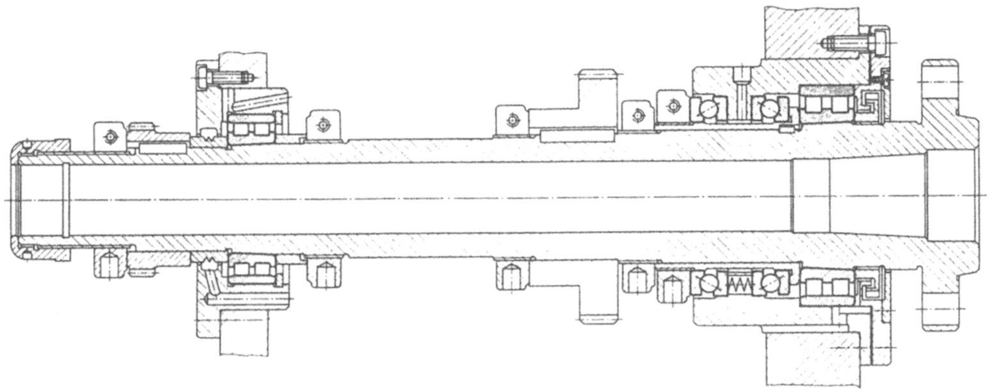

**Bild 3-12** Lagerung einer Drehmaschinenspindel durch FAG-zweireihige Zylinderrollenlager und Axialrillenkugellager [36]

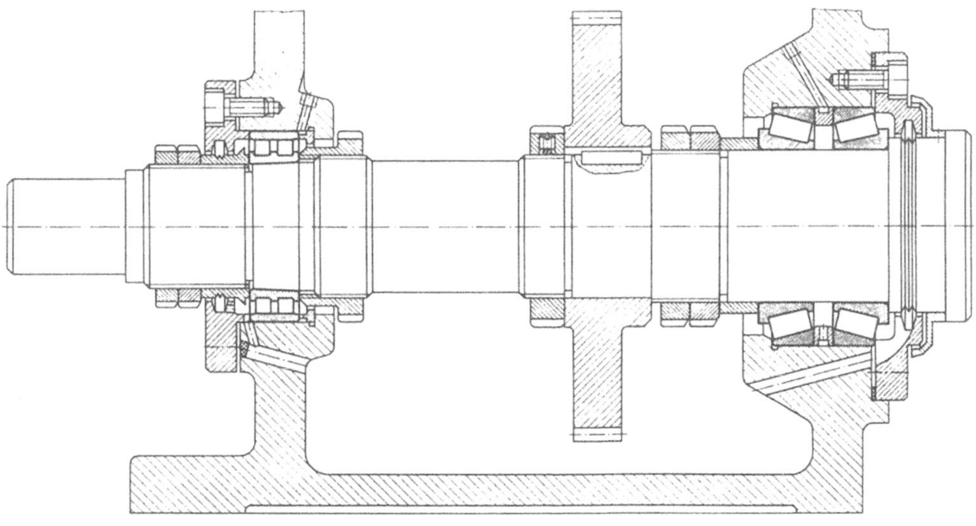

**Bild 3-13** Lagerung einer Drehmaschinenspindel durch SKF-zweireihige Zylinderrollenlager und Axialschrägkugellager

- Radiale und axiale Lagerung der Spindel durch Kegelrollenlager. Das hintere Lager ist meistens ein reines Radiallager, z.B. ein einreihiges Zylinderrollenlager (Bild 3-14) oder ein zweireihiges Zylinderrollenlager (Bild 3-15).

  Die Kegelrollenlager haben die höchste radiale und axiale Steifigkeit von allen Wälzlagern. Die Rundlaufgenauigkeit dieser Lager ist relativ gering. Bei großen Belastungen und höheren Drehzahlen gibt es starke Wärmeentwicklung, die eine Lagerspieländerung bewirkt. Die Kegelrollenlager werden hauptsächlich für hochbelastete Spindeln mit relativ geringen Drehzahlen, wie z.B. Hauptspindeln von Schruppfräs- und Schruppdrehmaschinen verwendet.

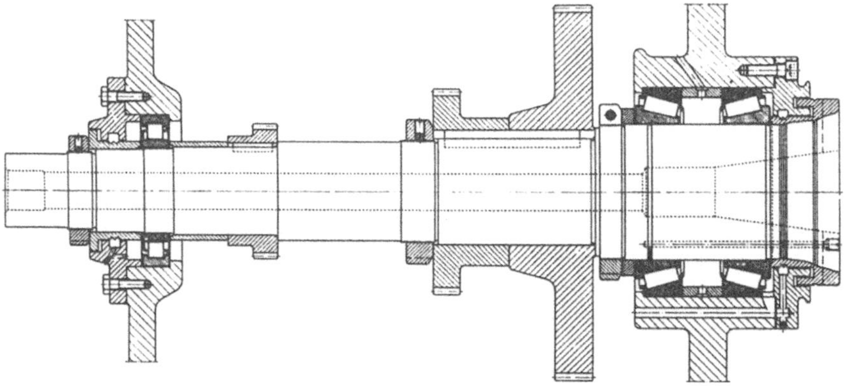

**Bild 3-14** Lagerung einer Fräsmaschinenspindel durch Kegelrollenlager

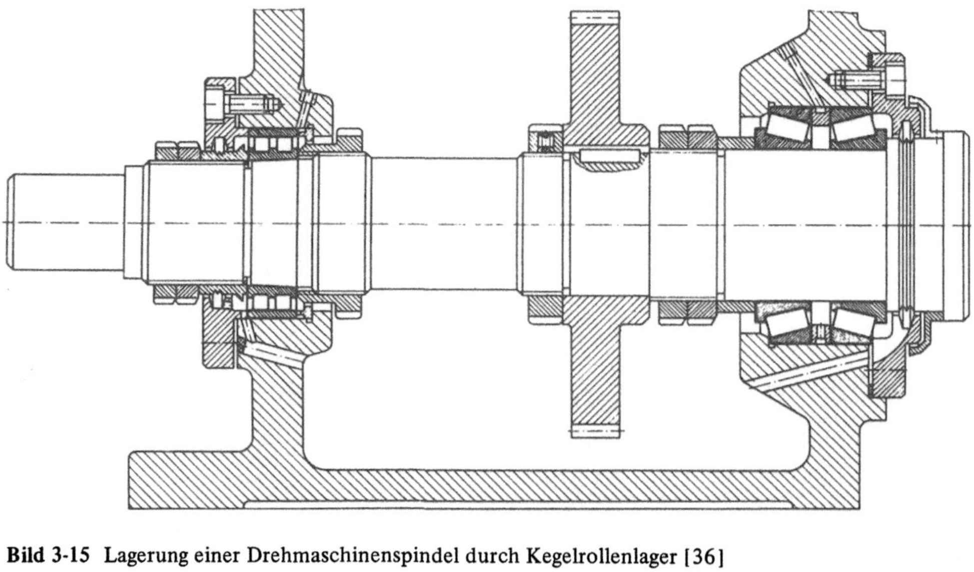

**Bild 3-15** Lagerung einer Drehmaschinenspindel durch Kegelrollenlager [36]

- Radiale und axiale Lagerung der Spindel durch Hochpräzisions-Schrägkugellager (Bild 3-16).

  Diese Lagerung kann von FAG, SKF und von SNFA ausgeführt werden. Die Hochpräzisions-Schrägkugellager zeichnen sich von allen Wälzlagern durch die höchste Rundlaufgenauigkeit aus. Die radiale und axiale Steifigkeit dieser Lager ist relativ klein. Die Hochpräzisions-Schrägkugellager werden vor allem für die schnellaufenden Genauigkeitsspindeln wie Schleif-Feinbohr- und Feindrehspindeln benützt. Wird das Hauptlager aus drei (Bild 3-16) oder vier nebeneinander gesetzten Hochpräzisions-Schrägkugellagern aufgebaut, ist diese Lagerung wegen der erhöhten Tragfähigkeit und Steifigkeit in der Lage, auch mittlere Belastungen aufzunehmen.

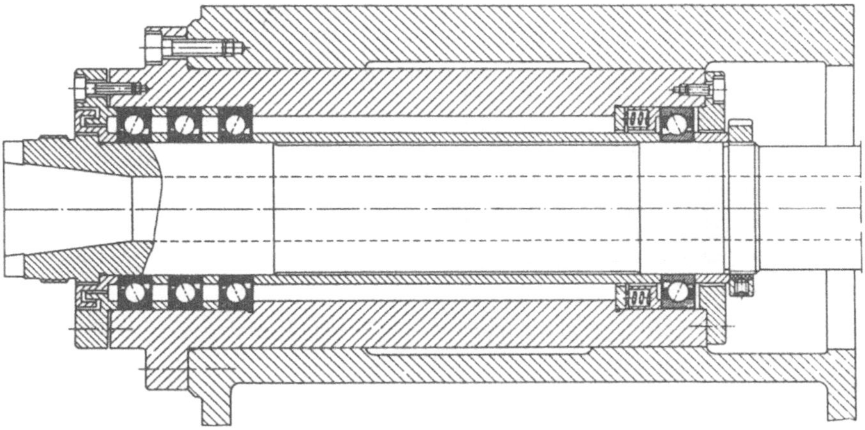

**Bild 3-16** Lagerung einer Bohrspindel durch FAG-Hochpräzisions-Schrägkugellager [36]

Es wird aus diesen Erläuterungen deutlich, daß die Lagerungen, die für höhere Drehzahlen ausgelegt werden, keine hohe Steifigkeiten aufweisen. Zwischen der Lagersteifigkeit und der zulässigen Drehzahl herrscht die umgekehrte Proportionalität. Tabelle 3-2 wurde für die drei charakteristischen Lager für Lagerinnendurchmesser D = 120 mm ermittelt.

**Tabelle 3-2** Radiale Steifigkeit und zulässige Drehzahl für verschiedene Lagertypen, ermittelt für Lagerdurchmesser D = 120 mm

| Lagertype | zulässige Drehzahl [$min^{-1}$] | radiale Steifigkeit [N/$\mu$m] |
|---|---|---|
| Kegelrollenlager | 1600 (im Fett)<br>2200 (im Öl) | 3500 (unter Last von 10.000 N) |
| zweireihiges Zylinderrollenlager | 3400 (im Fett)<br>4000 (im Öl) | 2300 (unter Last von 10.000 N) |
| Hochpräzisions-Schrägkugellager | 5600 (im Fett)<br>9000 (im Öl) | 500 (unter Last von 10.000 N) |

Die axiale Lagersteifigkeit ist vom Berührungswinkel abhängig (Bild 3-17). Mit zunehmendem Berührungswinkel steigt die Steifigkeit an, die Grenzdrehzahl nimmt ab.

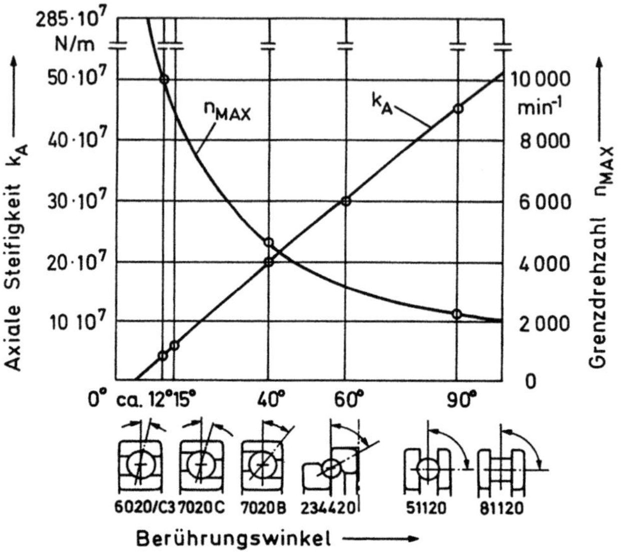


**Bild 3-17** Steifigkeit und Grenzdrehzahl in Abhängigkeit vom Berührungswinkel [41]

## 3.5 Steifigkeit von Hauptspindeln

Die Arbeitsgenauigkeit einer Werkzeugmaschine, die durch die geometrische Formgenauigkeit und die Oberflächengüte des zu bearbeitenden Werkstückes demonstriert wird, ist unmittelbar von der statischen und dynamischen Steifigkeit des Spindel-Lager-Systems abhängig. Der Lagerabstand, die Kraglänge, die Lagersteifigkeit und die Lageranzahl beeinflussen die statische und dynamische Steifigkeit des Systems. Diese Einflüsse muß der Konstrukteur kennen, um die Spindellagerung nach den gestellten Steifigkeitsanforderungen auslegen zu können [42].

Während die geometrische Formgenauigkeit besonders von der statischen Steifigkeit des Spindel-Lager-Systems K abhängt, ist die Oberflächengüte vor allem von der dynamischen Steifigkeit des Systems $K_{DYN}$ abhängig.

Es gilt

$$K = \frac{F}{y}$$

$$K_{DYN} = \frac{\tilde{F}}{\tilde{y}}.$$

$F$ Statische Kraft
$\tilde{F}$ Dynamische Kraft
$y$ Statische Verlagerung
$\tilde{y}$ Schwingungsamplitude

### 3.5.1 Statische Steifigkeit von Hauptspindeln

Die Gesamtverlagerung des Spindel-Lager-Systems an der Kraftangriffsstelle erhält man nach der Festigkeitslehre durch vorzeichenrichtige Addition der Spindel- und der Lagerverlagerung

$$\boxed{y = y_{SP} + y_L = \frac{F \cdot b \cdot a^2}{3 \cdot J_{SP} \cdot E}\left(1 + \frac{a}{b}\right) + \frac{F}{b^2} \cdot \left[\frac{(a+b)^2}{K_v} + \frac{a^2}{K_h}\right]} \quad . \qquad (1)$$

| | |
|---|---|
| $a$ | Kraglänge |
| $b$ | Lagerabstand |
| $K_v$ | Radiale Steifigkeit des vorderen Lagers |
| $K_h$ | Radiale Steifigkeit des hinteren Lagers |
| $E$ | Elastizitätsmodul |
| $F$ | Statische Kraft |
| $J_{SP}$ | Axiales (äquatoriales) Flächenträgheitsmoment der Spindel |
| $y_L$ | Lageranteil an der Kraftangriffsstelle |
| $y_{SP}$ | Spindelanteil an der Kraftangriffsstelle |
| $y$ | Gesamtverlagerung |

In Bild 3-18 ist die Verlagerung des Spindel-Lager-Systems schematisch dargestellt. Der Einfluß der Steifigkeit des vorderen Lagers auf die Verlagerung y oder auf die Nachgiebigkeit $\frac{y}{F}$ an der Kraftangriffsstelle kann in jedem angegebenen Fall nach oberer Gleichung ermittelt werden.

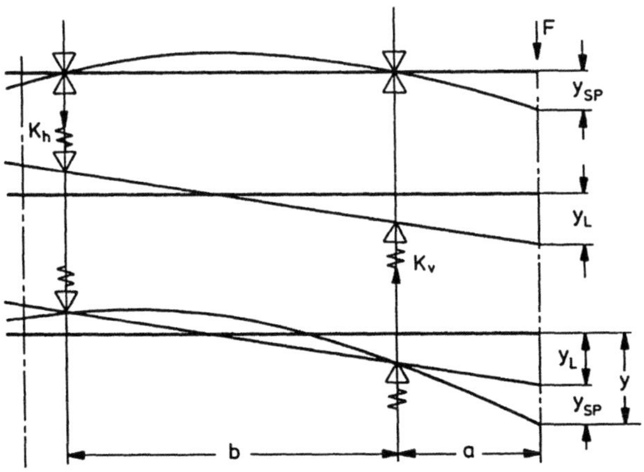


**Bild 3-18**
Gesamtverlagerung des Spindel-Lager-Systems an der Kraftangriffsstelle

Diese Abhängigkeit ist für die angegebenen Daten (a = 350 mm, b = 575 mm, $K_h$ = 600 N/$\mu$m, $J_{SP}$ = 600 $cm^4$) in Bild 3-19 dargestellt.

Mit zunehmender Lagersteifigkeit nimmt die resultierende Nachgiebigkeit des Spindel-Lager-Systems ab. Sie ist im Bereich geringerer Lagersteifigkeiten sehr stark von der Lagersteifigkeit abhängig.

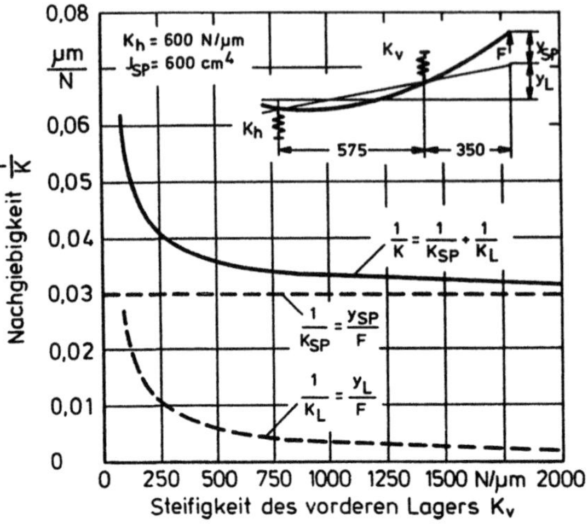


**Bild 3-19** Einfluß der Steifigkeit des vorderen Lagers auf die Verlagerung an der Kraftangriffsstelle [43]

Der optimale Lagerabstand, bei welchem die kleinsten Systemverlagerungen an der Kraftangriffsstelle erzielt werden, kann rechnerisch ermittelt werden, wenn die Gleichung (1) nach b differentiert und ihr Differential gleich Null gesetzt wird:

$$\frac{d_y}{db} = 0$$

so bekommt man

$$b^3 - \frac{6 \cdot E \cdot J_{SP}}{a \cdot K_v} \cdot b - \frac{6 \cdot E \cdot J_{SP}(K_v + K_h)}{K_v \cdot K_h} = 0 \qquad (2)$$

Nach Gleichung (2) kann der Einfluß der Steifigkeit des vorderen Lagers $K_v$ auf den statisch optimalen Lagerabstand b ermittelt werden, wenn alle in der Gleichung (2) befindlichen Lagerdaten bekannt sind. Diese Funktion ist in Bild 3-20 qualitativ dargestellt.

Aus dieser Abhängigkeit geht hervor, daß für größere Steifigkeiten des vorderen Lagers kleinere Lagerabstände gewählt werden müssen, damit die Verlagerungen an der Kraftangriffsstelle den kleinsten Wert erreichen. Der optimale Lagerabstand ist im Bereich geringerer Lagersteifigkeiten sehr stark von der radialen Steifigkeit des vorderen Lagers abhängig. Es ist deshalb besonders im Bereich geringerer Lagersteifigkeiten wichtig, den statisch optimalen Lagerabstand rechnerisch zu bestimmen.

Die Verlagerungen an der Kraftangriffsstelle eines Mehr-Lager-Systems sind geringer als die eines Zwei-Lager-Systems [43, 44] (Bild 3-21).

Durch das zweite vordere Lager ist die Welle in der Nähe der Kraftangriffsstelle so eingespannt, daß die Verlagerungen gegenüber dem Zwei-Lager-System wesentlich verringert werden.

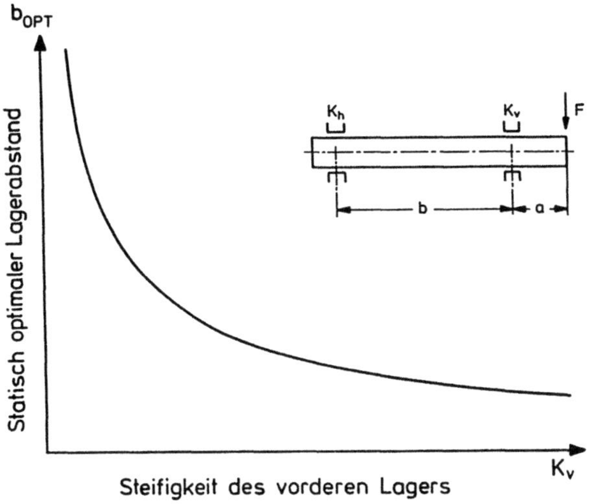


**Bild 3-20** Einfluß der Steifigkeit des vorderen Lagers auf den statisch optimalen Lagerabstand

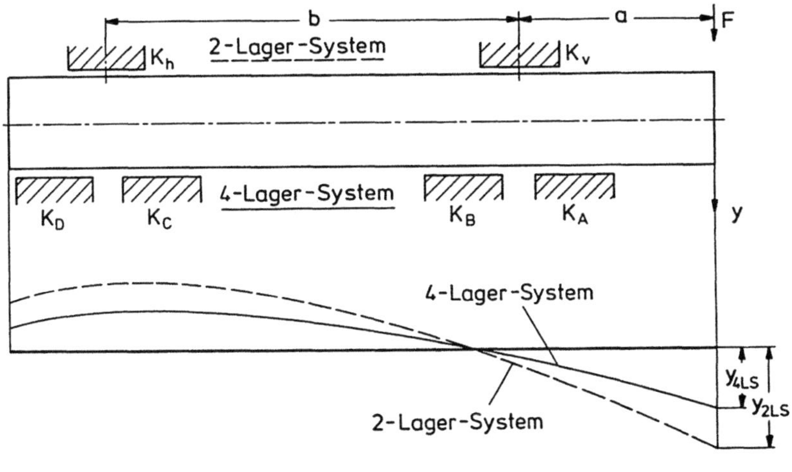


**Bild 3-21** Verlagerungen der Mehr-Lager-Systeme an der Kraftangriffsstelle

Mit zunehmendem Abstand e zwischen zwei vorderen Lagern verringert sich die resultierende Verlagerung des Spindel-Lager-Systems an der Kraftangriffsstelle [43]. Der Vergrößerung des Abstandes e ist eine Grenze gesetzt, da bei weiterer Zunahme des Abstandes e das vordere Lager so nahe zum hinteren rückt, daß die Vorteile des zweiten vorderen Lagers nicht mehr zur Geltung kommen.

### 3.5.2 Dynamische Steifigkeit von Hauptspindeln

Die dynamische Steifigkeit von Hauptspindeln wurde eingehend analytisch und experimentell in den Arbeiten von Kunkel [43] und Honrath [44] untersucht. Einige für das dynamische Verhalten des Spindel-Lager-Systems charakteristische Funktionen aus diesen Arbeiten sind in Bild 3-22 bis 3-27 qualitativ dargestellt.

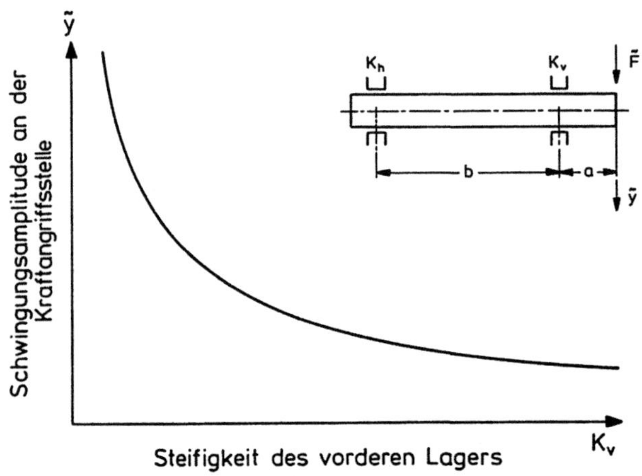


**Bild 3-22** Einfluß der Steifigkeit des vorderen Lagers auf die Schwingungsamplitude an der Kraftangriffsstelle

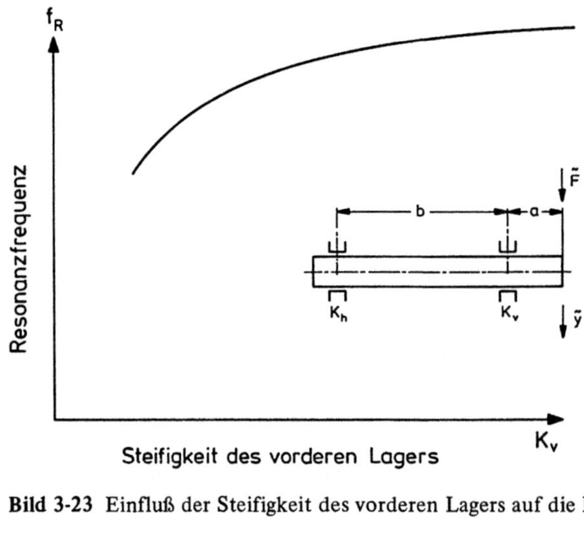


**Bild 3-23** Einfluß der Steifigkeit des vorderen Lagers auf die Resonanzfrequenz

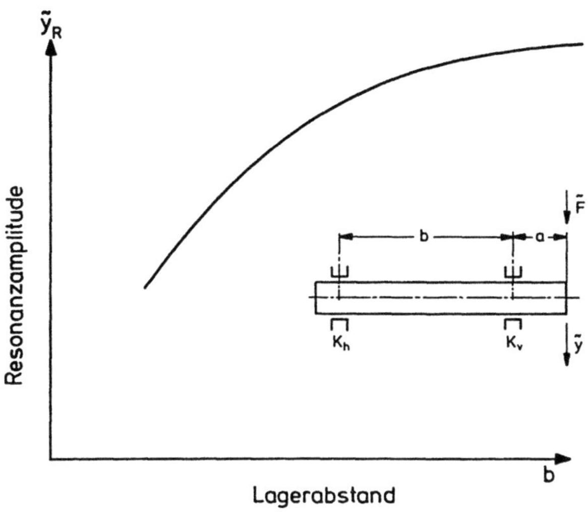


**Bild 3-24** Einfluß des Lagerabstandes auf die Resonanzamplitude

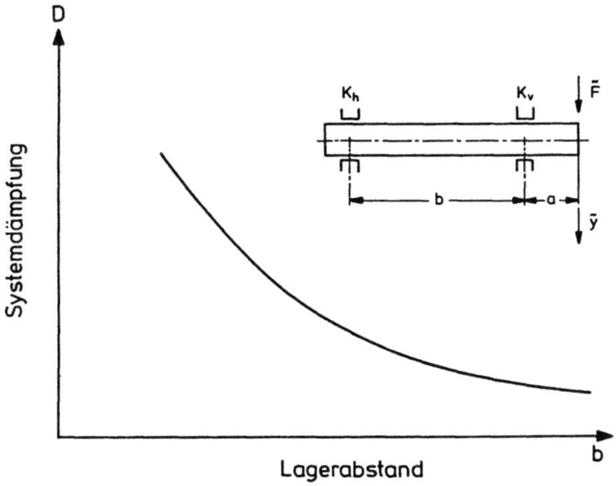


**Bild 3-25** Einfluß des Lagerabstandes auf die Systemdämpfung

Schwingungsamplituden an der Kraftangriffsstelle $\tilde{y}$, die unter Wirkung einer dynamischen Kraft F verursacht werden, nehmen mit zunehmender Steifigkeit des vorderen Lagers ab (Bild 3-22). Die Kurven $\tilde{y} = f(K_V)$, die hier qualitativ dargestellt wurden, verlaufen ähnlich wie die Kurven $y = f(K_V)$ von Bild 3-19.

Höhere Lagersteifigkeiten beeinflussen das dynamische Verhalten des Spindel-Lager-Systems sehr günstig, da bei der Abnahme von Schwingungsamplituden gleichzeitig die Resonanzfrequenzen ansteigen (Bild 3-23).

Der Einfluß des Lagerabstandes auf die Resonanzamplitude und auf die Systemdämpfung ist in Bild 3-24 und 3-25 aufgezeigt. Aus diesen Bildern wird deutlich, daß das dynamische Verhalten von Hauptspindeln mit der Verringerung des Lagerabstandes günstig beeinflußt wird. Hierbei muß auf den im Abschnitt 3.5.1 (Bild 3-20) gegebenen Hinweis aufmerksam gemacht werden, wonach kleinere Lagerabstände nur bei größeren Lagersteifigkeiten gewählt werden sollen, damit die statische Verlagerung minimal wird.

Analog den statischen Verlagerungen (Bild 3-21) sind auch die dynamischen Verformungen eines Mehr-Lager-Systems geringer als die eines Zwei-Lager-Systems.

Der Einfluß des radialen Spieles des vorderen Lagers auf die Lagersteifigkeit, Systemdämpfung und Resonanzamplitude ist in Bild 3-26 und 3-27 qualitativ dargestellt.

Es wird deutlich, daß mit Abnahme des Lagerspieles und weiter mit Zunahme der Lagervorspannung die Lagersteifigkeit ansteigt.

Das günstigste dynamische Verhalten ist im Bereich des spielfreien Zustandes des Lagers ($S_R = 0$), da die Systemdämpfung den maximalen und die Resonanzamplitude den minimalen Wert erreichen.

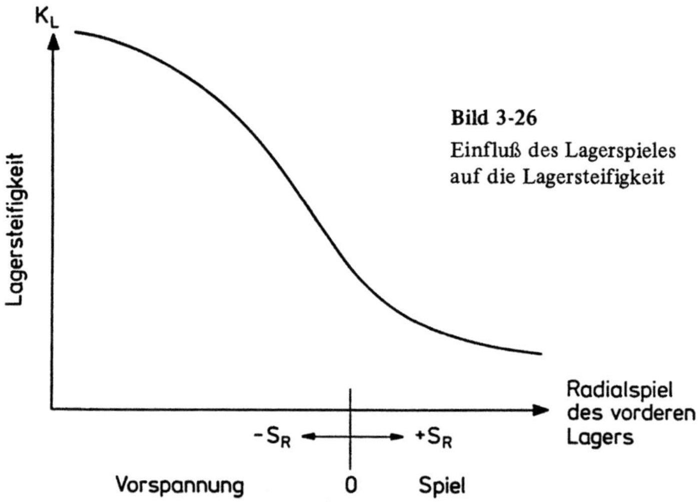


**Bild 3-26**
Einfluß des Lagerspieles auf die Lagersteifigkeit

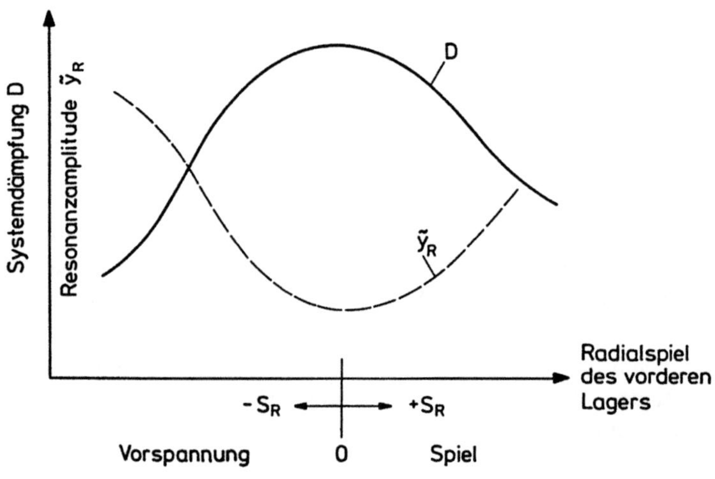


**Bild 3-27**
Einfluß des Lagerspieles auf die Systemdämpfung und Resonanzamplitude

## 3.6 Beispielaufgaben

Es soll der statisch optimale Lagerabstand für folgende Spindel bestimmt werden:

| | |
|---|---|
| Durchmesser der Spindel: | $D = 0{,}120$ m |
| Kraglänge: | $a = 0{,}350$ m |
| Radiale Steifigkeit des vorderen Lagers: | $K_v = 1300 \cdot 10^6$ N/m |
| Radiale Steifigkeit des hinteren Lagers: | $K_h = 1000 \cdot 10^6$ N/m |
| Elastizitätsmodul des Spindelwerkstoffes: | $E = 2{,}1 \cdot 10^{11}$ N/m². |

Anschließend soll die Gesamtverlagerung des Spindel-Lager-Systems an der Kraftangriffsstelle unter der statischen Kraft: $F = 30.000$ N errechnet werden.

Lösung im Anhang

# 4 Gestelle

Die Gestelle bzw. die Ständer und die Betten haben die Aufgabe, einzelne Baugruppen der Maschine so zu verbinden, daß sie untereinander relativ beweglich (die Führungen) oder unbeweglich sind (die Verbindung durch Schrauben, Stifte und Paßfedern).

Die Gewichte aller Bauteile der Maschine werden über Betten auf das Fundament übertragen. Der Kraftfluß der Schnittkräfte wird durch die Gestelle geschlossen. Die Arbeitsgenauigkeit der Maschine hängt von den Verformungen aller im Kraftfluß liegenden Bauteile ab. Statische Verformungen entstehen durch statische Schnittkräfte, durch Werkstück- und Eigengewichte, durch die Erwärmung, die durch die Antriebselemente verursacht wird und durch Eigenspannungen. Dynamische Verformungen entstehen durch zeitlich veränderliche Kräfte und Momente und treten als periodische Relativbewegungen (Schwingungen) auf.

Daher muß bei jeder Maschinenkonstruktion das Ziel angestrebt werden, die Verformungen der Bauteile klein zu halten und gleichzeitig die Bauteile fertigungsgerecht zu konstruieren.

## 4.1 Forderungen an die Gestelle hinsichtlich der Auslegung und Konstruktion

Die Gestelle sollen so konstruiert werden, daß die zu erwartenden Kräfte und Momente so aufgefangen werden, daß die für die Arbeitsgenauigkeit der Maschine relevanten Verformungen minimal werden.

In Bild 4-1 ist ein Untergestell dargestellt. Dieses Gestell wird hauptsächlich durch Gewichte und Biegemomente belastet. Die obere Wand und die Seitenwände wurden durch senkrechte Innenverrippung versteift. Die Verrippung wurde so bestimmt, daß das Gestell

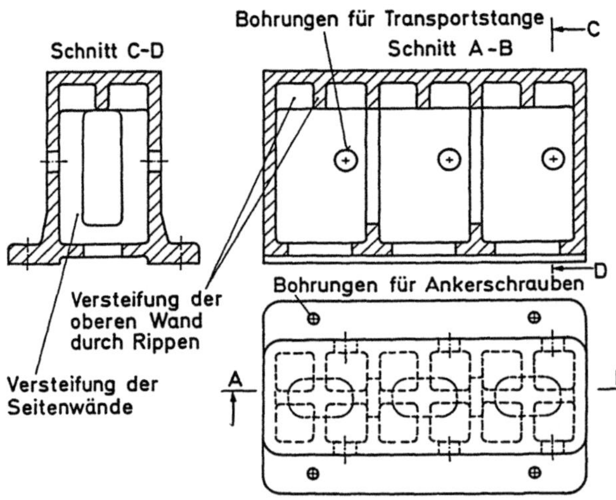


**Bild 4-1** Untergestell

bei relativ geringem Gewicht große Biegesteifigkeit aufweist. Solche und ähnliche Gestelle werden hauptsächlich für Sonderwerkzeugmaschinen und Transferstraßen verwendet.

Bild 4-2 zeigt einen Senkrechtständer mit senkrechter Diagonalverrippung. Das Gestell wird durch Kräfte, Biegemomente und Torsionsmomente belastet. An dem Gestell wird auch der Schlittenantrieb untergebracht. Wegen der großen und verschiedenen Belastungen und weil der Ständer durch die Führungen und Antriebe wichtige Funktionen zu erfüllen hat, ist dieses Gestell durch aufwendige und kostenungünstige Verrippungen versteift. Durch die senkrechten Diagonalverrippungen wird eine hohe Torsions- und Biegesteifigkeit erreicht. Die waagerechten Innenverrippungen erhöhen die Torsionssteifigkeit des Ständers. Um zu vermeiden, daß sich das Material anhäuft, sind die waagerechten Rippen in der Höhe versetzt. Die Außenwände werden auch verrippt, damit keine Plattenschwingungen auftreten.

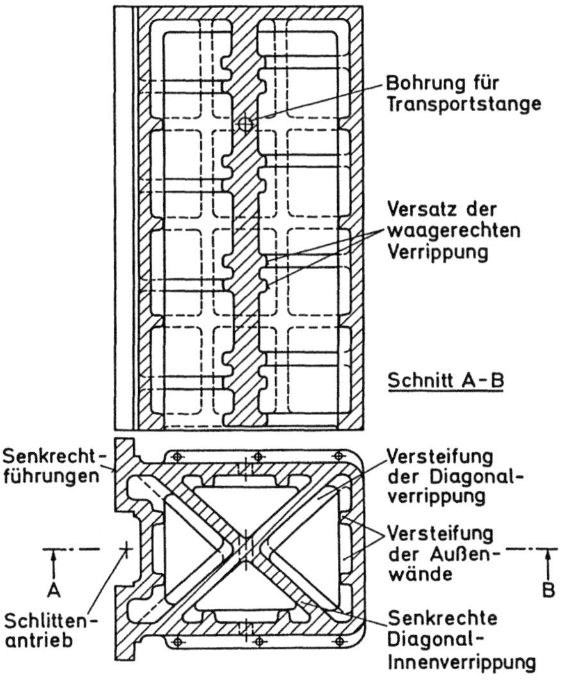


**Bild 4-2**
Senkrechtständer mit senkrechter Diagonalverrippung

Antriebe sollen möglichst außerhalb des Gestelles angeordnet werden, da durch die Antriebe thermische und dynamische Verformungen entstehen.

Die Anzahl der einzelnen Gestellteile soll bei jeder Maschine so bestimmt werden, daß die gewünschte Steifigkeit beim geringsten Fertigungsaufwand erreicht wird. Bei Bild 4-3 ist die Lösung mit zwei Gestellteilen günstiger als die mit drei Gestellteilen, weil der Fertigungsaufwand geringer und die Führung näher der Schnittkraft liegt. Ein Teil mehr bedeutet, daß zwei Flächen zusätzlich bearbeitet werden müssen. Die Steifigkeit des Senkrechtständers wird durch eine zusätzliche Trennfuge ungünstig beeinflußt. Die Lösung mit drei Gestellteilen wird trotz der aufgeführten Nachteile angewandt, wenn die Forderung gestellt wird, eine Standard-Spindeleinheit einzubauen. Diese werden, wie im rechten Bild gezeichnet, mit Flansch (nicht mit der Führung) ausgeführt.

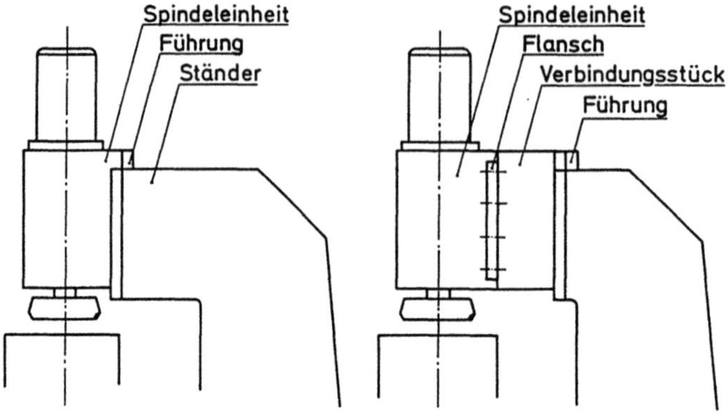


**Bild 4-3**
Senkrechtständer-Maschine
Bild-links:
mit zwei Gestellteilen
Bild-rechts:
mit drei Gestellteilen

### 4.1.1 Gegengewicht oder Gewichtsausgleich

Gegengewichte und Gewichtsausgleich entlasten den Antrieb der senkrechten Achse. Sie werden deshalb bei schwereren, in senkrechter Richtung beweglichen Massen vorgesehen. Folgende Vergleichsanalyse soll die Wahl zwischen Gegengewicht und Gewichtsausgleich erleichtern.

Die Gegengewichte (Bild 4-4) finden noch immer wegen ihrer Funktionseinfachheit und Zuverlässigkeit Anwendung bei Sondermaschinen, Transferstraßen und bei Universalwerkzeugmaschinen mit unbeweglichen Senkrechtständern. Die Masse des Gegengewichtes muß annähernd gleich sein wie die Summe aller auf der Führung des Senkrechtschlittens beweglichen Massen. Bei kleineren Massen werden mit dieser Lösung geringere Herstellungskosten erreicht als bei der Verwendung von Gewichtsausgleich.

Beim Gewichtsausgleich (Bild 4-5) werden die in Z-Richtung beweglichen Massen durch eine in der gleichen Achse liegenden Kraft ausgeglichen. Diese Kraft wird meistens durch einen Hydraulik- oder Pneumatikzylinder erzeugt. Da bei dieser Lösung in Z-Richtung wesentlich geringere Massen bewegt werden als bei der Lösung mit Gegengewichten, hat dieses System durch höhere Eigenfrequenzen ein besseres dynamisches Verhalten

$$\omega_0 = \sqrt{\frac{K}{m}}.$$

$\omega_0$ Kreiseigenfrequenz des Schwingungssystems
K Federkonstante des Schwingungssystems
m Summe aller beweglichen Massen.

Bei der in Bild 4-5 dargestellten Maschine mit waagerechter Spindel und frontal angeordneten Führungsbahnen für Z-Richtung ist der Senkrechtständer als Doppelständer ausgeführt, damit sich der Hauptspindelantrieb im Tunnel des Ständers frei bewegen kann. Bei den Doppelständer-Maschinen muß ein Gewichtsausgleich vorgesehen werden, da es im Ständer keinen Hohlraum für die Unterbringung der Gegengewichte gibt. Der Einbau von Gegengewichten wäre auch deshalb nicht möglich, weil der Senkrechtständer in Y-Richtung beweglich ist. Der Einbau des Gewichtsausgleichs erlaubt die im Bezug auf Torsions- und Biegebelastung günstige Konzeption des quadratischen Ständers mit gekreuzter Diagonalverrippung (Bild 4-2). Wegen der hohen Gestellsteifigkeit und der geringen zu beschleunigenden Massen wird der Gewichtsausgleich an numerisch gesteuerten Werkzeugmaschinen und Bearbeitungszentren vorteilhaft angewandt.

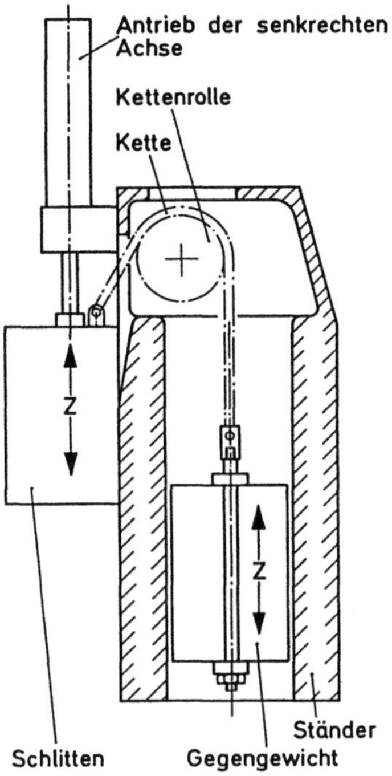


**Bild 4-4**
Schlittenständer-Maschine mit Gegengewicht

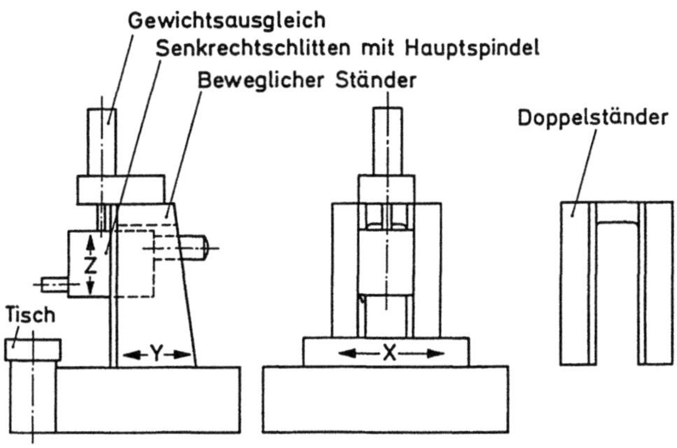


**Bild 4-5**
Doppelständer-Maschine mit Gewichtsausgleich

Bild 4-6 zeigt den Hydraulikplan eines hydraulischen Gewichtsausgleichs. Die Nullhubpumpe wird auf minimale Fördermenge eingestellt, damit immer ein kleinerer Volumenstrom durch das Druckbegrenzungsventil fließt. Auf diese Art wird eine große Reaktionsfähigkeit im Kreislauf erreicht. Zugleich wird verhindert, daß zum Fahrtbeginn ein hydraulischer Schlag auftritt. Beim Hinunterfahren des Schlittens fließen durch das Druckbegrenzungsventil die minimale Fördermenge der Pumpe und dazu die hinausgedrückte Ölmenge des Zylinders. Beim Hinauffahren des Schlittens fördert die Nullhubpumpe die der Schlittengeschwindigkeit entsprechende Fördermenge, die vollständig zum Zylinder strömt. Das entsperrbare Rückschlagventil „hält“ den Schlitten in jeder beliebigen Höhe.

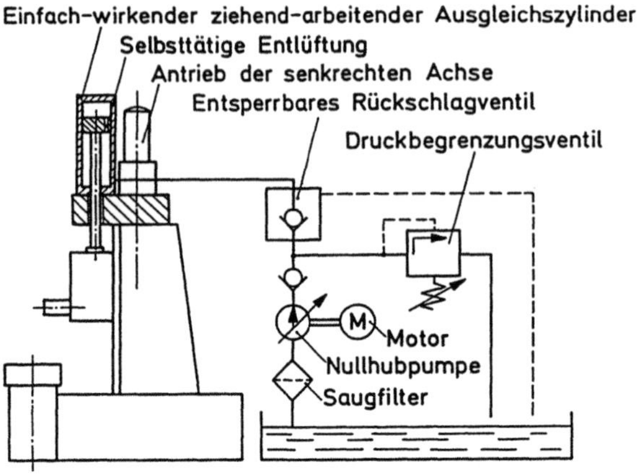


**Bild 4-6**
Hydraulikplan für den hydraulischen Gewichtsausgleich

### 4.1.2 Aufstellung des Gestelles auf das Fundament

Die Betten der Maschine können entweder fest mit dem Fundament durch Einbetonieren oder durch nachstellbare Stützpunkte verbunden werden. Bei der ersten Lösung wird die Maschine mit Hilfe von Keilen ausgerichtet, durch Ankerschrauben mit dem Fundament verbunden und mit Beton untergossen. Das Bett der Maschine wird bei dieser Lösung durch das Fundament versteift, der Einfluß des Fundamentes auf die Verformung des Bettes wird größer.

Bei den Genauigkeitsmaschinen (Lehrenbohrwerke) wird das Bett so steif ausgeführt, daß auf die Versteifung durch das Fundament verzichtet werden kann, und das Bett in drei Punkten gestützt wird. Der Einfluß des Fundamentes auf die Verformung des Bettes wird dadurch geringer. Bei langen Betten kann die Dreipunktunterstützung nicht angewandt werden. Das Bett wird hier in mehreren Punkten unterstützt. Bild 4-7 zeigt eine Dreipunkt- und eine Mehrpunktunterstützung des Bettes. Da sich das Fundament im Laufe der Zeit ändert, sind diese Stützpunkte nachstellbar.

Die nachstellbaren Stützpunkte können als Druck- und Zugschraube oder als Ausrichtkeilklotz ausgeführt werden (Bild 4-8). Die Maschine wird mit Hilfe der nachstellbaren Stützpunkte nachgestellt, die Ankerschrauben angezogen und in manchen Fällen mit Beton untergossen. Die im Bild-links dargestellte Zugschraube ist gleichzeitig eine Ankerschraube. Bei der Lösung im Bild-rechts wird das Bett mit Hilfe von Ankerschrauben nach unten gegen den Auflageklotz gezogen.

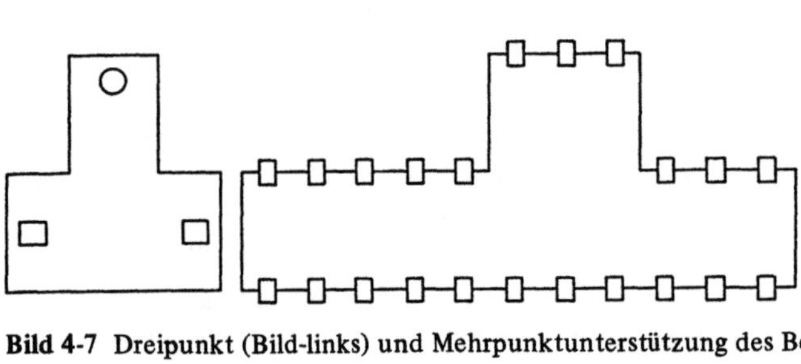

**Bild 4-7** Dreipunkt (Bild-links) und Mehrpunktunterstützung des Bettes auf das Fundament [45]

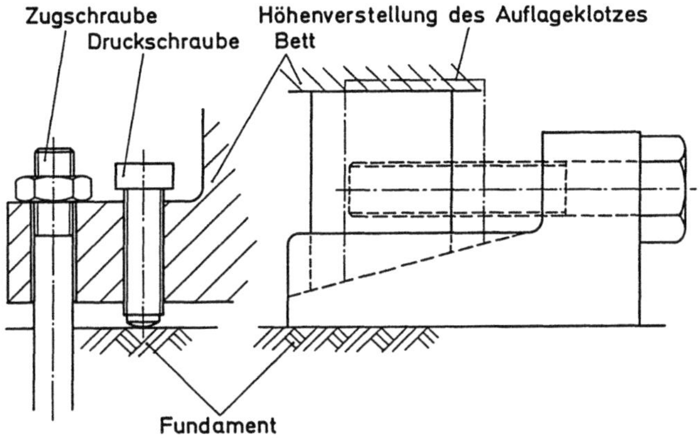


**Bild 4-8**
Nachstellbare Stützpunkte

## 4.2 Werkstoffwahl, Fertigung

### 4.2.1 Guß- oder Schweißausführung

Folgende Vergleichsanalyse soll die Wahl zwischen den gegossenen und geschweißten Gestellen erleichtern.

Der Elastizitätsmodul eines geschweißten Gestelles aus Stahl ($2{,}1 \times 10^{11}$ N/m$^2$) ist wesentlich größer als der eines gegossenen Gestelles aus Gußeisen ($0{,}8 \times 10^{11}$ N/m$^2$). Die Gestelle aus Gußeisen benötigen deshalb größere Querschnitte, damit unter Wirkung der gleichen Kräfte die gleichen elastischen Verformungen erreicht werden. Da die Dichte des Gußeisens ($7{,}3 \times 10^3$ kg/m$^3$) unwesentlich kleiner als die des Stahles ($7{,}85 \times 10^3$ kg/m$^3$) ist, sind die gegossenen Gestelle schwerer als die geschweißten.

Die gegossenen Gestelle benötigen mehr Bearbeitungsstunden als die geschweißten, da die Bearbeitungszugabe bei den gegossenen wesentlich größer ist.

Für die technologische Fertigung der gegossenen Gestelle sind Modelle und Kerne notwendig, für die geschweißten werden meistens Hilfsvorrichtungen verwendet.

Die innere Dämpfung (Werkstoffdämpfung) der gegossenen Gestelle ist größer als die der geschweißten Gestelle. Die reine Werkstoffdämpfung kommt aber bei den verhältnismäßig kleinen Verformungen, die bei den Werkzeugmaschinen auftreten, wenig zur Geltung [46]. Die äußere Dämpfung (Reibungsdämpfung) hat in den meisten Fällen den entscheidenden Einfluß auf die Dämpfung der Gestelle. Die geschweißten Gestelle in schweißgerechter Stahlbauweise besitzen etwa die doppelte Dämpfung wie jene in Gußeisen [47].

Bei der Fertigung mehrerer Gestelle sollen Preisvergleiche unter Berücksichtigung des Modellpreises gemacht werden. In vielen Fällen werden bei der Fertigung von mehr als drei Gestellen bei den gegossenen geringere Herstellungskosten erreicht als bei den geschweißten Ständern.

### 4.2.2 Gestelle aus Beton

Gestelle aus Beton werden wegen der niedrigen Herstellungskosten und der hohen Schwingungsdämpfung in zunehmendem Maße für Werkzeugmaschinen angewandt. Als Werkstoff wird Zementbeton und Kunstharzbeton verwendet. Bei dem zweiten Werkstoff handelt es sich um einen Kunststoff mit hohem Füllstoffanteil. Nach DIN 16945 [48] sind folgende Kunstharzklassen zum Herstellen von Kunstharzbeton geeignet: Methacrylatharze (MMA), Epoxidharze (EP) und ungesättigte Polyesterharze (UP).

Mit den Betongestellen können trotz des geringeren Elastizitätsmoduls höhere Biegesteifigkeiten als mit den Gestellen aus Gußeisen oder Stahl erreicht werden, da der ganze Gestellquerschnitt voll mit Beton ausgefüllt wird.

Bei gleichen Außenmaßen der Gestelle stehen die Querschnitte und Kosten für verschiedene Gestelle in diesem Verhältnis [49]:

| | Gußeisen | : | Stahl | : | Stahlbeton (armierter Zementbeton) |
|---|---|---|---|---|---|
| Querschnitte: | 1 | : | 0,53 | : | 6 |
| Kosten: | 100 | : | 75 | | 37 |

Die Biegesteifigkeit des Stahlbetongestelles lag im oberen Beispiel im Verhältnis ca. 2:1 zu der Steifigkeit der Gußeisen- und Stahlgestelle.

Bei Betongestellen werden geringere Schwingungsamplituden als bei den Gestellen aus Gußeisen und Stahl gemessen.

In Bild 4-9 wird gezeigt, wie das gleiche Gestell einer Fräsmaschine ausgeführt wird, wenn einmal Grauguß (linkes Bild) und zum anderen Stahlbeton (rechtes Bild) als Werkstoff verwendet werden. Das Stahlbetonunterteil wird getrennt vom Gußteil in einer wieder verwendbaren Stahlblechform gegossen. Es muß mindestens 28 Tage, bis zum vollständigen Abhärten, gelagert werden. Das von Baufirmen gefertigte Stahlbetonunterteil wird, ausgenommen Klebefuge, mit einer Kunststoffbeschichtung versiegelt. Sie schützt die Betonmasse vor äußeren Einflüssen (Öl) und verringert zugleich die Schrumpfung des Gestelles bei wechselnder Luftfeuchtigkeit. Nachdem die Klebefläche des Gußteils fettfrei gemacht wird, werden beide Teile durch Mehrkomponentenkleber verbunden. Die Stahlarmierung ist erforderlich, damit das Gestell auch Zugkräfte aufnehmen kann.

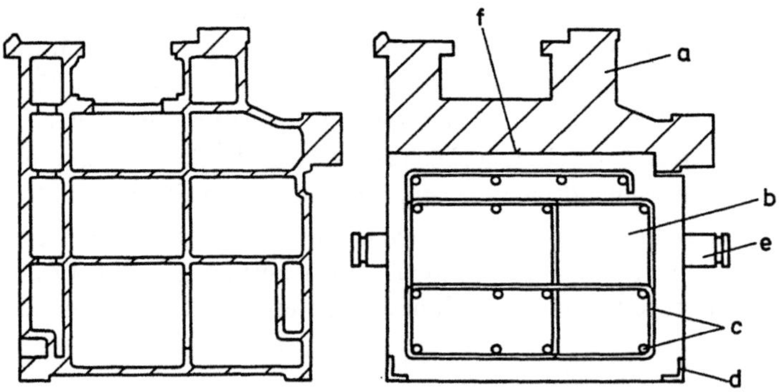


**Bild 4-9** Gestell einer Fräsmaschine, linkes Bild: aus Grauguß, rechtes Bild: aus Stahlbeton (eigene konstruktive Untersuchungen)

a = Gußteil, b = Beton, c = Armierung aus Betonstahl, d = Kantenschutz, e = Zapfen zum Anschlagen des Hebezeugseils, f = Klebefuge

Gestelle aus Kunstharzbeton (Polymerbeton, Acrylharzbeton) zeichnen sich wie die aus Stahlbeton hergestellten Gestelle durch hohe Dämpfung und geringe Herstellungskosten aus. Im Vergleich zu Stahlbeton hat Kunstharzbeton den Vorteil, daß er höhere Zugfestigkeit, hohe chemische Beständigkeit und kurze Härtezeiten (eine Stunde) aufweist, und daß er direkt vom Werkzeugmaschinenhersteller hergestellt werden kann.

Bei Kunstharzbeton wird Zementleim durch Reaktionsharze und Mehlkorn ersetzt. Für ihr Aushärten mit den Zuschlagstoffen ist eine durch Reaktionsmittel unterstützte chemische Reaktion erforderlich. Das Bindemittel bestimmt das chemische Verhalten gegen aggressive Medien (Säuren, Gase, Mineralöl usw.). Bei der Verwendung von Polymethylmethacrylat als Bindemittel bekommt man Acrylharzbeton, der höchste chemische Beständigkeit gegen die meisten aggressiven Medien aufweist.

Auch fertige Maschinengestelle aus Grauguß oder Stahl können nachträglich mit Acrylharzbeton ausgefüllt werden, damit die statische und die dynamische Steifigkeit erhöht wird.

In Bild 4-10 ist ein Gestell aus Acrylharzbeton dargestellt. Die Gestelle werden nicht gegossen, sondern gefüllt und anschließend durch hochfrequente Vibrationen verdichtet. Nach dem Füllen ist nur ein Schleifen der metallischen Flächen erforderlich.

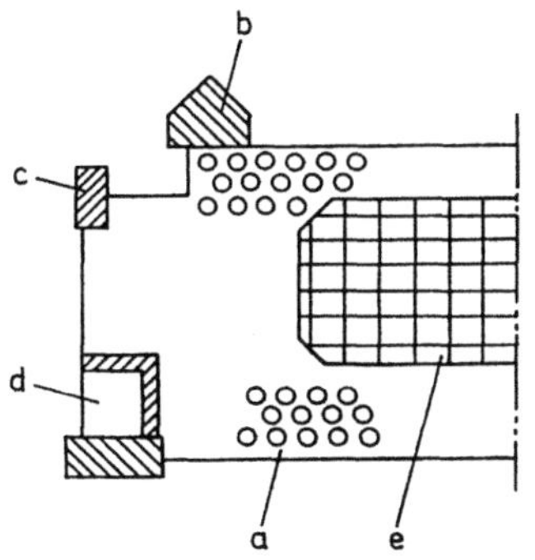


**Bild 4-10**

Gestelle aus Acrylharzbeton [50]

a = Acrylharzbeton
b = Führung aus Grauguß,
c = Flacheisen für Wasserrinne,
d = Fußtasche aus Stahl
e = Kern aus Polyurethanschaum

### 4.2.3 Eigenspannungen in den Gestellen

Eigenspannungen sind Spannungszustände, die in einem Gestell ohne Vorhandensein äußerer Kräfte oder Temperaturunterschiede herrschen. Das Gestell befindet sich in einem Gleichgewichtszustand.

Gußspannungen entstehen dadurch, daß sich infolge ungleich großer Querschnitte manche Teile beim Abkühlen im plastischen, andere im elastischen Verformungsbereich befinden. Die Teile mit kleinerem Querschnitt werden schneller abgekühlt. Sie schrumpfen und erstarren schneller als die benachbarten Teile mit größerem Querschnitt, wodurch sie auf die plastischen Teile Druck oder Zug ausüben. Das Schrumpfen und Erstarren der Teile mit größerem Querschnitt erfolgt deshalb nicht ungehindert, weil die vorher abgekühlten Teile Widerstand leisten, wodurch im Gestell Druck- und Zugspannungen entstehen.

Schweißspannungen entstehen durch ungleichmäßiges Erwärmen und Abkühlen der Gestelle beim Schweißen. Weil die an der Schmelzzone kühleren Teile die Ausdehnung des flüssigen Schmelzgutes behindern, entstehen in der Randzone Druckspannungen. Beim Abkühlen des Schmelzgutes treten Zugspannungen auf, da die benachbarten Teile Widerstand leisten.

Eigenspannungen entstehen auch bei der spanenden Bearbeitung. Die durch den Zerspanungsvorgang erzeugte Wärme zwischen Werkstück und Werkzeug und die Zerspankräfte verursachen plastische Verformungen der Randzonen und somit die Eigenspannungen.

Ein Gestell, aus welchem die Eigenspannungen nicht beseitigt worden sind, befindet sich in einem Gleichgewichtszustand. Bei der mechanischen Bearbeitung dieses Gestelles wird dieses Gleichgewicht durch die Abtrennung der Spannungsschichten gestört, das Gestell verformt sich in der Weise, daß in einem neuen Eigenspannungszustand das Gleichgewicht wieder hergestellt wird. Es vergeht einige Zeit, bis die Verformung des Gestelles aufhört. Wenn hohe Genauigkeitsanforderungen gestellt werden, müssen diese Gestelle nachbearbeitet werden.

Zur Verhinderung der Verformungen an Gestellen während der mechanischen Bearbeitung müssen die Eigenspannungen vor der Bearbeitung beseitigt werden. Dies gilt besonders für Gestelle, an die hohe Genauigkeits- und Funktionsanforderungen gestellt werden.

Die Eigenspannungen werden wirksam durch Wärmebehandlung beseitigt. Beim Spannungsfreiglühen wird das Gestell langsam auf 300 °C bis 500 °C erwärmt, diese Temperatur bis 2 Stunden eingehalten, und anschließen das Gestell langsam im Ofen abgekühlt. Der Einfluß von Anlaßdauer und Anlaßtemperatur ist in Bild 4-11 dargestellt. Aus diesem Bild wird deutlich, daß die größten Eigenspannungen nach einem Anlassen von 500 °C weitgehend abgebaut werden.

Durch Schwingungsbeanspruchungen bzw. Rütteln können die Eigenspannungen geringfügig vermindert werden, falls sie so hoch liegen wie die Dauerschwingfestigkeit des Werkstoffes. In diesem Falle besteht allerdings die Gefahr, daß Dauerbrüche auftreten. Nach

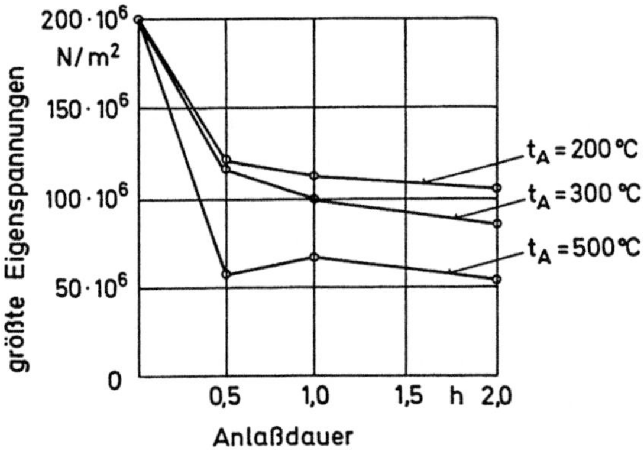


**Bild 4-11**

Einfluß der Anlaßdauer und Anlaßtemperatur auf den Abbau von Eigenspannungen im Gußeisen [51]

Untersuchungen von Bühler und Pfalzgraf [51] konnte nach dem Rütteln eine Änderung des Eigenspannungszustandes nicht festgestellt werden. Sie haben außerdem ermittelt, daß durch das Lagern von Gußteilen im Freien bzw. durch Altern keine Verminderung der Eigenspannungen zu erreichen ist.

### 4.2.4 Spanende Bearbeitung, thermische Behandlung

Gestelle sollen so konstruiert werden, daß es möglich wird, sie in einer Aufspannung durchzuhobeln, durchzufräsen oder durchzuschleifen. Durch die paketweise Bearbeitung von Gestellen ist es möglich, Fertigungskosten wesentlich herabzusetzen.

Die Maßtoleranzen und Bearbeitungszugaben werden nach den Außenmaßen des Gestelles und nach der Modellgüteklasse bestimmt. Für die Serienfertigung werden die besten Modelle und Einrichtungen, wie z.B. Modellgüteklasse I verwendet. Für die Außenmaße von 1000 mm bis 2000 mm gelten für die Modellgüteklasse I folgende Richtwerte

Bearbeitungszugabe: 5 mm bis 8 mm
Maßtoleranz: ± 3 mm.

Die Gestelle mit eingegossenen Führungsbahnen werden örtlich oberflächengehärtet auf 3800 bis 4200 N/mm$^2$. Es werden Flammen- oder Induktionshärtungen angewandt. Nach dem Härten werden die Führungsbahnen geschliffen.

## 4.3 Steifigkeit der Gestelle

Die Arbeitsgenauigkeit einer Werkzeugmaschine ist von der geometrischen Genauigkeit der Führungs- und der Funktionsflächen und von der statischen und dynamischen Steifigkeit der Gestelle entscheidend abhängig.

Es gilt:

$$K = \frac{F}{y} \qquad K_{DYN} = \frac{\tilde{F}}{\tilde{y}}$$

| | |
|---|---|
| $K$ | Statische Steifigkeit |
| $K_{DYN}$ | Dynamische Steifigkeit |
| $F$ | Statische Kraft |
| $\tilde{F}$ | Dynamische Kraft |
| $y$ | Statische Verformung |
| $\tilde{y}$ | Dynamische Verformung. |

Wenn die Belastung bekannt ist, können die Profile der Gestelle so ausgelegt werden, daß die höchste statische und dynamische Steifigkeit erreicht wird. Die Bestimmung des Gestellprofils bei den Sondermaschinen und Transferstraßen ist einfach, da die Intensität und die Richtung der angreifenden Kräfte bekannt und unveränderlich ist. Bei Mehrzweckmaschinen, wie Bearbeitungszentren, müssen Profile nach allen größten in Frage kommenden Belastungen bestimmt werden.

### 4.3.1 Statische Steifigkeit der Gestelle

Über die statische Steifigkeit von Gestellen wurde eingehend bei der VDW-Arbeitstagung berichtet (s. Opitz [52]). Einige für die Steifigkeit der Gestelle charakteristischen Ergebnisse aus diesem Bericht sind für die in der Praxis gebräuchlichsten Profile in den Bildern 4-12 bis 4-21 vereinfacht auszugsweise dargestellt.

Die Biegesteifigkeit verschiedener Profile bei gleicher Fläche A und gleicher Wanddicke s ist in Bild 4-12 eingezeichnet. Dabei wurden die für die Biegebelastung zuständigen axialen (äquatorialen) Trägheitsmomente verschiedener Profile ausgerechnet und in Quotientenform zum Trägheitsmoment des hohlen quadratischen Profils aufgestellt. Die höchste Biegefestigkeit haben die „stehenden" I-Profile, die niedrigste die hohlen rechteckigen Profile, die sich in der „liegenden" Anordnung zur angreifenden Kraft befinden.

Die unverrippten, hohlen, quadratischen Profile haben bei gleicher Fläche und gleichen Außenmaßen eine höhere Biegesteifigkeit als die verrippten quadratischen Profile (Bild 4-13).

Die mit größeren Außenmaßen dargestellten Profile haben bei gleicher Fläche eine höhere Biegesteifigkeit als die Profile mit kleineren Außenmaßen (Bild 4-14).

Der Einfluß der senkrechten Innenverrippungen auf die Biegesteifigkeit eines Senkrechtständers mit quadratischem Profil ist in Bild 4-15 dargestellt. Aus diesen Untersuchungen wird deutlich, daß die Biegesteifigkeit des Ständers durch senkrechte Innenverrippungen auf Kosten des Gewichtes unwesentlich zunimmt. Die auf das Eigengewicht bezogene Biegesteifigkeit $K_B/G$ nimmt dabei ab. Die Kopfplatte hat keinen Einfluß auf die Biegesteifigkeit.

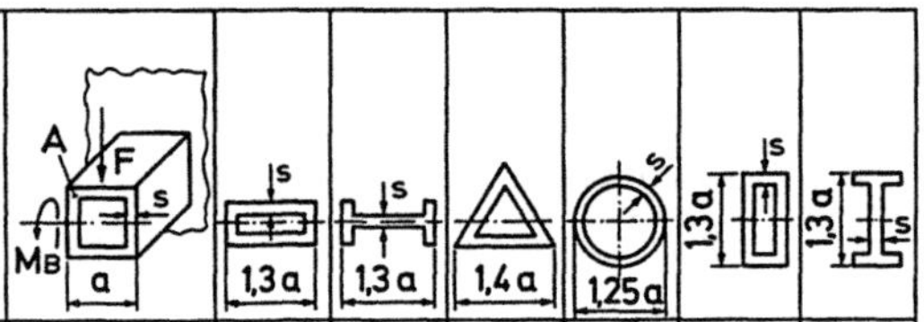


| Biege-Belastung verschiedener Profile A=konst s=konst | | | | | | | |
|---|---|---|---|---|---|---|---|
| Verhältnis der äquatorialen Trägheitsmomente | 1: 1 | 1: 0,5 | 1: 0,65 | 1: 1 | 1: 1,2 | 1: 1,4 | 1: 2 |

**Bild 4-12** Biegesteifigkeit verschiedener Profile

| Profil | Fläche A [%] | Äquatoriales Trägheitsmoment $I_x$ [%] | Verhältnis $\frac{I_x}{A}$ [%] |
|---|---|---|---|
| 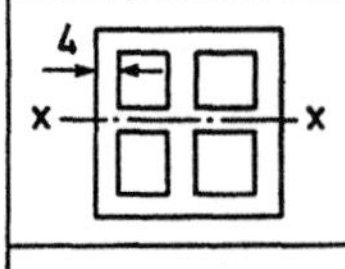 | 148 | 110,5 | 75,2 |
| 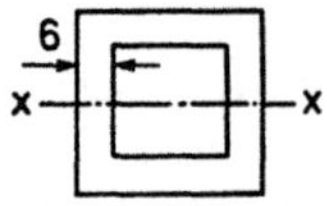 | 148 | 143 | 97,5 |

**Bild 4-13** Biegesteifigkeit unverrippter und verrippter Profile

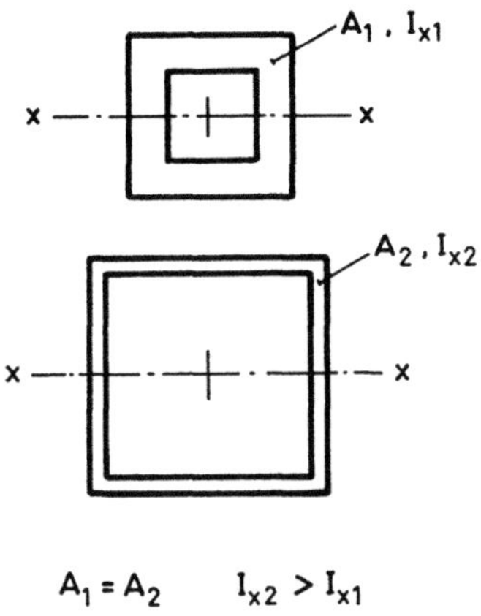


**Bild 4-14**
Biegesteifigkeit von Profilen mit verschiedenen Außenmaßen
A = Fläche
$I_x$ = Äquatoriales Trägheitsmoment

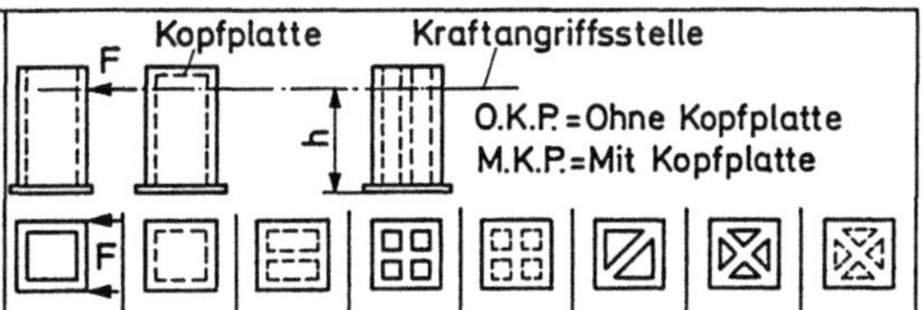


| Biege-Belastung der Ständer mit quadratischem Querschnitt | O.K.P. | M.K.P. | M.K.P. | O.K.P. | M.K.P. | O.K.P. | O.K.P. | M.K.P. |
|---|---|---|---|---|---|---|---|---|
| Verhältnis der Biege-Steifigkeit $K_B$ | 1 : 1 | 1 : 1 | 1 : 1,13 | 1 : 1,14 | 1 : 1,14 | 1 : 1,21 | 1 : 1,32 | 1 : 1,32 |
| Biegesteifigk. / Gewicht $\frac{K_B}{G}$ | 1 | 1 | 0,9 | 0,76 | 0,76 | 0,9 | 0,81 | 0,81 |

**Bild 4-15** Einfluß der senkrechten Innenverrippung auf die Biegesteifigkeit eines Senkrechtständers

Gestelle sollten so konstruiert werden, daß der Kraftfluß durch die Rippen verläuft. Bei dem in Bild 4-16 abgebildeten Profil stützen sich die in den Führungsbahnen auftretenden Kräfte auf die Außenwand und auf die Innenverrippung.

In Bild 4-17 ist ein Senkrechtständer quadratischen Profils dargestellt. Bei der Vergrößerung des Abstandes zwischen Fußflansch und Kraftangriffsstelle (h) steigen die Biegeverformungen des Senkrechtständers an. Ein gut verrippter Ständer biegt sich daher durch, bei einem unverrippten kommt noch die Verformung der Außenwände hinzu (wie in Bild 4-17 strichpunktiert dargestellt).

Die waagerechten Innenverrippungen haben keinen Einfluß auf die Biegesteifigkeit eines Senkrechtständers [52].

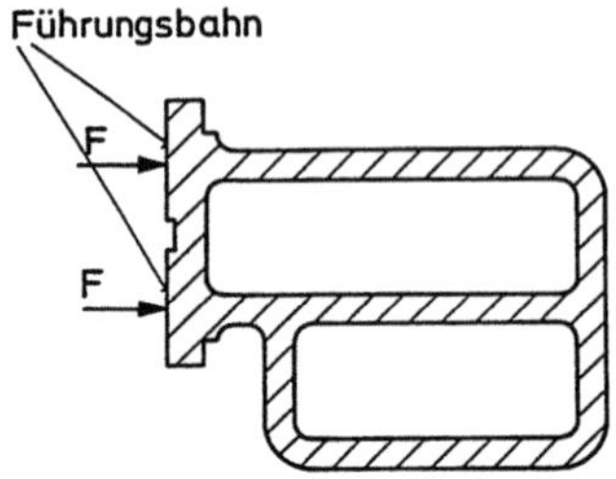


**Bild 4-16**
Im Kraftfluß liegende Innenverrippung

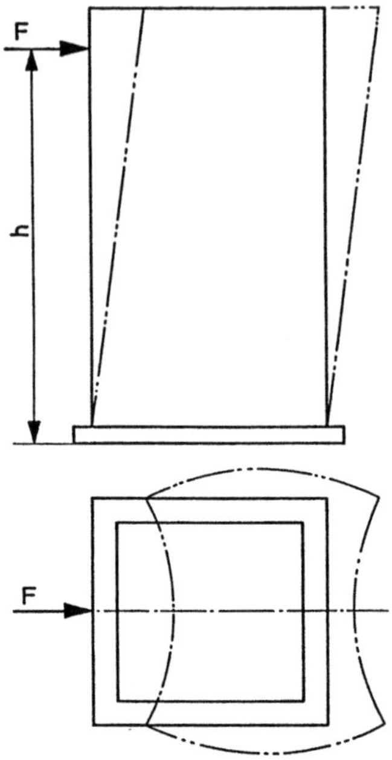


**Bild 4-17**
Biegeverformungen eines Senkrechtständers

Die Torsionssteifigkeit verschiedener Profile bei gleicher Fläche A und gleicher Wanddicke s ist in Bild 4-18 eingezeichnet. Dabei wurden die für die Torsionsbelastung zuständigen polaren Trägheitsmomente verschiedener Profile ausgerechnet und in Quotientenform zum Trägheitsmoment des hohlen quadratischen Profils aufgestellt. Die höchste Torsionssteifigkeit haben die Kreisringprofile, die niedrigste die I-Profile. Aus dieser Aufstellung wird deutlich, daß die „offenen" Profile eine so niedrige Torsionssteifigkeit aufweisen, daß es zweckmäßig ist, sie nur auf Biegung zu belasten.

| Torsions-Belastung verschiedener Profile<br>A = konst.<br>s = konst. | 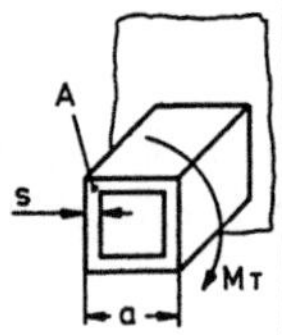 | 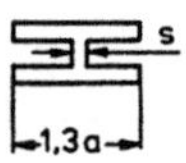 | 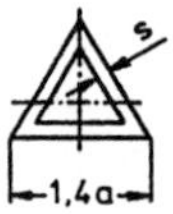 | 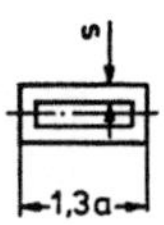 |  |
|---|---|---|---|---|---|
| Verhältnis der Torsions-Widerstände | 1:<br>1 | 1:<br>0,004 | 1:<br>0,66 | 1:<br>0,8 | 1:<br>1,6 |

**Bild 4-18** Torsionssteifigkeit verschiedener Profile

Der Einfluß der senkrechten Innenverrippungen auf die Torsionssteifigkeit eines Senkrechtständers mit quadratischem Profil ist in Bild 4-19 dargestellt. Daraus wird deutlich, daß die Torsionssteifigkeit des Ständers durch senkrechte Diagonalverrippungen wesentlich erhöht wird. Die auf das Eigengewicht bezogene Torsionssteifigkeit $K_T/G$ nimmt dabei zu, obwohl das Gewicht des Ständers durch die Verrippung ansteigt. Die Torsionssteifigkeit wird durch Verrippungen, die parallel zur Außenwand verlaufen, unwesentlich erhöht. Die Kopfplatte hat einen sehr günstigen Einfluß auf die Torsionssteifigkeit des Gestelles.

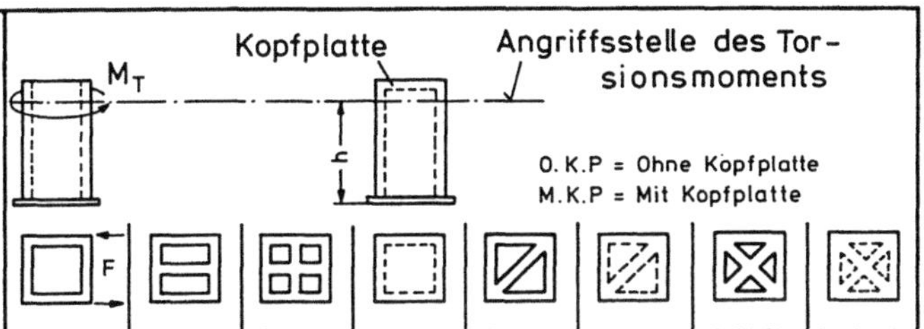


| Torsions-Belastung der Ständer | O.K.P | O.K.P | O.K.P | M.K.P | O.K.P | M.K.P | O.K.P | M.K.P |
|---|---|---|---|---|---|---|---|---|
| Verhältnis der Torsions-Steifigkeit $K_T$ | 1 : 0,06 | 1 : 0,09 | 1 : 0,15 | 1 : 0,5 | 1 : 0,65 | 1 : 0,8 | 1 : 1,15 | 1 : 1,26 |
| Torsionssteif./Gewicht $\frac{K_T}{G}$ | 0,06 | 0,07 | 0,10 | 0,5 | 0,5 | 0,6 | 0,7 | 0,8 |

**Bild 4-19** Einfluß der senkrechten Innenverrippung auf die Torsionssteifigkeit eines Senkrechtständers

Bei der Vergrößerung des Abstandes zwischen Fußflansch und Kraftangriffsstelle (h) steigen die Torsionsverformungen des Ständers an der Kraftangriffsstelle an (Bild 4-20). Ein gut verrippter Ständer tordiert, ein unverrippter ohne Kopfplatte tordiert und weist außerdem noch Querschnittsverzerrung auf.

Bild 4-21 zeigt einen unverrippten Ständer mit Kopfplatte. Die Querschnittsverzerrungen sind bei diesem Ständer wesentlich geringer als bei dem Ständer ohne Kopfplatte. Wenn das Torsionsmoment in der Nähe der Kopfplatte eingreift, sind die Querschnittsverzerrungen sehr gering. Die Untersuchungen [52] zeigten, daß die Torsionssteifigkeit des Ständers durch die waagerechten Innenverrippungen wesentlich erhöht wird.

Durch alle oben aufgeführten Darstellungen wurde gezeigt, wie die statische Steifigkeit der Gestelle durch geeignete Wahl des Gestellprofiles und der Verrippungen, d.h. durch konstruktive Maßnahmen erhöht werden kann.

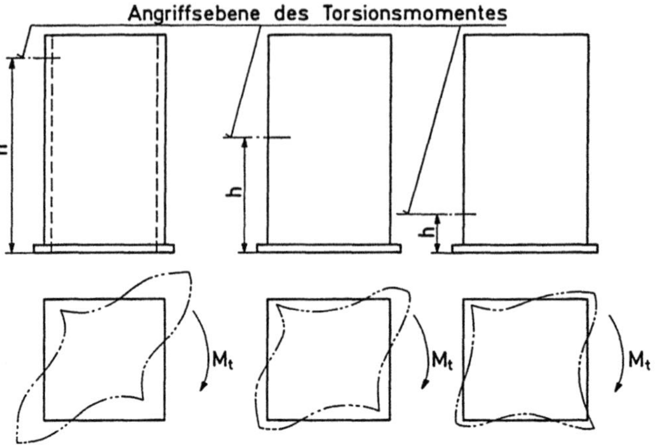


**Bild 4-20**
Torsionsverformungen eines unverrippten Ständers ohne Kopfplatte

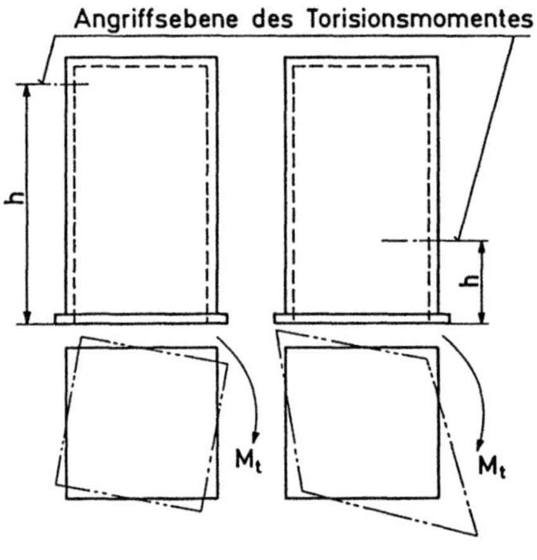


**Bild 4-21**
Torsionsverformungen eines unverrippten Ständers mit Kopfplatte

## 4.3.2 Dynamische Steifigkeit der Gestelle

Die dynamische Steifigkeit der Gestelle wird nach folgender Gleichung (Abschnitt 6.6) bestimmt

$$K_{DYN} = \frac{K \cdot D \cdot g}{5} = \rho \cdot \omega_0 .$$

Für Kreiseigenfrequenz $\omega_0$ und Eigenfrequenz f gelten die Beziehungen:

$$\omega_0 = \sqrt{\frac{K}{m} \cdot \frac{g}{10}} \qquad f_0 = \frac{\omega_0}{2\pi}$$

| | |
|---|---|
| $K_{DYN}$ [N/m] | Dynamische Steifigkeit |
| K [N/m] | Statische Steifigkeit |
| D | Dämpfungsmaß |
| g | Erdbeschleunigung |
| $\rho$ | Dämpfungskonstante |
| $\omega_0$[$s^{-1}$] | Kreiseigenfrequenz |
| m [kg] | Masse des Gestelles |
| $f_0$ [$s^{-1}$] | Eigenfrequenz. |

Aus diesen Gleichungen wird deutlich, daß die dynamische Steifigkeit des Gestelles erhöht werden kann, wenn die Dämpfung und die statische Steifigkeit erhöht werden.

Durch konstruktive Maßnahmen, wie die Wahl geeigneter Profile und Verrippungen, kann eine hohe statische Steifigkeit des Gestelles erreicht werden. Wenn dabei die Masse des Gestelles relativ klein bleibt, ist es möglich, hohe Eigenfrequenzen und somit auch große dynamische Steifigkeit zu erzielen. Durch geeignete Wahl des Werkstoffes (Abschnitt 4.2.1) können gute Dämpfungseigenschaften und somit gutes dynamisches Verhalten erreicht werden. Wenn erforderlich, kann die Dämpfung der Maschine durch Hilfsmassensysteme, wie z.B. Dämpfungssysteme oder gedämpfte Feder-Masse-Systeme (Abschnitt 6.6) erhöht werden.

Die Stelle auf die die Erregerkraft wirkt, beeinflußt die Eigenschwingungsform, die Eigenfrequenz und die Resonanzamplitude. So ergaben sich bei den Untersuchungen von Tobias [53] an den Vertikalfräsmaschinen verschiedene Resonanzkurven, wenn der zwischen Spindel und Tisch eingebaute Schwingungserreger einmal in senkrechter und dann in waagerechter Richtung eingriff. Opitz [52] berichtet, daß bei der Erregung eines Senkrechtständers in der Mitte des Querschnitts (Bild 4-22) nur Biegeschwingungen erregt werden. Wenn die Erregerkraft exzentrisch eingreift (Bild 4-23), werden bei den meisten in Bild 4-15 dargestellten Ständern folgende Schwingungsformen erregt

- Biegeschwingungen,
- reine Torsionsschwingungen und
- Torsionsschwingungen mit Querschnittsverzerrung.

Die einzige Ausnahme machten Gestelle mit senkrechten Diagonalverrippungen sowie die Ständer mit waagerechten Innenverrippungen und einer Kopfplatte.

Bei diesen Untersuchungen wurden folgende Eigenfrequenzen ermittelt

- Biegeeigenfrequenz ~ 450 Hz,
- Eigenfrequenz der reinen Torsionsschwingung ~ 1300 Hz,
- Eigenfrequenz der Torsionsschwingung mit Querschnittsverzerrung ~ 450–750 Hz.

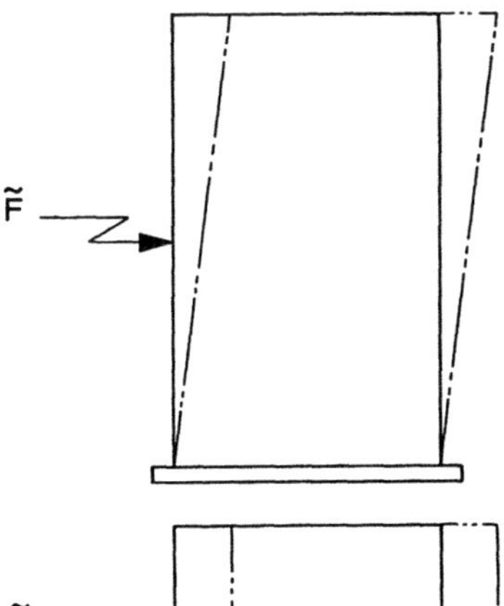


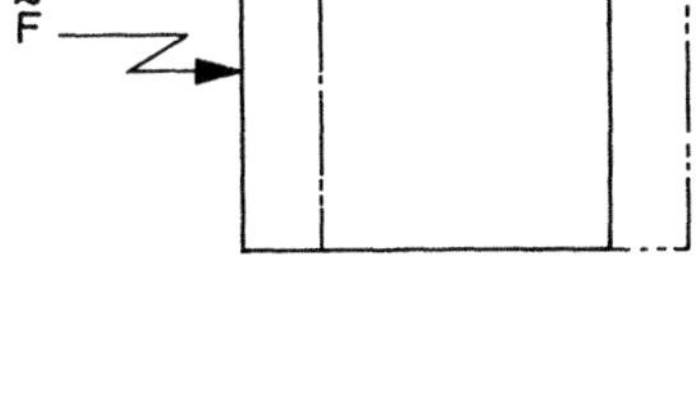


**Bild 4-22**
Biegeschwingungsform eines Senkrechtständers

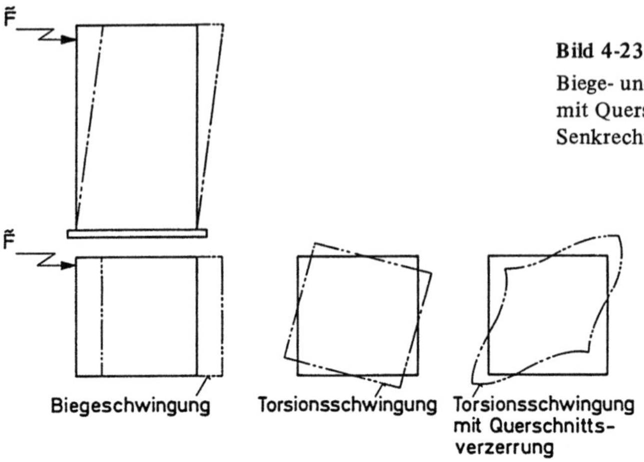


**Bild 4-23**
Biege- und Torsionsschwingungsform mit Querschnittsverzerrung eines Senkrechtständers

Die gut verrippten Ständer haben höhere statische Steifigkeit, zugleich aber auch eine größere Masse, so daß das Verhältnis K/m bei diesen Untersuchungen annähernd konstant blieb. Deshalb wurden bei allen Ständern annähernd gleiche Biegeeigenfrequenzen gemessen.

Bei den unverrippten und dünnen Seitenwänden eines Gestelles erscheinen Plattenschwingungen. Mit steigender Anzahl von Rippen an den Seitenwänden wird die Resonanzfrequenz erhöht und die Anzahl der Resonanzstellen verringert [52].

Bei unverrippten und dünnen Seitenwänden eines Gestells, insbesondere eines geschweißten Ständers, erscheinen höhere Schwingungsarten, die mit Schallabstrahlung verbunden sind und als Membranschwingungen bekannt sind [54].

### 4.3.3 Berechnung von Gestellbauteilen mit Hilfe der Methode der Finiten Elemente

Durch immer höhere Anforderungen an Werkzeugmaschinen ist es notwendig, die höchste statische Steifigkeit von Gestellbauteilen rechnerisch in der Konstruktionsphase zu ermitteln. Bauteile mit relativ einfacher geometrischer Gestalt lassen sich analytisch nach der Festigkeitslehre berechnen. Die Gestelle von Werkzeugmaschinen haben meistens eine so komplizierte Gestalt, daß diese Methoden nicht mehr angewandt werden können.

Durch die Einführung der Methode der Finiten Elemente ist es mit dem Einsatz elektronischer Rechenanlagen möglich geworden, komplizierte Gestellbauteile in zeitlich vertretbarem Rahmen zu berechnen.

Der Grundgedanke dieser Methode ist, ein kompliziertes Bauteil in eine Anzahl geometrisch einfacher Einheiten (Finite Elemente) aufzuteilen. Diese Aufteilung richtet sich nach der Gestalt des Bauteiles und nach der Art der Belastung. Ein Senkrechtständer kann z.B. in folgende Gruppen gegliedert werden

- Seitenwände,
- Bodenplatte,
- Kopfplatte,
- waagerechte Rippen,
- senkrechte Rippen,
- Führungsbahn.

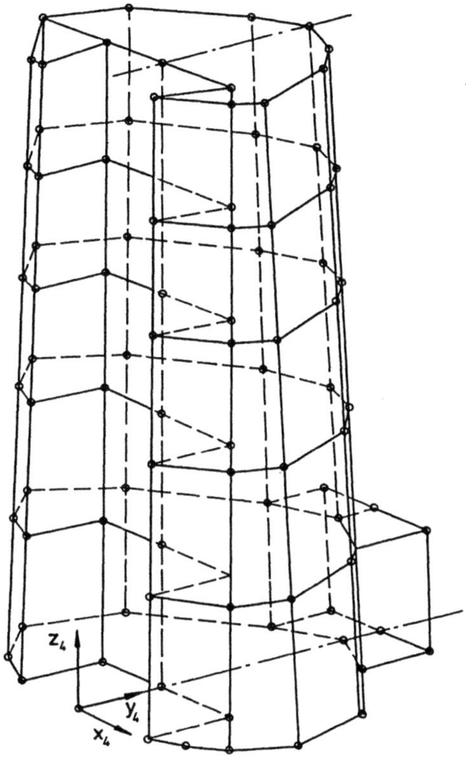


**Bild 4-24**
Eine vereinfachte Darstellung des Senkrechtständers [55]

Jede Gruppe wird durch eine Anzahl von geometrisch einfachen Elementen wie Zylinder, Quader, Pyramide usw. dargestellt. An den äußeren und inneren Flächen der Elemente werden Knotenpunkte eingeführt.

Bild 4-24 zeigt einen nach dieser Methode in einfache Einheiten aufgeteilten Senkrechtständer. Durch die Bestimmung der Nachgiebigkeiten in drei Koordinatenrichtungen der Knotenpunkte, kann der Spannungs- bzw. Dehnungszustand des Bauteils bestimmt werden.

Unter Berücksichtigung der Kopplung der einzelnen Elemente untereinander kann bei Änderung der Verrippung der Wandstärke und der Gestalt die optimale statische Steifigkeit des Gestelles bei gegebenem Gewicht bestimmt werden.

## 4.4 Beispielaufgaben

Der Senkrechtständer einer Sonderwerkzeugmaschine wird durch Kräfte, Biegemomente und Torsionsmomente belastet.

Gestellprofil, Verrippungen und Werkstoff sollen bestimmt werden.

Lösung im Anhang

# 5 Antriebe

Die Antriebe werden nach der Anwendung in Haupt-, Vorschub- und Hilfsantriebe aufgeteilt. Die zugeführte elektrische Leistung dient nach der verlustbehafteten Umwandlung in den Antrieben zur Zerspanung.

## 5.1 Hauptantrieb

Für die meisten Werkzeugmaschinen wird der Hauptantrieb entweder durch einen asynchronen Drehstrommotor mit konstanter Drehzahl und nachgeschaltetem Stufengetriebe oder durch einen Gleichstrommotor mit stufenloser Drehzahlregelung realisiert. In den letzten Jahren finden in Werkzeugmaschinen regelbare Drehstrommotoren Verwendung. Hydromotoren werden für Hauptantriebe geringerer Laufgleichmäßigkeit verwendet.

Die Hauptantriebe können mit gestufter oder mit stufenloser Drehzahleinstellung ausgeführt werden. Da die stufenlose Drehzahleinstellung eine optimale Anpassung der Schnittgeschwindigkeit an die jeweiligen Arbeitsbedingungen ermöglicht, wird sie an den neuzeitlichen Werkzeugmaschinen in zunehmendem Maße angewandt.

In diesem Abschnitt werden die gestuften mechanischen Antriebe und die stufenlosen elektrischen und hydraulischen Antriebe behandelt. Die stufenlosen mechanischen Antriebe werden hier nicht beschrieben, da sich bei ihnen folgende Nachteile ergeben:

- schlupfbehaftete Bewegungsübertragung,
- hoher Verschleiß und somit geringere Lebensdauer,
- höhere Kosten.

Beim Hauptantrieb, d.h. beim Antrieb der Hauptspindel, wird bei der Veränderung der Hauptspindeldrehzahl eine konstante Leistung benötigt

$$P = F_H \cdot v = \text{konst.}$$

Mit

$$v = \frac{\pi \cdot D \cdot n}{60} \quad \text{und} \quad M = F_H \cdot \frac{D}{2}$$

wird die Leistungsgleichung zu

$$P = \frac{2M}{D} \cdot \frac{\pi \cdot D \cdot n}{60} \quad \text{oder}$$

$$P = M \cdot n \cdot \frac{\pi}{30} = \text{konst.}$$

| | |
|---|---|
| P [W] | Hauptantriebsleistung, d.h. Spindelleistung |
| $F_H$ [N] | Hauptschnittkraft (Bild 1-4 und 1-7), wirkt in entgegengesetzter Richtung von der Spindeldrehkraft |
| v [m/s] | Schnittgeschwindigkeit |
| D [m] | Durchmesser (von Werkstück oder Werkzeug) |
| n [$min^{-1}$] | Hauptspindeldrehzahl |
| M [Nm] | Spindeldrehmoment. |

Bei der Bestimmung der Motorleistung $P_M$ muß der Wirkungsgrad $\eta$ des Getriebes berücksichtigt werden:

$$P_M = \frac{P}{\eta}.$$

Die Kennlinie des Hauptantriebes ist in Bild 5-1 dargestellt. Man erkennt, daß nicht in dem gesamten Drehzahlbereich die Drehzahländerung bei konstanter Leistung stattfindet. Mit der Abnahme der Drehzahlen steigt das Antriebsmoment bei konstanter Leistung immer schneller an. Deshalb bestimmt das maximale Antriebsmoment $M_{MAX}$, das die Hauptspindel übertragen kann, die untere Grenze der Hauptspindeldrehzahl, bei welcher die Leistung konstant ist. Diese Drehzahl ist als $n_N$ bezeichnet. Zwischen $n_N$ und $n_{MAX}$ werden die Hauptspindeldrehzahlen bei konstanter Leistung, zwischen $n_N$ und $n_{MIN}$ bei konstantem Moment geändert.

Die Nenndrehzahl $n_N$ wird deshalb bei der Auslegung eines Hauptantriebes nach dem maximalen zu übertragbaren Antriebsmoment $M_{MAX}$ der Hauptspindel bestimmt

$$n_N = \frac{P}{M_{MAX}} \cdot \frac{30}{\pi}.$$

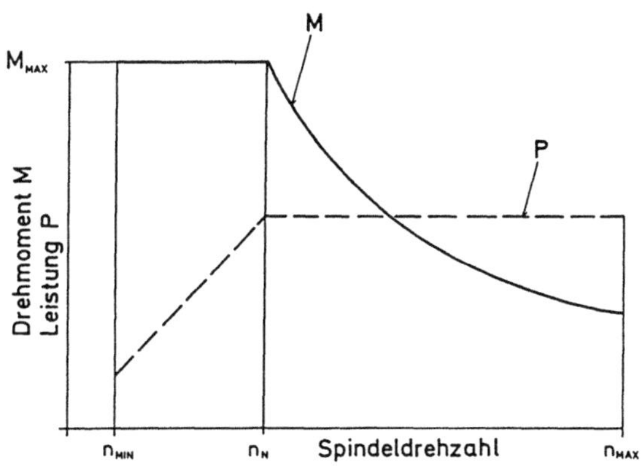


**Bild 5-1**
Kennlinie des Hauptantriebes

### 5.1.1 Hauptantrieb durch asynchronen Drehstrommotor mit konstanter Drehzahl

Diese Antriebe werden durch einen asynchronen Drehstrommotor mit konstanter Drehzahl und nachgeschaltetem Stufengetriebe realisiert. Durch den einfachen Aufbau, zweckmäßige Form, hohe Betriebssicherheit und relativ niedrige Herstellungskosten finden diese Antriebe noch immer bei vielen Werkzeugmaschinen Anwendung. Allerdings werden sie durch die regelbaren Gleichstrom- und Drehstromservoantriebe in zunehmendem Maße verdrängt.

Mechanische Stufengetriebe können als Riementrieb, Wechselradgetriebe, Schieberadgetriebe oder Kupplungsgetriebe ausgebildet sein. Bei dem automatischen Drehzahlwechsel werden Kupplungsgetriebe vorgesehen.

Die Drehzahleinstellung ist bei diesem Antrieb gestuft. Meistens wird eine geometrische Drehzahlstufung, bei der das Verhältnis zweier benachbarter Drehzahlen konstant ist, angewandt.

Hier gilt

$$\frac{n_2}{n_1} = \frac{n_3}{n_2} = \frac{n_Z}{n_{Z-1}} = \varphi$$

$$n_Z = n_{Z-1} \cdot \varphi = n_1 \cdot \varphi^{Z-1}$$

$$\boxed{\frac{n_Z}{n_1} = \varphi^{Z-1}} \, .$$

$\varphi$ Stufensprung
$n_1$ Niedrigste Drehzahl
$n_Z$ Höchste Drehzahl
$Z$ Stufenzahl

Ein Sägediagramm für geometrische Stufung ist in Bild 5-2 eingezeichnet. Es wurde am Beispiel eines zehnstufigen Getriebes die Verteilung der Durchmesser dargestellt, die bei der angenommenen Schnittgeschwindigkeit v = 30 m/min bearbeitet werden können. Es wurde ein Stufensprung $\varphi = 1{,}4$ gewählt. Die niedrigste Drehzahl ist $n_1 = 22{,}4$, die höchste Drehzahl beträgt $n_{10} = 450 \text{ min}^{-1}$. Die geometrische Stufung ist vorteilhaft, da der prozentuale Drehzahlabfall von Stufe zu Stufe konstant ist.

Die Lastdrehzahlen für Werkzeugmaschinen sind nach DIN 804 genormt (Tabelle 5-1). Es wurden Drehzahlen mit den Stufensprüngen $\varphi = 1{,}12$; 1,25; 1,4; 1,6 und $\varphi = 2$ vorgesehen.

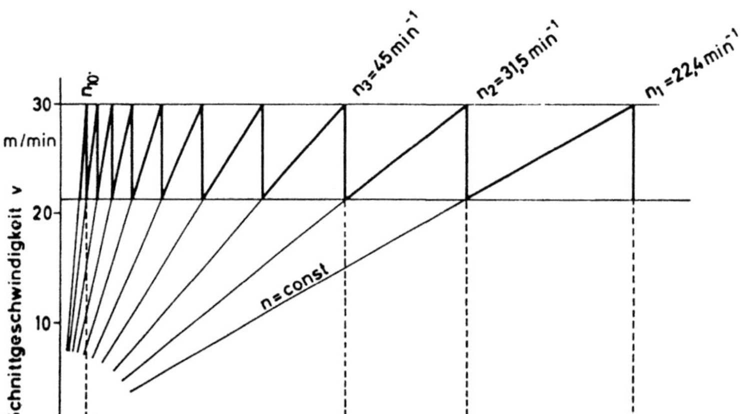


**Bild 5-2** Sägediagramm für geometrische Stufung

### 5.1.2 Hauptantrieb durch Gleichstrommotor

Die Kennlinie des Hauptantriebes von Bild 5-1 kann mit einem Gleichstrommotor verwirklicht werden. Der Teil der Kennlinie zwischen $n_{MIN}$ und $n_N$ wird durch die Veränderung der Ankerspannung, zwischen $n_N$ und $n_{MAX}$ durch die Schwächung des Magnetflusses $\Phi$ erreicht.

**Tabelle 5-1** Lastdrehzahlen für Werkzeugmaschinen nach DIN 804

| Grundreihe R 20 | Nennwerte U/min – Abgeleitete Reihen: R 20/2 | R 20/3 (.. 2800 ..) | | | R 20/4 (.. 1400 ..) | R 20/4 (.. 2800 ..) | R 20/6 (.. 2800 ..) | | | Grenzwerte U/min der Grundreihe R 20 bei mechanischer Toleranz | | bei mechanischer + elektrischer Toleranz | |
|---|---|---|---|---|---|---|---|---|---|---|---|---|---|
| $\varphi = 1{,}12$ | $\varphi = 1{,}25$ | $\varphi = 1{,}4$ | | | $\varphi\ \varphi = 1{,}6$ | $\varphi = 1{,}6$ | $\varphi = 2$ | | | − 2 % | + 3 % | − 2 % | + 6 % |
| 1 | 2 | 3 | | | 4 | 5 | 6 | | | 7 | 8 | 9 | 10 |
| 100 | | | | | | | | | | 98 | 103 | 98 | 106 |
| 112 | 112 | 11,2 | | | | 112 | 11,2 | | | 110 | 116 | 110 | 119 |
| 125 | | | 125 | | | | | | | 123 | 130 | 123 | 133 |
| 140 | 140 | | | 1400 | 140 | | | | 1400 | 138 | 145 | 138 | 150 |
| 160 | | 16 | | | | | | | | 155 | 163 | 155 | 168 |
| 180 | 180 | | 180 | | | 180 | | 180 | | 174 | 183 | 174 | 188 |
| 200 | | | | 2000 | | | | | | 196 | 206 | 196 | 212 |
| 224 | 224 | 22,4 | | | 224 | | 22,4 | | | 219 | 231 | 219 | 237 |
| 250 | | | | | | | | | | 246 | 259 | 246 | 266 |
| 280 | 280 | | 250 | 2800 | | 280 | | | 2800 | 276 | 290 | 276 | 299 |
| 315 | | 31,5 | | | | | | | | 310 | 326 | 310 | 335 |
| 355 | 355 | | 355 | | 355 | | | 355 | | 348 | 365 | 348 | 376 |
| 400 | | | | 4000 | | | | | | 390 | 410 | 390 | 422 |
| 450 | 450 | 45 | | | | 450 | 45 | | | 438 | 460 | 438 | 473 |
| 500 | | | 500 | | | | | | | 491 | 516 | 491 | 531 |
| 560 | 560 | | | 5600 | 560 | | | | 5600 | 551 | 579 | 551 | 596 |
| 630 | | 63 | | | | | | | | 618 | 650 | 618 | 669 |
| 710 | 710 | | 710 | | | 710 | | 710 | | 694 | 729 | 694 | 750 |
| 800 | | | | 8000 | | | | | | 778 | 818 | 778 | 842 |
| 900 | 900 | 90 | | | 900 | | 90 | | | 873 | 918 | 873 | 945 |
| 1000 | | | 1000 | | | | | | | 980 | 1030 | 980 | 1060 |

Die Reihen R 20, R 20/2 und R 20/4 können nach unten und oben durch Teilen bzw. Vervielfachen mit 10, 100 usw. fortgesetzt werden.
Die Reihen R 20/3 und R 20/6 sind für drei Dezimalbereiche angegeben, weil sich ihre Zahlen erst in jedem vierten Dezimalbereich wiederholen.

Wie sich die Drehzahl durch die Veränderung der Ankerspannung und des Magnetflusses verändert, wird aus folgender Gleichung deutlich [56]

$$\boxed{U_a = K_1 \cdot \Phi \cdot n + R_a \cdot I_1 + L_a \cdot \frac{dI_1}{dt}}\ .$$

| | |
|---|---|
| $U_a$ | Ankerspannung |
| $K_1$ | Proportionalitätsfaktor |
| $\Phi$ | Magnetfluß des Motors |
| n | Motordrehzahl |
| $R_a$ | Widerstand |
| $I_1$ | Ankerstrom |
| $L_a$ | Ankerinduktivität des Motors |
| t | Zeit. |

Das Ersatzbild des Gleichstrommotors als Verdeutlichung der oberen Gleichung ist in Bild 5-3 aufgezeigt. Aus der Gleichung wird deutlich, daß die Drehzahl linear ansteigt, wenn die Ankerspannung zunimmt, da der Magnetfluß und der Ankerstrom dabei unverändert bleiben. Das Drehmoment bleibt konstant

$$M = K_2 \cdot I_1 \cdot \Phi.$$

Es bedeutet

$K_2$ = Proportionalitätsfaktor.

Die Motorleistung steigt mit der Drehzahl linear an

$$P = M \cdot n \cdot \frac{\pi}{30}.$$

Bei der Schwächung des Magnetflusses steigt die Drehzahl an, da die Ankerspannung und der Ankerstrom konstant bleiben. Das Drehmoment nimmt bei dieser Veränderung ab, da die Ankerspannung unverändert bleibt. Bei gleichzeitiger Zunahme der Drehzahl und Abnahme des Moments, bleibt die Leistung bei dieser Steuerung unverändert.

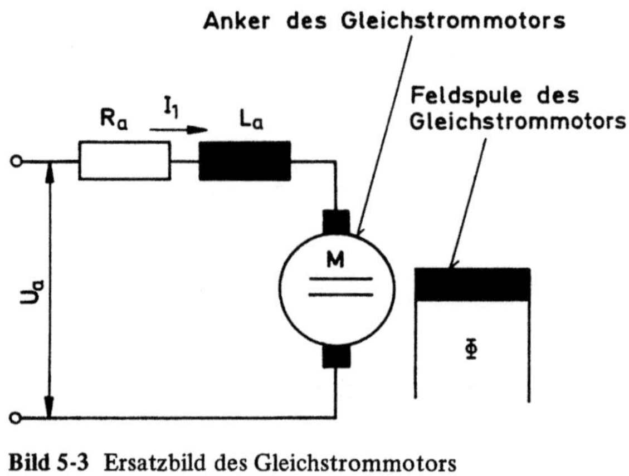


**Bild 5-3** Ersatzbild des Gleichstrommotors

Im Ankerstellbereich lassen sich Drehzahlen im Verhältnis bis zu 100 problemlos einstellen, im Feldbereich sind Verhältnisse $n_{MAX}/n_N$ nur bis 3 wirtschaftlich. Da meistens größere Drehzahlbereiche mit konstanter Leistung benötigt werden, setzt man zu ihrer Erweiterung zwischen den Antriebsmotor und der Hauptspindel Untersetzungsgetriebe ein.

Gleichstrommotoren werden meistens durch Thyristoren und Transistoren gesteuert.

Während die Thyristoren, gekennzeichnet durch einen guten Wirkungsgrad und einen kleinen Platzbedarf, vorwiegend für die Bahnsteuerung angewandt werden, finden die verzögerungsfrei arbeitenden Transistoren für schnelle Antriebe geringerer Leistung ihre Anwendung. Die Thyristoren und Transistoren werden im Abschnitt 5.2.3 beschrieben.

An einem Beispiel wird die Auslegung eines Hauptantriebes durch Gleichstrommotor erläutert.

**Bekannte Daten**

| | |
|---|---|
| – Höchste Hauptspindeldrehzahl | $n_Z = n_{MAX} = 2800\ \text{min}^{-1}$ |
| – Niedrigste Hauptspindeldrehzahl | $n_1 = n_{MIN} = 28\ \text{min}^{-1}$ |
| – Stufensprung der geometrischen Stufung | $\varphi = 1{,}26$ |
| – Hauptspindelleistung | $P = 30 \cdot 10^3\ \text{W}$ |
| – Größtes Hauptspindeldrehmoment | $M_{MAX} = 3250\ \text{Nm}$ |

**Rechnerisch zu bestimmende Daten**

- Die Anzahl der Drehzahlen, d.h. Stufenzahl wird nach der für die geometrische Stufung bekannten Gleichung errechnet

$$\frac{n_Z}{n_1} = \varphi^{Z-1} \text{ oder } z = \frac{\log \frac{n_Z}{n_1}}{\log \varphi} + 1 = \frac{\log \frac{2800}{28}}{\log 1{,}26} + 1 = 20{,}93 \approx 21$$

so ergibt sich $\varphi^{Z-1} = \varphi^{20} = 101{,}72 \approx 100$.

- Die Nenndrehzahl wird

$$n_N = \frac{P}{M_{MAX}} \cdot \frac{30}{\pi} = \frac{30 \cdot 10^3}{3250} \cdot \frac{30}{\pi} = 88{,}15 \approx 90.$$

- Verhältnis $n_{MAX}/n_{MIN}$ ist dann

$$\frac{n_{MAX}}{n_{MIN}} = \frac{2800}{28} = 100 = \frac{n_{MAX}}{n_N} \cdot \frac{n_N}{n_1} = \frac{2800}{90} \cdot \frac{90}{28} = 31{,}11 \cdot 3{,}21.$$

**Auslegung des Hauptantriebes**

Da das Verhältnis $n_{MAX}/n_N$ viel größer als 3 ist, muß zwischen dem Motor und der Hauptspindel ein Untersetzungsgetriebe gesetzt werden. Diese Aufgabe kann auf verschiedene Arten realisiert werden. Es werden deshalb drei Lösungen der gleichen Aufgabe gezeigt und beschrieben.

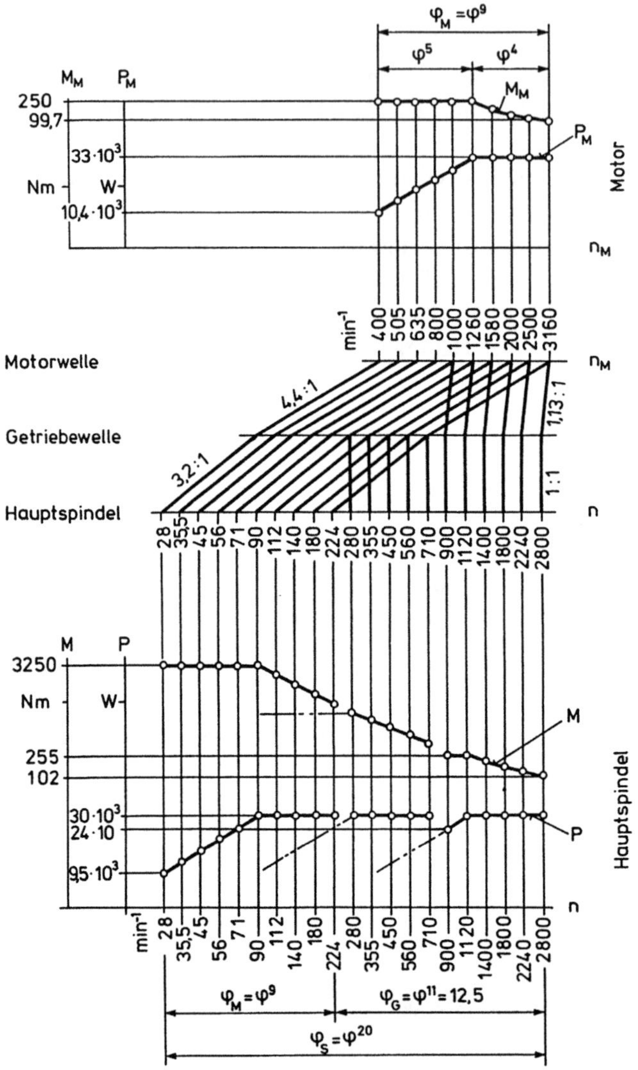


**Bild 5-4**
Drehzahlbild nach der ersten Lösung

**Lösung a)** (Bild 5-4)

Motordrehzahlen werden von 400 $\text{min}^{-1}$ bis 1260 $\text{min}^{-1}$ mit Ankersteuerung

$$z = \frac{\log \frac{1260}{400}}{\log 1{,}26} + 1 = 5{,}96 \approx 6$$

$$\varphi^{z-1} = \frac{1260}{400} = 3{,}18 = \varphi^5,$$

und von 1260 $\text{min}^{-1}$ bis 3160 $\text{min}^{-1}$ mit Feldsteuerung

$$z = \frac{\log \frac{3160}{1260}}{\log 1{,}26} + 1 = 4{,}98 \approx 5$$

$$\varphi^{Z-1} = \frac{3160}{1260} = 2{,}52 = \varphi^4$$

gesteuert. Es gibt insgesamt 10 Drehzahlen des Motors mit Gesamtstufensprung

$$\varphi_M = \varphi^5 \cdot \varphi^4 = \varphi^9 = 8.$$

Das Getriebe ist dreistufig ($i_1 = 1{,}13$; $i_2 = 4{,}4$; $i_3 = 4{,}4 \cdot 3{,}2 = 14$) mit folgendem Drehzahlverhältnis

$$\frac{n_Z}{n_1} = \frac{2800}{224} = 12{,}5,$$

folgender Stufenzahl

$$z = \frac{\log \frac{2800}{224}}{\log 1{,}26} + 1 = 11{,}93 \approx 12$$

und folgendem Gesamtstufensprung

$$\varphi^{Z-1} = \varphi_G = \varphi^{11} = 12{,}71.$$

Der Gesamtstufensprung des Hauptantriebes setzt sich aus dem Gesamtstufensprung des Motors $\varphi_M$ und des Getriebes $\varphi_G$ zusammen

$$\varphi_S = \varphi_M \cdot \varphi_G = \varphi^9 \cdot \varphi^{11} = \varphi^{20} = 101{,}72 = \frac{n_{MAX}}{n_{MIN}} \approx \frac{2800}{28} = 100.$$

Die Motorleistung wird bestimmt

$$P_M = \frac{P}{\eta} = \frac{30 \cdot 10^3}{0{,}9} = 33 \cdot 10^3 \text{ W} = P_{M.MAX}.$$

Das Nenndrehmoment des Motors wird nach der Motorleistung und Motornenndrehzahl gerechnet

$$M_{M.MAX} = \frac{P_M}{n_N} \cdot \frac{30}{\pi} = \frac{33 \cdot 10^3}{1260} \cdot \frac{30}{\pi} = 250{,}1 \text{ Nm}.$$

Die kleinste Motorleistung wird bei $n_{M.MIN}$ erreicht

$$P_{M.MIN} = M_{M.MAX} \cdot n_{M.MIN} \cdot \frac{\pi}{30} = 250{,}1 \cdot 400 \cdot \frac{\pi}{30} = 10{,}476 \cdot 10^3 \text{ W}.$$

Das kleinste Motormoment wird bei $n_{M.MAX}$ und $P_{M.MAX}$ erreicht

$$M_{M.MIN} = \frac{P_{M.MAX}}{n_{M.MAX}} \cdot \frac{30}{\pi} = \frac{33 \cdot 10^3}{3160} \cdot \frac{30}{\pi} = 99{,}7 \text{ Nm}.$$

**Lösung b)** (Bild 5-5)

Die Motordrehzahlen werden bei dieser Lösung von 505 $min^{-1}$ bis 1580 $min^{-1}$ mit Ankersteuerung

$$\frac{n_Z}{n_1} = \frac{1580}{505} = 3{,}13; \quad z = \frac{\log \frac{1580}{505}}{\log 1{,}26} + 1 = 5{,}94 \approx 6$$

$$\varphi^{Z-1} = \varphi^5 = 3{,}18$$

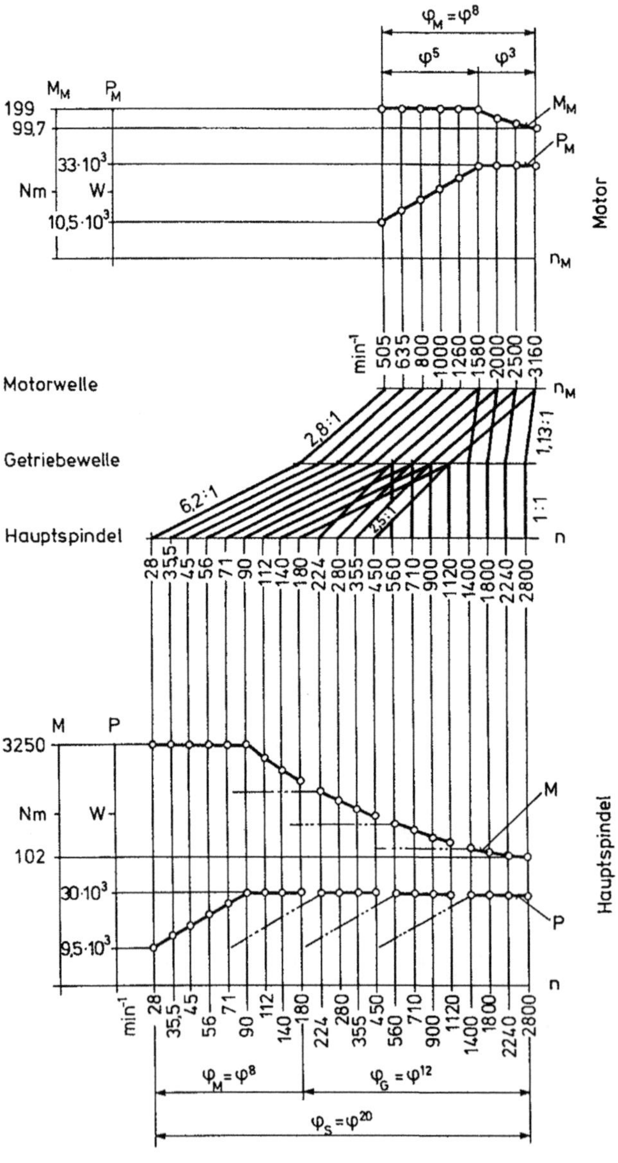


**Bild 5-5**

Drehzahlbild nach der zweiten Lösung

und von 1580 $min^{-1}$ bis 3160 $min^{-1}$ mit Feldsteuerung

$$\frac{n_Z}{n_1} = \frac{3160}{1580} = 2; \quad z = \frac{\log \frac{3160}{1580}}{\log 1{,}26} + 1 = 4;$$

$$\varphi^{Z-1} = \varphi^3 = 2$$

gesteuert. Es gibt insgesamt 9 Drehzahlen des Motors mit Gesamtstufensprung

$$\varphi_M = \varphi^5 \cdot \varphi^3 = \varphi^8 = 6{,}35.$$

Das Getriebe ist vierstufig ($i_1 = 1{,}13$; $i_2 = 2{,}8$; $i_3 = 2{,}8 \cdot 6{,}2 = 17{,}36$; $i_4 = 2{,}8 \cdot 2{,}5 = 7$) mit folgendem Drehzahlverhältnis

$$\frac{n_Z}{n_1} = \frac{2800}{180} = 15{,}56,$$

folgender Stufenzahl

$$z = \frac{\log \frac{2800}{180}}{\log 1{,}26} + 1 = 12{,}87 \approx 13$$

und folgendem Gesamtstufensprung

$$\varphi^{Z-1} = \varphi_G = \varphi^{12} = 16{,}01.$$

Gesamtstufensprung des Hauptantriebes beträgt

$$\varphi_S = \varphi_M \cdot \varphi_G = \varphi^8 \cdot \varphi^{12} = \varphi^{20}.$$

Das Nenndrehmoment des Motors wird nach folgender Gleichung bestimmt

$$M_{M.MAX} = \frac{P_M}{n_N} \cdot \frac{30}{\pi} = \frac{33 \cdot 10^3}{1580} \cdot \frac{30}{\pi} = 199{,}45 \text{ Nm}.$$

Die kleinste Motorleistung wird bei $n_{M.MIN}$ erreicht

$$P_{M.MIN} = M_{M.MAX} \cdot n_{M.MIN} \cdot \frac{\pi}{30} = 199{,}45 \cdot 505 \cdot \frac{\pi}{30} = 10{,}547 \cdot 10^3 \text{ W}.$$

Das kleinste Motormoment wird bei $n_{M.MAX}$ und $P_{M.MAX}$ erreicht

$$M_{M.MIN} = \frac{P_{M.MAX}}{n_{M.MAX}} \cdot \frac{30}{\pi} = \frac{33 \cdot 10^3}{3160} \cdot \frac{30}{\pi} = 99{,}7 \text{ Nm}.$$

**Lösung c)** (Bild 5-6)

Die Motordrehzahlen werden von 635 $min^{-1}$ bis 2000 $min^{-1}$ mit Ankersteuerung

$$\frac{n_Z}{n_1} = \frac{2000}{635} = 3{,}15; \quad z = \frac{\log \frac{2000}{635}}{\log 1{,}26} + 1 = 5{,}96 \approx 6;$$

$$\varphi^{Z-1} = \varphi^5 = 3{,}18$$

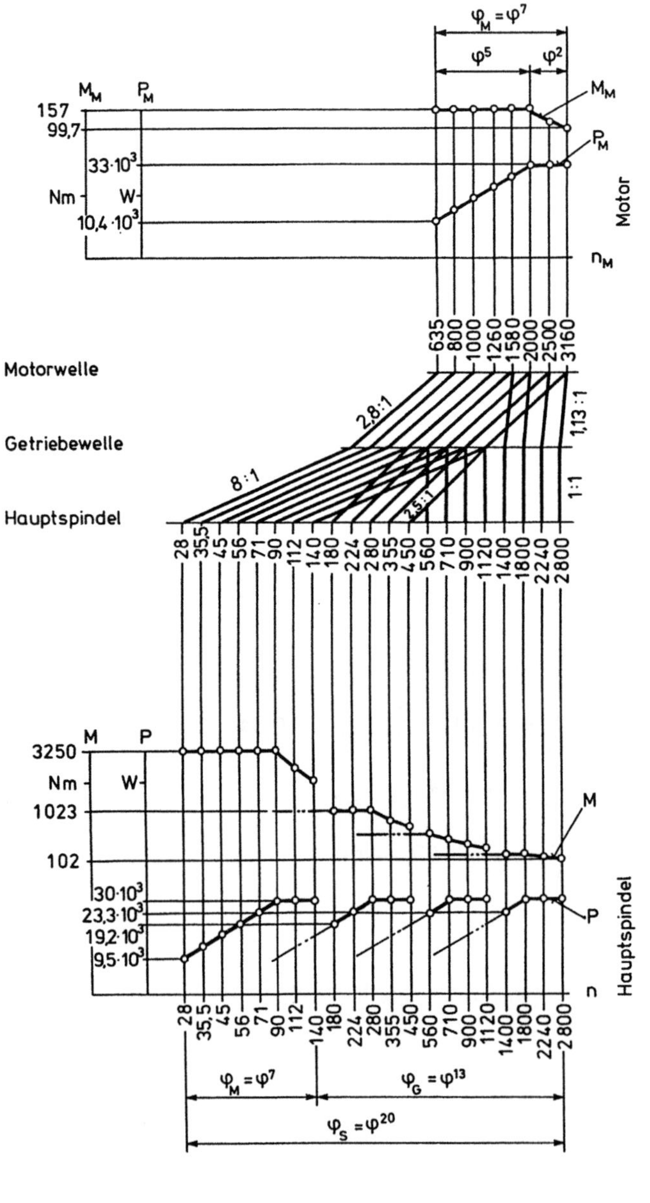


**Bild 5-6**
Drehzahlbild nach der dritten Lösung

und von 2000 $min^{-1}$ bis 3160 $min^{-1}$ mit Feldsteuerung

$$\frac{n_Z}{n_1} = \frac{3160}{2000} = 1{,}58; \quad z = \frac{\log \frac{3160}{2000}}{\log 1{,}26} + 1 = 2{,}98 \approx 3;$$

$$\varphi^{Z-1} = \varphi^2$$

gesteuert. Es gibt insgesamt 8 Drehzahlen des Motors mit einem Gesamtstufensprung von

$$\varphi_M = \varphi^5 \cdot \varphi^2 = \varphi^7 = 5{,}04.$$

Das Getriebe ist vierstufig ($i_1 = 1{,}13$; $i_2 = 2{,}8$; $i_3 = 2{,}8 \cdot 8 = 22{,}4$; $i_4 = 2{,}8 \cdot 2{,}5 = 7$) mit folgendem Drehzahlverhältnis

$$\frac{n_Z}{n_1} = \frac{2800}{140} = 20 \text{ und}$$

und folgender Stufenzahl

$$z = \frac{\log \frac{2800}{1400}}{\log 1{,}26} + 1 = 13{,}96 \approx 14$$

und folgendem Gesamtstufensprung

$$\varphi^{Z-1} = \varphi_G = \varphi^{13} = 20{,}18.$$

Gesamtstufensprung des Hauptantriebes wird bestimmt

$$\varphi_S = \varphi_M \cdot \varphi_G = \varphi^7 \cdot \varphi^{13} = \varphi^{20}.$$

Das Nenndrehmoment des Motors wird nach folgender Gleichung gerechnet

$$M_{M.MAX} = \frac{P_M}{n_N} \cdot \frac{30}{\pi} = \frac{33 \cdot 10^3}{2000} \cdot \frac{30}{\pi} = 157{,}56 \text{ Nm}.$$

Die kleinste Motorleistung wird nach $n_{M.MIN}$ gerechnet

$$P_{M.MIN} = M_{M.MAX} \cdot n_{M.MIN} \cdot \frac{\pi}{30} = 157{,}56 \cdot 635 \cdot \frac{\pi}{30} = 10{,}477 \cdot 10^3 \text{ W}.$$

Das kleinste Motormoment wird nach $n_{M.MAX}$ und $P_{M.MAX}$ gerechnet

$$M_{M.MIN} = \frac{P_{M.MAX}}{n_{M.MAX}} \cdot \frac{30}{\pi} = \frac{33 \cdot 10^3}{3160} \cdot \frac{30}{\pi} = 99{,}7 \text{ Nm}.$$

Faßt man die Ergebnisse dieser drei Lösungen zusammen, ergibt sich

- Bei allen drei Lösungen wurden die Motordrehzahlen im Bereich $\varphi^5$ bei konstantem Moment gesteuert.
- Wenn in einem größeren Bereich die Motordrehzahlen bei konstanter Leistung gesteuert werden, ist es möglich, ein Getriebe mit kleinerem Gesamtstufensprung einzubauen. So wurde bei Lösung a) im Bereich $\varphi^4$ feldgesteuert, der Gesamtstufensprung des Motors war $\varphi_M = \varphi^9$, Gesamtstufensprung des Getriebes $\varphi_G = \varphi^{11}$. Bei Lösung c) wurde im Bereich $\varphi^2$ feldgesteuert, Gesamtstufensprung des Motors betrug $\varphi^7$, deshalb mußte ein größerer Drehzahlbereich mit Getriebe erfaßt werden $\varphi_G = \varphi^{13}$.

- Obwohl alle drei Lösungen praktisch angewandt werden könnten, ist nur die Lösung b) (Bild 5-5) einwandfrei, da nur hier in dem gesamten Drehzahlbereich von 90 $min^{-1}$ bis 2800 $min^{-1}$ bei konstanter Leistung gesteuert wird.
- Bei der ersten Lösung (Bild 5-4) kann die Spindeldrehzahl $n = 900\ min^{-1}$ nicht bei konstanter Leistung $P = 30 \cdot 10^3$ W realisiert werden. Bei der dritten Lösung (Bild 5-6) können folgende Drehzahlen nicht bei konstanter Leistung erreicht werden: 180, 224, 560, 1400 $min^{-1}$.

Die Motordrehzahlen werden durch konstante Widerstände festgelegt, damit sie in dem gegebenen Moment abgerufen werden können. Das Untersetzungsgetriebe wird bei einer automatischen Drehzahländerung als ein fernschaltbares Getriebe ausgeführt.

Die Hauptantriebe werden in den meisten Fällen mit Gleichstrommotoren ausgerüstet. In den letzten Jahren wurden in zunehmendem Maße regelbare Drehstrommotoren angewandt.

### 5.1.3 Hauptantrieb durch Hydromotor

Diese Antriebe bestehen aus einer Pumpe mit verstellbarem Förderstrom und einem Hydromotor mit verstellbarem Schluckvolumen, der die Flüssigkeitsenergie in mechanische Arbeit umsetzt (Bild 5-7). Der Teil der Kennlinie des Hauptantriebes (Bild 5-1) mit konstantem Drehmoment wird durch Veränderung des Förderstromes der Pumpe bei Konstanthaltung des Schluckvolumens des Hydromotors erreicht. Der Teil der Kennlinie mit konstanter Leistung wird durch Veränderung des Schluckvolumens des Hydromotors erreicht, wobei der Förderstrom der Pumpe konstant bleibt.

Für die hydraulischen Antriebe werden Radialkolben-, Axialkolben-, Flügelzellen- und Rollflügelmotoren angewandt. Pumpe und Hydromotor arbeiten nach dem gleichen Arbeitsprinzip, wenn sie als Kompaktgetriebe, d.h. in einem Gehäuse, ausgeführt werden. In diesem Falle arbeitet eine Radialkolbenpumpe zusammen mit einem Radialkolbenmotor, eine Flügelzellenpumpe zusammen mit einem Flügelzellenmotor. Der Pumpenförderstrom wird bei Axialkolbenpumpen durch Änderung des Neigungswinkels der Schwenkscheibe, bei Radialkolben- und Flügelzellenpumpen durch Änderung der Pum-

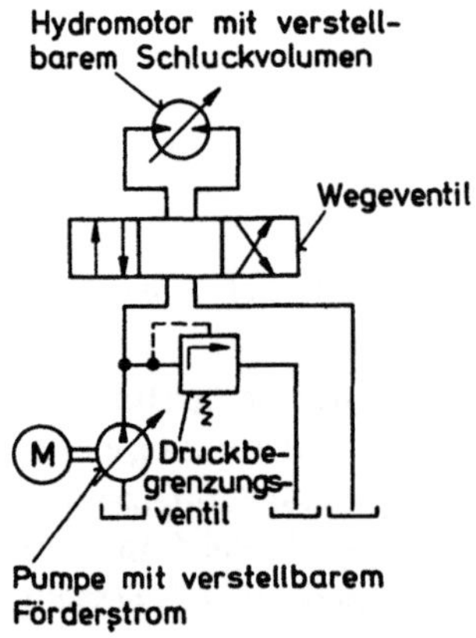


**Bild 5-7**
Hydraulikplan für ein Hydrogetriebe mit konstantem Drehmoment und konstanter Leistung

penexzentrizität erreicht. Der Pumpendruck bleibt dabei unverändert. Bei der Bezeichnung der Pumpe mit Indices P und des Hydromotors mit M ergeben sich beim Konstant-Moment-Betrieb zwischen dem Förderstrom der Pumpe $\dot{V}_P$, der Motordrehzahl $n_M$, der Motorleistung $P_M$ und der Pumpenexzentrizität $e_P$ folgende Beziehungen [45]

$$e_M = \text{konst.}; \; p = \text{konst.};$$

$$\dot{V}_P = C_1 \cdot e_P \cdot n_P$$

$$n_M = \frac{(\dot{V}_P - \dot{V}_S)}{C_2 \cdot e_M} = \frac{(C_1 \cdot e_P \cdot n_P - \dot{V}_S)}{C_2 \cdot e_M}$$

$$P_M = (\dot{V}_P - \dot{V}_S) \cdot p \cdot \eta_M = (C_1 \cdot e_P \cdot n_P - \dot{V}_S) \cdot p \cdot \eta_M .$$

$C_1, C_2$ Konstanten, die von der Getriebebauart abhängig sind

$\dot{V}_S$ Volumenstrom, der zum Ausgleich der Schlupfverluste notwendig ist

$\eta_M$ Wirkungsgrad des Motors.

Aus diesen Gleichungen wird deutlich, daß der Förderstrom der Pumpe $\dot{V}_P$, die Motordrehzahl $n_M$ und die Motorleistung $P_M$ mit zunehmender Pumpenexzentrizität $e_P$ linear ansteigen. Bei gleichzeitiger Zunahme der Motorleistung und der Motordrehzahl bleibt das Motormoment $M_M$ konstant

$$M_M = \frac{P_M}{n_M} \cdot \frac{30}{\pi} = \text{konst.}$$

Beim Betrieb mit konstanter Leistung werden die Motorexzentrizität $e_M$ und somit das Schluckvolumen des Hydromotors verändert. Auch bei dieser Veränderung bleibt der Pumpendruck konstant. Da die Motordrehzahl umgekehrt proportional der Motorexzentrizität ist, nimmt die Drehzahl mit Verkleinerung der Motorexzentrizität zu.

Es gilt

$$e_P = \text{konst.}; \; p = \text{konst.};$$

$$n_M = \frac{1}{e_M} \cdot \frac{(C_1 \cdot e_P \cdot n_P - \dot{V}_S)}{C_2} .$$

Da das Produkt $n_M \cdot e_M$ konstant ist, bleibt die Motorleistung auch konstant

$$P_M = C_2 \cdot e_M \cdot n_M \cdot p \cdot \eta_M = \text{konst.}$$

Die Radialkolben-, Axialkolben- und Flügelzellenmotoren arbeiten nicht so ruhig und gleichmäßig, wie es in vielen Fällen für die Hauptantriebe von Werkzeugmaschinen notwendig ist. Die Rollflügelmotoren laufen sehr ruhig und gleichmäßig, arbeiten aber nur mit konstantem Schluckvolumen. Sie könnten beim Betrieb mit konstanter Leistung angewandt werden, falls gleichzeitig der Förderstrom der Pumpe und der Pumpendruck verändert werden. Bei einer Zunahme des Pumpenförderstromes müßte der Pumpendruck abnehmen, damit die Motorleistung konstant bleibt

$$P_M = (\dot{V}_P - \dot{V}_S) \cdot p \cdot \eta_M = \text{konst.}$$

In diesem Falle müßte für jede Drehzahl durch Ventile ein anderer Druckkreis eingeschaltet werden. Da eine solche Lösung hydraulisch sehr aufwendig wäre, wird sie auch praktisch nicht angewandt. Deshalb sind für die Hauptantriebe mit höchsten Ansprüchen hinsichtlich der Laufruhigkeit und der Laufgleichmäßigkeit die Antriebe durch Gleichstrommotoren günstig.

## 5.2 Vorschubantrieb

Die Vorschubantriebe sind bei den meisten Werkzeugmaschinen durch den Anbau eines eigenen Drehstrom-, Gleichstrom-, Hydro-Schrittmotors oder eines Hydraulikzylinders vom Hauptantrieb unabhängig. Die Vorschubgeschwindigkeit ist frei wählbar und einstellbar. Solche Antriebe werden in diesem Abschnitt behandelt.

Bei den Maschinen älterer Bauart wurden zentrale Antriebe durch einen Motor verwendet. Bei den Gewindeschleifmaschinen finden sie auch heute ihre Anwendung, da zwischen der rotatorischen Bewegung des Werkstücks und der translatorischen Bewegung der Schleifscheibe ein sehr genauer Funktionszusammenhang hergestellt werden muß. Die Kopplung zwischen diesen zwei zusammenhängenden Bewegungen wird durch mechanische Steuermechanismen verwirklicht.

Die Vorschubantriebe werden so ausgelegt, daß die Schubkraft des Schlittens $F_V$ bei der Veränderung der Vorschubgeschwindigkeit konstant bleibt. Bei einem rotatorischen Antrieb wird die drehende Bewegung der Gewindespindel n mittels einer Gewindemutter in die translatorische Bewegung des Schlittens umgesetzt. Das Antriebsmoment M

$$\boxed{M = F_V \cdot \frac{d}{2} \cdot \mathrm{tg}(\alpha + \rho)}$$

bleibt bei der Veränderung der Drehzahl konstant, da die Schubkraft $F_V$ auch unverändert bleibt.

Der Steigungswinkel der Gewindespindel wird nach folgender Gleichung bestimmt

$$\mathrm{tg}\,\alpha = \frac{h}{\pi \cdot d}.$$

Die Antriebsleistung steigt mit zunehmender Drehzahl an

$$P = M \cdot n \cdot \frac{\pi}{30}.$$

| | |
|---|---|
| M [Nm] | Drehmoment des Vorschubantriebes |
| $F_V$ [N] | Schubkraft des Schlittens |
| d [m] | Durchmesser der Gewindespindel |
| $\alpha$ [Grad] | Steigungswinkel der Gewindespindel |
| $\rho$ [Grad] | Reibungswinkel zwischen Gewindespindel und Gewindemutter |
| h [m] | Steigung der Gewindespindel |
| P [W] | Vorschubantriebsleistung |
| n [$\mathrm{min}^{-1}$] | Drehzahl der Gewindespindel. |

Die Kennlinie des Vorschubantriebes ist in Bild 5-8 dargestellt. Die Drehzahländerung bei konstantem Moment findet bei diesem Antrieb in dem gesamten Drehzahlbereich von $n_{MIN}$ bis $n_{MAX}$ statt.

### 5.2.1 Mechanische Vorschubantriebe

Für diese Antriebe werden asynchrone Drehstrommotoren mit konstanter Drehzahl verwendet. Vorschubantriebe mit einem Drehstrommotor für die Eilgang- und Arbeitsgangbewegung und zwei elektromagnetischen Lamellenkupplungen entsprechen den an moderne Werkzeugmaschinen gestellten Anforderungen nicht, da im Getriebe durch die

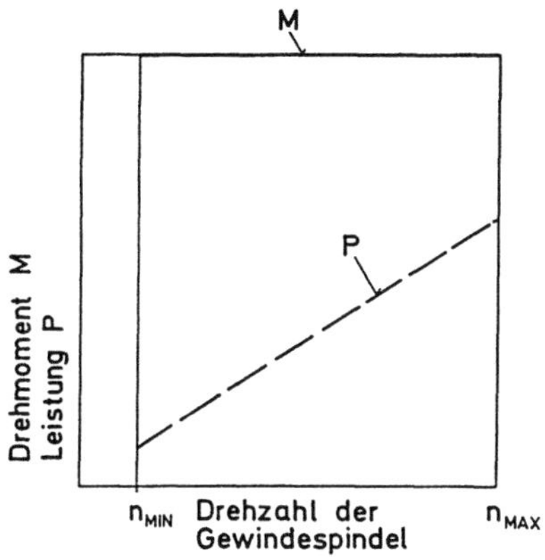


**Bild 5-8** Kennlinie des Vorschubantriebes

Kupplungen relativ große Wärmemengen erzeugt werden. Die Umschaltposition des Schlittens vom Eilgang auf Arbeitsgang zwischen dem Anfangszustand (kalte Bauteile) und dem Beharrungszustand (warme Bauteile) kann deshalb nicht genau eingehalten werden, große Streuwege (in manchen Fällen über 10 mm) sind die Folge. Die Umschaltung vom Eilgang auf Arbeitsgang muß bei größeren Entfernungen (als Streuweg) zwischen Werkzeug und Werkstück erfolgen; dies bedeutet wiederum, daß mit größeren Zeitverlusten gerechnet werden muß.

Mechanische Vorschubantriebe werden meist durch zwei asynchrone Drehstrommotoren mit konstanter Drehzahl und nachgeschaltetem Stufengetriebe angetrieben. Ein Motor dient für die Eilgangbewegung, der andere für die Arbeitsgang- bzw. Vorschubbewegung. Solche Vorschubantriebe werden in diesem Abschnitt beschrieben.

In Bild 5-9 ist ein aus zwei Drehstrommotoren bestehender mechanischer Vorschubantrieb, Fabrikat Honsberg, dargestellt. Der Vorschubmotor „a“ treibt über ein Vorgelege (Zahnräder „b“, „c“, „d“, „e“) und einen Wechselrädersatz (Zahnräder „f“ und „g“) einen Schneckenantrieb (Schnecke „h“, Schneckenrad „i“) an, dessen Schneckenrad als Planetenradträger ausgebildet ist. Das Planetenrad „j“ steht im Eingriff mit dem Motorritzel „k“ des Eilgangmotors „*l*“. Das Planetenrad „m“ steht im Eingriff mit dem Zahnrad „n“, das auf der Arbeitswelle „o“ sitzt.

Bei der Eilgangbewegung treibt der Eilgangmotor „*l*“ die Antriebswelle „o“ direkt über die Räder „k“, „j“, „m“ und „n“ an.

Bei der Arbeitsgangbewegung wird der Eilgangmotor durch die Bremse „p“ blockiert. Der polumschaltbare Arbeitsgangmotor „a“ treibt die Abtriebswelle „o“ über die Räder „b“, „c“, „d“, „e“, „f“, „g“, „h“, „i“, „m“ und „n“ an. Die Planetenräder „m“ und „j“ wälzen sich auf dem gebremsten Eilgangmotorritzel „k“ ab und übertragen die Bewegung vom Schneckenrad auf die Abtriebswelle.

Um die Nebenzeiten zu verkürzen, wurde ein polumschaltbarer Arbeitsgangmotor vorgesehen. Der größere Teil des beschriebenen Streuweges zwischen dem kalten und betriebswarmen Zustand wird mit höherer Drehzahl des Arbeitsgangmotors gefahren. Diese Geschwindigkeit, die sich zwischen Eilgang- und Arbeitsganggeschwindigkeit befindet, wird Zwischeneilgang genannt. Bei neueren Konstruktionen werden diese Streuwege auf einen Wert bis 2 mm gehalten.

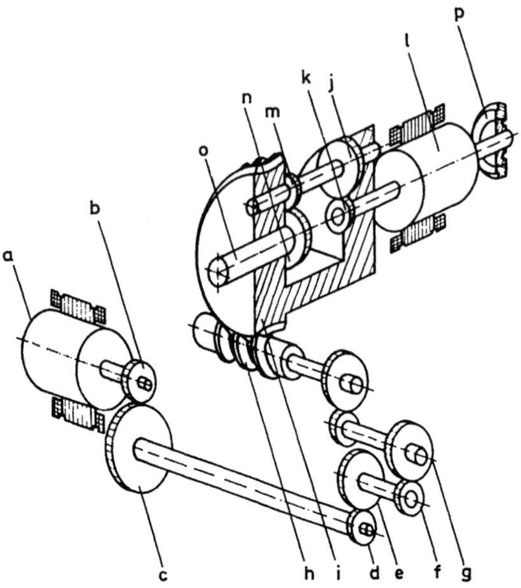


**Bild 5-9**
Mechanischer Vorschubantrieb, Fabrikat Honsberg [57]

Wenn höhere Abtriebsdrehmomente als vorgesehene auftreten wie beim Anfahren des Vorschubschlittens auf den Festanschlag, wird der Vorschubantrieb durch das Durchrutschen der Eilgangmotorbremse vor Überlastung geschützt. Bei längerem Anhalten am Festanschlag, wenn beispielsweise in der vordersten Schlittenposition die Bearbeitung einer Planfläche stattfindet, wäre eine solche Sicherung wegen der Erwärmung der Bremse ungeeignet. In diesen Fällen wird eine elektrische Sicherung durch eine einstellbare Drehmomentbegrenzung und selbsttätige Abschaltung des Arbeitsganges vorgesehen.

Beim Umschalten vom Eilgang auf den Arbeitsgang müssen Schwungmassen aller sich bewegenden Antriebsmassen „weich" aufgefangen werden. Die dynamischen Kräfte, die sehr groß sein können, würden sonst die mechanischen Übertragungselemente zu hoch belasten. Bei dem beschriebenen Vorschubantrieb (Bild 5-9) versuchen die Schwungmassen beim Umschalten vom Eilgang auf Arbeitsgang die Abtriebswelle weiter mit der gleichen Drehzahl zu bewegen. Da jedoch die Eilgangmotorbremse dagegen wirkt, wird die Bewegung der Schwungmassen in Richtung des kleineren Widerstandes vom Schneckenrad auf die Schneckenwelle, auf die gleichzeitig die Arbeitsgangbewegung übertragen wird, eingeleitet. Zu diesem Zweck wird der Schneckentrieb so ausgelegt, daß er sich außerhalb der Selbsthemmung befindet.

Die Vorschubgeschwindigkeiten werden durch die Wahl der Wechselräder verändert.

Ein mechanischer Vorschubantrieb, der aus zwei Drehstrommotoren und einem Harmonic Drive-Getriebe besteht, ist in Bild 5-10 dargestellt.

Bei der Arbeitsgangbewegung treibt der polumschaltbare Arbeitsgangmotor „a" über die Wechselräder „b" und „c" das Harmonic Drive-Getriebe an. Der Antrieb erfolgt von Wave Generator „d" auf Flexspline „e" und dann weiter über die Zahnräder „f" und „g" und die Hohlwelle „h", die Kugelumlaufmutter „i" auf die Abtriebswelle „j". Solange der Arbeitsgang läuft, wird Circular Spline „k" (das dritte Element des Harmonic Drive-Getriebes) über die Räder „*l*", „m", „n" und „o" durch die Eilgangmotorbremse gehalten.

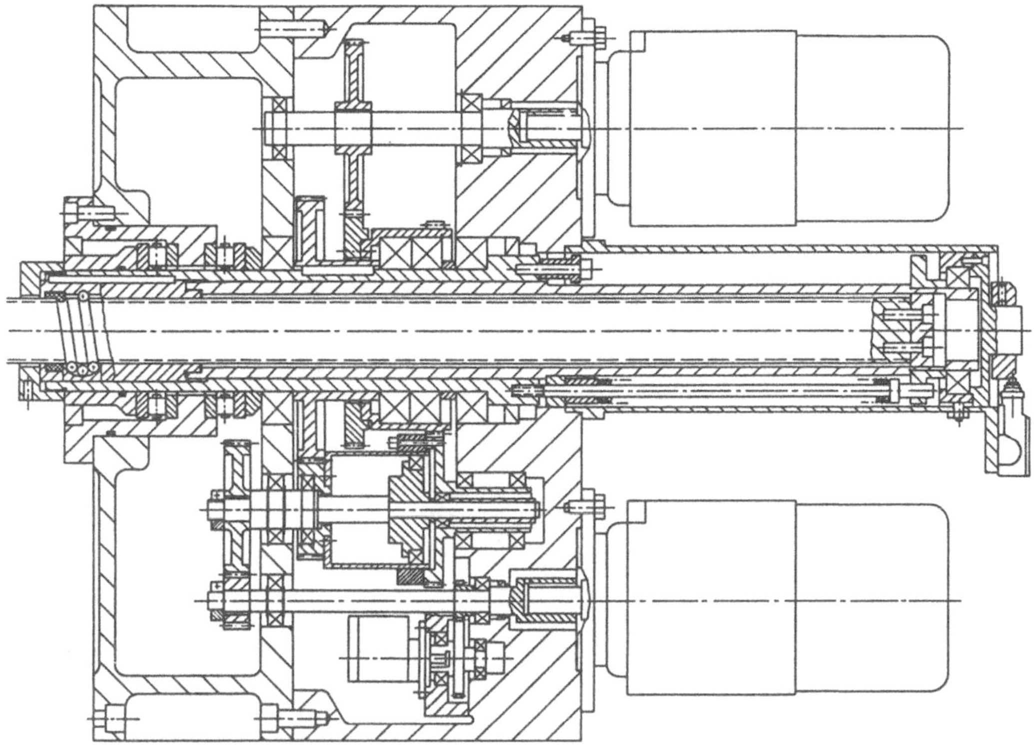

**Bild 5-10** Mechanischer Vorschubantrieb

Bei der Eilgangbewegung treibt der Eilgangmotor „p" über die Räder „o", „n", „m", „*l*" Circular Spline „k" an. Der Antrieb wird weiter von Circular Spline auf Flexspline „e", die Räder „f" und „g" über die Welle „h" auf die Kugelumlaufmutter „i" übertragen. Die drehende Bewegung der Kugelumlaufmutter wird in lineare Bewegung der Kugelrollspindel „j", die mit dem Vorschubschlitten fest verbunden ist, umgesetzt.

Bei der Arbeitsgangbewegung erfolgt der Antrieb von Wave Generator auf Flexspline, da auf diese Art große Untersetzungen erreicht werden.

Bei der Eilgangbewegung wird der Antrieb von Circular Spline auf Flexspline eingeleitet, damit durch geringe Getriebeuntersetzungen höhere Geschwindigkeiten erreicht werden.

Die Nebenzeiten werden wie im vorher beschriebenen Konstruktionsbeispiel durch den Einsatz polumschaltbarer Drehstrommotoren für den Arbeitsgang verkürzt.

Beim Anfahren des Vorschubschlittens auf den Festanschlag kann sich die Abtriebswelle „j" nicht weiter linear bewegen, die angetriebene Kugelumlaufmutter „i" macht eine kombinierte rotatorische und lineare Bewegung (Schraubenbewegung), der Nocken „q" betätigt den Endschalter „r", der Arbeitsgangmotor wird abgeschaltet.

Beim Umschalten vom Eilgang auf den Arbeitsgang wird der Eilgangmotor abgebremst. Der sich mit der Eilganggeschwindigkeit bewegende Vorschubschlitten „zieht" über die mit ihm fest verbundene Kugelrollspindel „j" die Kugelumlaufmutter „i" und bringt sie zusammen mit der Welle „h“ zum Drehen. Da sich die Paarung Kugelrollspindel und Kugelumlaufmutter außerhalb der Selbsthemmung befinden, werden auch bei diesem Antrieb die Schwungmassen aller sich bewegenden Antriebsmassen durch den Ausweichantrieb von Gewindemutter auf die Gewindespindel „weich“ aufgefangen. Gleichzeitig wird die Drehbewegung vom Arbeitsgangmotor der Gewindemutter in gleicher Richtung übergeben.

Mechanische Vorschubantriebe finden an Sonderwerkzeugmaschinen und Transferstraßen Anwendung. Höhere Umrüstzeiten bei der Veränderung der Vorschubgeschwindigkeit durch den Austausch von Wechselrädern ist bei diesen Maschinen kein Nachteil, weil sie entweder für ein Werkstück oder für eine Reihe ähnlicher Werkstücke konzipiert sind, so daß die Rüstzeit in Bezug auf die Hauptzeit sehr gering bleibt.

### 5.2.2 Vorschubantrieb durch Drehstrom-Servomotor

In Werkzeugmaschinen werden in zunehmendem Maße auch Drehstrom-Servoantriebe vorgesehen, da sie sich durch ein sehr gutes dynamisches Verhalten, gute Rundlaufgenauigkeit und wartungsfreien Betrieb auszeichnen. Die Antriebe bestehen aus einem Drehstrommotor und einem motorgeführten Transistorpulsumrichter. Die Fabrikate Siemens und Indramat verwenden Synchronmotoren; bei General Electric werden Asynchron-Drehstrommotoren angewandt.

Die Kennlinie des Vorschubantriebes aus Bild 5-8 wird bei diesem Antrieb mit hoher Genauigkeit realisiert, da die Drehstrom-Servomotoren ein nahezu gleichbleibendes Drehmoment über der Drehzahl aufweisen. In Bild 5-11 ist die Kennlinie eines Drehstrom-Servoantriebes, Fabrikat Siemens, dargestellt. Durch entsprechende Gerätezuordnung ist es möglich, höhere Drehmomente und ein besseres dynamisches Verhalten zu erreichen (s. obere Kurve).

Bild 5-12 zeigt den Übersichtsschaltplan des Drehstrom-Vorschubantriebes. Der Wechselrichter des Stromrichtergerätes wird von einem dem Motor zugeordneten Rotorlagegeber gesteuert.

Die Leistungstransistoren des Wechselrichters werden durch eine entsprechende Auswertung der Rotorlagegebersignale derart gesteuert, daß das entstehende Drehfeld im Motor ein konstantes Drehmoment bewirkt. Dem Drehzahlregler ist ein Stromregler unterlagert, der Drehzahlistwert wird mit einem bürstenlosen Drehzahlistwertgeber gebildet [58].

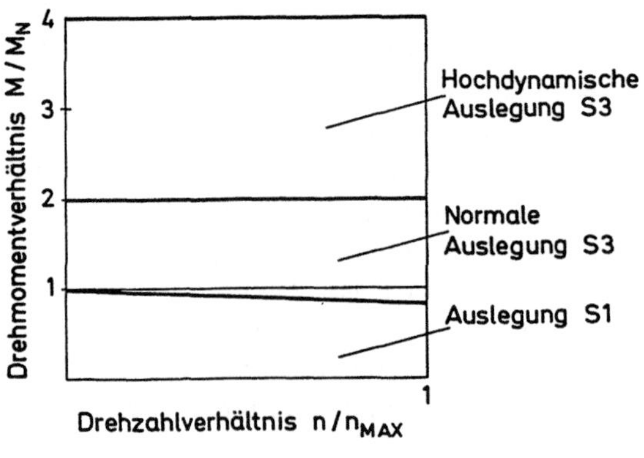


**Bild 5-11**

Drehmomentkennlinie des Drehstrommotors Siemens 1FT5 [58]

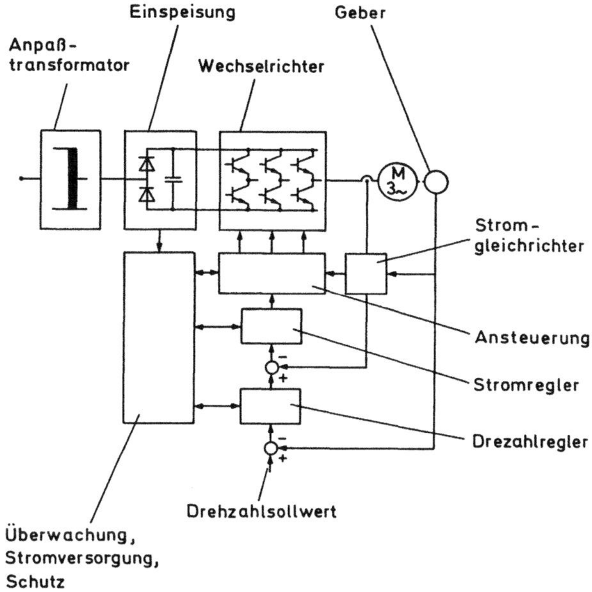


**Bild 5-12**
Übersichtsschaltplan des Drehstrom-Vorschubantriebes Fabrikat Siemens [58]

Bei der Wahl zwischen den Drehstrom-Servoantrieben (AC-Antrieb) und den Gleichstrom-Servoantrieben (DC-Antrieb) kann generell gesagt werden:

- werden Wartungsfreiheit sowie bessere Servoeigenschaften und hohe dynamische Belastbarkeit verlangt, wird ein Drehstrom-Servoantrieb gewählt;
- werden die Kosten in den Vordergrund gestellt, und akzeptiert man eine regelmäßige Bürstenwartung, wird die Entscheidung auf einen Gleichstrom-Servoantrieb fallen.

### 5.2.3 Vorschubantrieb durch Gleichstrommotor

Die Kennlinie des Vorschubantriebes aus Bild 5-8 kann mit einem Gleichstrommotor durch die Veränderung der Ankerspannung verwirklicht werden. Alles, was in Abschnitt 5.1.2 über die Ankersteuerung bei Betrieb mit konstantem Moment gesagt wurde, gilt auch hier (s. auch Bild 5-1, 5-3).

Die Vorschubantriebe, die für die Bahnsteuerung bzw. für die Regelkreise angewandt werden, müssen kurze Beschleunigungs- und Verzögerungszeiten sicherstellen. Die Motoren müssen deshalb kurzzeitig hohe Drehmomente aufbringen, die in manchen Fällen bis zu mehr als dem 10-fachen Wert des Nenndrehmomentes betragen. Damit die Elemente des Vorschubantriebes nicht überlastet werden, setzt man in solchen Fällen die Spitzendrehmomente elektrisch auf den gewünschten Wert herab. Um den Forderungen an die Vorschubantriebe, wie hohes Drehmoment bei kleinem Trägheitsmoment des Läufers, gerecht zu werden, wurden Sonderformen von Gleichstrommotoren entwickelt. Da das Drehmoment des Gleichstrommotors

$$M \approx K_3 \cdot d_L^2 \cdot l_L$$

und das Trägheitsmoment des Gleichstrommotorläufers

$$I \approx K_4 \cdot d_L^4 \cdot l_L,$$

vom Läuferdurchmesser $d_L$ und Läuferlänge $l_L$ abhängen, werden große Drehmomente bei kleinen Läuferträgheitsmomenten durch lange Läufer kleineren Durchmessers erreicht.

Der Magnetfluß der Gleichstrommotoren, die für Vorschubantriebe verwendet werden, kann entweder von einem Permanentmagneten oder durch einen konstanten Erregerstrom (Gleichstromnebenschlußmotoren) erregt werden. Durch die Fremdkühlung kann das Drehmoment erhöht werden.

Gleichstrommotoren werden für Vorschubantriebe bis zu etwa $2 \cdot 10^3$ W Leistung zufriedenstellend verwendet [56].

Es ist in vielen Fällen notwendig, zwischen dem Motor und der Gewindespindel ein Anpaßgetriebe mit festem Untersetzungsverhältnis zu setzen, damit die gewünschten Eilgang- und Vorschubgeschwindigkeiten erreicht werden können (Bild 5-13). Hier wurde ein Gleichstrommotor mit $n_{M.MAX} = 6000\ \text{min}^{-1}$ eingebaut. Die Motordrehzahlen werden von 6 $\text{min}^{-1}$ bis 6000 $\text{min}^{-1}$ mit Ankersteuerung, mit einem Drehzahlverhältnis von $\frac{6000}{6} = 1000$ gesteuert. Durch das Anpaßgetriebe mit einem festen Untersetzungsverhältnis i = 6 werden Drehzahlen der Gewindespindel von 1 $\text{min}^{-1}$ bis 1000 $\text{min}^{-1}$ erreicht. Somit ergeben sich bei der Steigung der Gewindespindel von 10 mm die niedrigste Vorschubgeschwindigkeit von 10 mm/min und die höchsten Eilganggeschwindigkeiten von 10.000 mm/min.

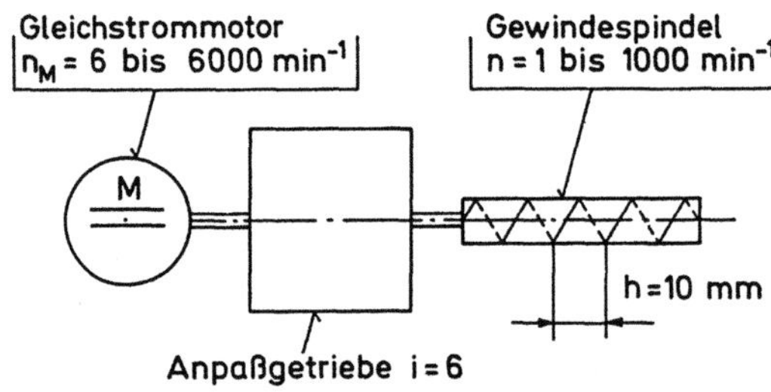


**Bild 5-13** Getriebeaufbau für einen Vorschubantrieb

Falls größere Drehzahlverhältnisse $n_{MAX}/n_{MIN}$ verlangt werden als die, die aus technischen und wirtschaftlichen Gründen durch die Ankersteuerung des Gleichstrommotors erreicht werden können, wird eine kostenaufwendige Lösung mit zwei Motoren angewandt. In Bild 5-14 ist der Getriebeaufbau für einen Vorschubantrieb mit zwei Motoren dargestellt. Die Eilganggeschwindigkeit von 10.000 mm/min wird beim Einschalten der Kupplung $K_1$ und Ausschalten der Kupplung $K_2$ beim direkten Antrieb des Drehstrommotors auf die Gewindespindel, der Steigung h = 10 mm erreicht. Der gewünschte Schleichgang von 5 mm/min bei der Punktsteuerung sowie die gewünschten Vorschubgeschwindigkeiten von 15 bis 300 mm/min bei der Streckensteuerung werden beim Einschalten der Kupplung $K_2$ und Ausschalten der Kupplung $K_1$ beim indirekten Antrieb des Gleichstrommotors über ein Zahnradgetriebe auf die Gewindespindel realisiert. Für beide Antriebe wurden Anpaßgetriebe mit festen Übersetzungsverhältnissen eingesetzt. Die Motor-

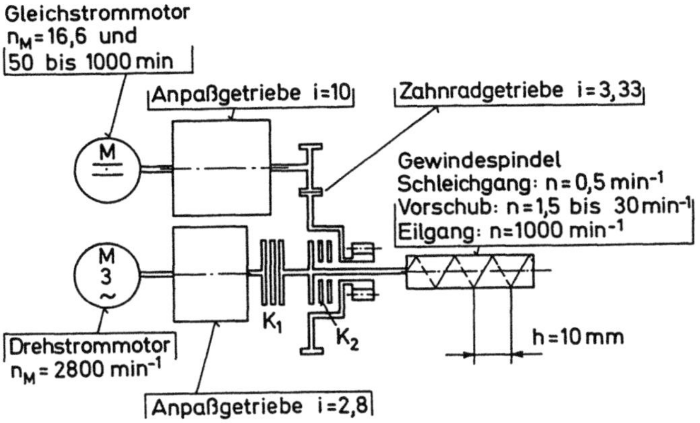


**Bild 5-14** Vorschubantrieb mit zwei Motoren für Punkt- und Streckensteuerung

drehzahlen des Gleichstrommotors werden von 50 bis 1000 $\text{min}^{-1}$ mit Ankersteuerung gesteuert. Der Gleichstrommotor hat noch eine Drehzahl von 16,6 $\text{min}^{-1}$, die zum Fahren des Schleichganges verwendet wird. Drehzahlverhältnis des Gleichstrommotors beträgt

$$\frac{n_{MAX}}{n_{MIN}} = \frac{30}{0{,}5} = 60.$$

Gesamtdrehzahlverhältnis des Vorschubantriebes mit dem Eilgang beträgt

$$\frac{n_{MAX}}{n_{MIN}} = \frac{1000}{5{,}0} = 2000.$$

In diesem Beispiel wurde die Lösung mit zwei Motoren gewählt, da das Gesamtdrehzahlverhältnis des Vorschubantriebes höher war als das gewünschte wirtschaftliche Drehzahlverhältnis von 1000.

Die Motordrehzahlen werden bei gestuftem Antrieb für Punkt- und Streckensteuerung durch konstante Widerstände festgelegt. Sie werden dann im Programmbetrieb in dem gegebenen Moment abgerufen. Für die Bahnsteuerung werden stufenlose Antriebe verwendet.

Die Ansteuerung des Gleichstrommotors für den Vorschubantrieb erfolgt wie bei dem Hauptantrieb durch Thyristoren und Transistoren.

Die Halbleitersteuerung auf Thyristorbasis wird vorwiegend mit den Siliziumzellen aufgebaut.

In Bild 5-15 sind Stromrichterschaltungen für Vorschubantriebe durch Thyristoren angegeben.

Die Thyristoren in sechspulsiger kreisstromfreier Gegenparallelschaltung (Bild 5-15a) werden wegen kompakter und kostengünstiger Bauweise am häufigsten verwendet. Die dreipulsige kreisstromführende Gegenparallelschaltung von Thyristoren (Bild 5-15b) wird bei hohen Anforderungen an das Beschleunigungsvermögen des Antriebes verwendet.

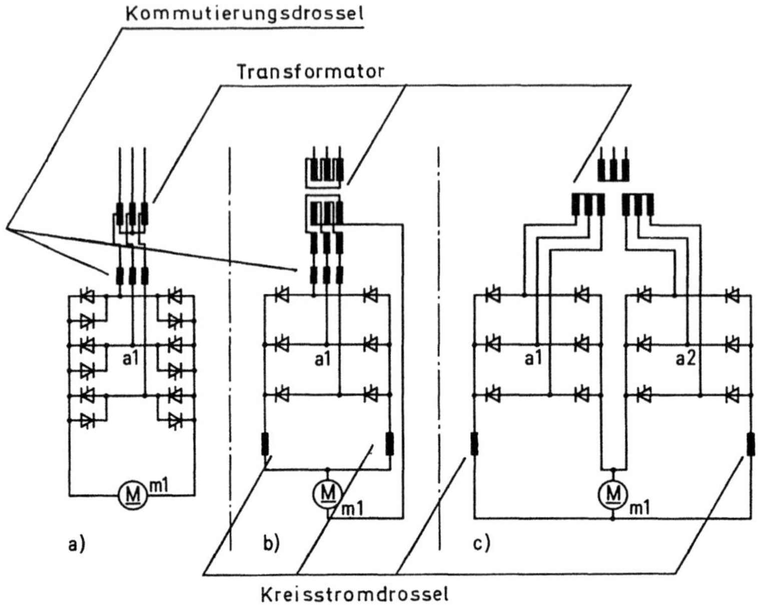


**Bild 5-15** Stromrichterschaltungen für Vorschubantriebe durch Thyristoren [59]

a) sechspulsige kreisstromfreie Gegenparallelschaltung
b) dreipulsige kreisstromführende Gegenparallelschaltung
c) sechspulsige kreisstromführende Kreuzschaltung

$a_1$, $a_2$ = Thyristorsatz

Bei den höchsten Anforderungen an das dynamische Verhalten und an die Positioniergenauigkeit des Vorschubantriebes werden Thyristoren in sechspulsiger kreisstromführender Kreuzschaltung (Bild 5-15c) eingesetzt.

Die Transistoren zeichnen sich durch sehr gutes dynamisches Verhalten, hohe Regelgenauigkeit und gute Motorausnutzung aus. Sie werden jetzt mit einem Steuerbereich von 1:50.000 gebaut. Auf diese Art ist es möglich, die niedrigsten Vorschubgeschwindigkeiten durch sehr niedrige Motordrehzahlen (bis 0,04 $min^{-1}$) zu erreichen. Sie werden deshalb für die höchsten Anforderungen an Positioniergenauigkeit wie z.B. die Zustellachsen für die Schleifmaschinen eingesetzt.

In Bild 5-16 ist die Schaltung des impulsbreiten-modulierten Transistor-Gleichstromstellers dargestellt.

### 5.2.4 Vorschubantrieb durch Hydromotor

Die Kennlinie des Vorschubantriebes von Bild 5-8 kann mit einem Hydromotor mit konstantem Schluckvolumen durch Veränderung des Förderstromes der Pumpe erreicht werden. Der in Bild 5-7 dargestellte Hydraulikplan für den Hauptantrieb kann auch für den Vorschubantrieb vereinfacht angewandt werden, indem ein Hydromotor mit konstantem Schluckvolumen verwendet wird. Alles, was im Abschnitt 5.1.3 über den Betrieb mit konstantem Moment gesagt wurde, gilt auch hier.

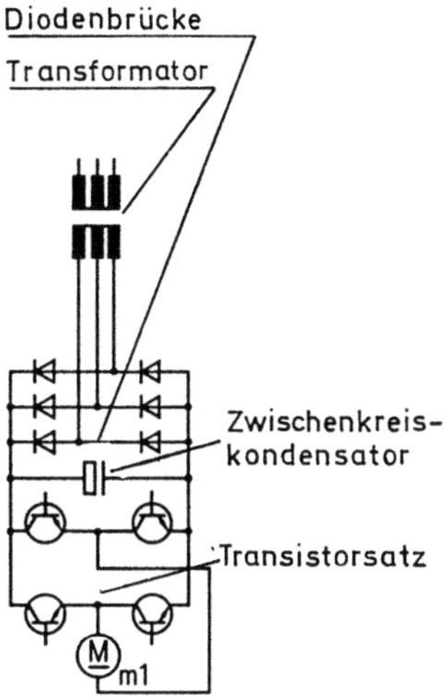


**Bild 5-16**
Stromrichterschaltung für Vorschubantriebe durch Transistoren [59]

Für die Vorschubantriebe werden in zunehmendem Maße Rollflügelmotoren eingesetzt, da sie einen sehr ruhigen und gleichmäßigen Lauf auch bei den kleinsten Drehzahlen, ein sehr hohes Drehmoment aus dem Stand heraus und ein kleines Eigenschwungmoment haben. Da diese Motoren zusammen mit einem Servoventil einen schnell ansprechenden, elektrohydraulischen Stellantrieb darstellen, werden sie vorteilhaft für die Regelkreise vorgesehen.

Hydromotoren finden vorzugsweise bei Vorschubantrieben mit einem Leistungsbereich Anwendung, der höher liegt als der der Gleichstrommotoren, d.h. über $2 \cdot 10^3$ W. Geringe Eigenträgheitsmomente und niedrige Leistungsgewichte sind die Vorteile, die sie gegenüber den Gleichstrommotoren aufweisen [56].

In Bild 5-17 ist ein Vorschubantrieb durch Hydromotor mit allen mechanischen Antriebselementen vereinfacht dargestellt. Der Tachogenerator wird in den Fällen vorgesehen, in denen die Geschwindigkeitsrückmeldung im Regelkreis benötigt wird.

Bei der Wahl des Hydromotors muß man überprüfen, ob die hydraulische Resonanzfrequenz des Hydromotors unter dem für die numerische Steuerung angegebenen, minimal zulässigen Wert liegt. Im allgemeinen darf sie den Wert von 40 Hz nicht unterschreiten. Der Hydromotor und das Ventil sind durch zwei federnde Ölsäulen verbunden (Bild 5-7). Die Kreiseigenfrequenz des Torsionsschwingers wird nach folgender Gleichung bestimmt

$$\boxed{\omega_h = \sqrt{\frac{K_h \cdot g}{I}}} \quad . \tag{3}$$

Die Federkonstante der Ölsäule beträgt [53]

$$K_h = \left(\frac{V_s}{2\pi}\right)^2 \cdot \frac{2 \cdot E_h}{V_i} . \tag{4}$$

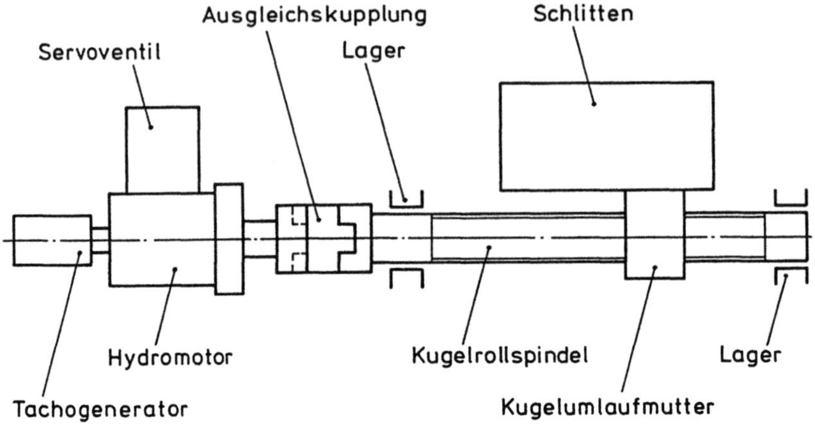


**Bild 5-17** Prinzipskizze eines Vorschubantriebes durch Hydromotor

Beim Einsatz der Gleichung (4) in Gleichung (3) bekommt man

$$\omega_h = \frac{V_S}{2\pi} \cdot \sqrt{\frac{2 \cdot E_h \cdot g}{V_i \cdot I}} \qquad (5)$$

$$f_h = \frac{1}{2\pi} \cdot \omega_h = \frac{1}{2\pi} \cdot \sqrt{\frac{K_h \cdot g}{I}}.$$

| | |
|---|---|
| $\omega_h\,[s^{-1}]$ | Hydraulische Kreiseigenfrequenz des Hydromotors |
| $K_h\,[N/m]$ | Federkonstante der Ölsäule |
| $I\,[kg\,m^2]$ | Summe aller auf die Motorwelle reduzierten Massenträgheitsmomente von den geradlinigbewegten und den drehbewegten Massen, addiert mit dem Massenträgheitsmoment des Motors |
| $g\,[m/s^2]$ | Erdbeschleunigung |
| $V_S\,[m^3]$ | Schluckvolumen des Hydromotors |
| $V_i\,[m^3]$ | Komprimiertes Ölvolumen von einer seite (pro Anschluß) |
| $E_h\,[N/m^2]$ | Elastizitätsmodul des Öles |
| $f_h\,[s^{-1}]$ | Hydraulische Resonanzfrequenz des Hydromotors |

### 5.2.5 Vorschubantrieb durch Hydraulikzylinder

Der einfachste und kostengünstigste Vorschubantrieb wird durch einen Hydraulikzylinder verwirklicht (Bild 5-18). Der Vorschubzylinder muß so konstruiert werden, daß in dem ganzen Gleitgeschwindigkeitsbereich eine ruhige Bewegung ohne stick-slip bei geringer Reibung stattfindet.

Wie bei den Hydromotoren muß auch bei der Wahl des Hydraulikzylinders überprüft werden, ob die hydraulische Resonanzfrequenz des Hydraulikzylinders unter dem für die numerische Steuerung angegebenen, minimal zulässigen Wert von 40 Hz liegt.

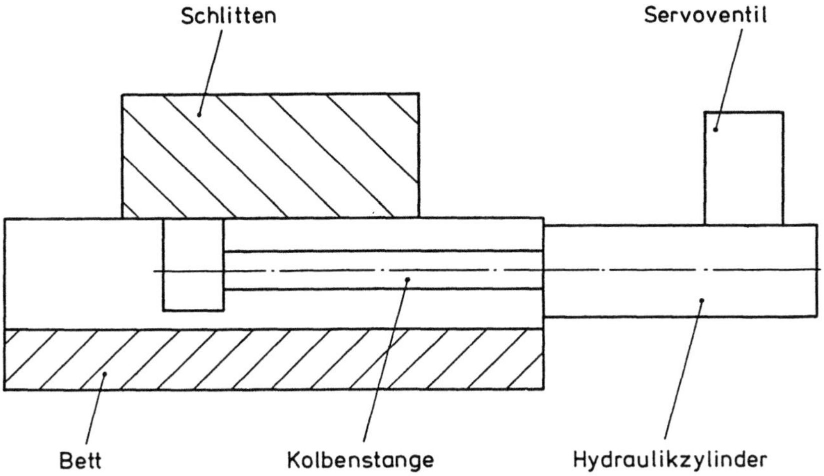


**Bild 5-18** Prinzipskizze eines Vorschubantriebes durch Hydraulikzylinder

Unter Wirkung der Kraft F wird die Ölsäule der Länge $l$ um den Betrag $\Delta l$ zusammengedrückt (Bild 5-19). Die hydraulische Kreiseigenfrequenz des Hydraulikzylinders wird nach folgender Gleichung bestimmt:

$$\boxed{\omega_h = \sqrt{\frac{K_h}{m_S} \cdot \frac{g}{10}}} \tag{6}$$

Die Federkonstante der Ölsäule wird durch die Anwendung des Hookeschen Gesetzes abgeleitet

$$\sigma = \frac{F}{A} = E_h \cdot \frac{\Delta l}{l} \quad \text{oder}$$

$$F = \frac{A \cdot E_h \cdot \Delta l}{l}.$$

| | |
|---|---|
| d | Kolbenstangendurchmesser |
| D | Kolbendurchmesser |
| F | Schubkraft des Schlittens |
| $G_S$ | Schlittengewicht |
| $m_S$ | Masse des Schlittens |
| $\Delta l$ | Längenänderung der Ölsäule |

Da die Federkraft direkt proportional der Auslenkung ist und die Federkonstante als Proportionalitätsfaktor definiert wird, ergibt sich

$$K_h = \frac{A \cdot E_h}{l} = \frac{D^2 \cdot \pi \cdot E_h}{4 \cdot l}. \tag{7}$$

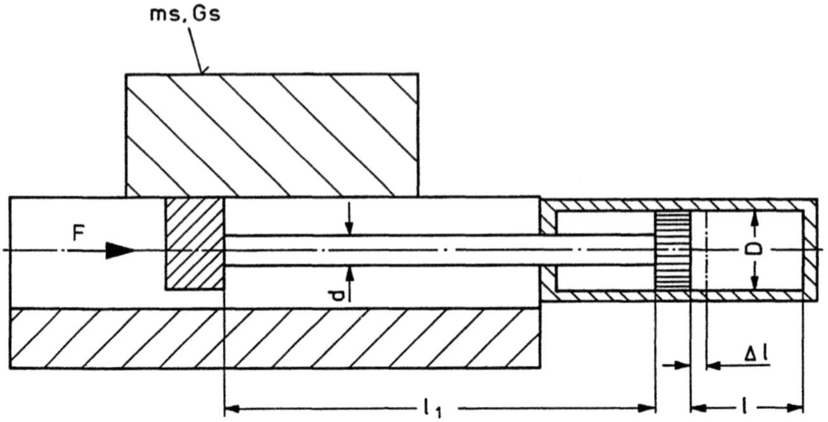


**Bild 5-19** Zusammendrücken einer Ölsäule im Hydraulikzylinder

Beim Einsatz der Gleichung (7) in Gleichung (6) bekommt man die endgültige Gleichung für die hydraulische Resonanzfrequenz

$$\omega_h = \sqrt{\frac{D^2 \cdot \pi \cdot E_h \cdot g}{40 \cdot l \cdot m_S}} \quad (8)$$

$$f_h = \frac{1}{2\pi} \cdot \omega_h = \frac{1}{2\pi} \cdot \sqrt{\frac{K_h \cdot g}{m_S \cdot 10}} \cdot$$

| | |
|---|---|
| $\omega_h$ [$s^{-1}$] | Hydraulische Kreiseigenfrequenz des Hydraulikzylinders |
| $K_h$ [N/m] | Federkonstante der Ölsäule |
| $m_S$ [kg] | Masse des Schlittens |
| g [$m/s^2$] | Erdbeschleunigung |
| $\sigma$ [$N/m^2$] | Spannung |
| F [N] | Schubkraft des Schlittens |
| A [$m^2$] | Kolbenfläche bzw. Fläche der Ölsäule |
| $E_h$ [$N/m^2$] | Elastizitätsmodul des Öles |
| $\Delta l$ [m] | Längenänderung der Ölsäule |
| $l$ [m] | Länge der Ölsäule |
| D [m] | Kolbendurchmesser |
| $f_h$ [$s^{-1}$] | Hydraulische Resonanzfrequenz des Hydraulikzylinders |

Die Hydraulikzylinder werden selten für die Vorschubantriebe mit Regelkreisen angewandt, da die hydraulische Resonanzfrequenz in den meisten Fällen so niedrig ist und unter der von den Steuerungsfirmen vorgeschriebenen, minimalzulässigen Resonanzfrequenz liegt.

An einem Beispiel wird die Anwendung der aufgeführten Gleichungen erläutert.

**Bekannte Daten**

$D = 9{,}9 \cdot 10^{-2}$ m; $l = 1{,}29$ m; $m_S = 245$ kg; $E_h = 15 \cdot 10^8$ N/m$^2$; $g = 9{,}81$ m/s$^2$.

**Rechnerisch zu bestimmende Daten**

$$\omega_h = \sqrt{\frac{9{,}9^2 \cdot 10^{-4} \cdot \pi \cdot 15 \cdot 10^8 \cdot 9{,}81}{40 \cdot 1{,}29 \cdot 245}} = 189{,}31\ s^{-1}$$

$$f_h = \frac{1}{2\pi} \cdot 189{,}31 = 30{,}13\ s^{-1} = 30{,}13\ Hz.$$

Die gerechnete hydraulische Resonanzfrequenz liegt unter dem für die numerische Steuerung angegebenen, minimal zulässigen Wert von 40 Hz. Aus der Gleichung (8) wird deutlich, daß die hydraulische Kreiseigenfrequenz vergrößert werden könnte, wenn der Kolbendurchmesser D größer, der Hub $l$ und die Masse des Schlittens $m_S$ kleiner gewählt werden könnten. Da der Schlitten und der Hub des Schlittens in den meisten Fällen schon beim Maschinenkonzept festgelegt werden, bleibt als einziger Weg die Vergrößerung des Kolbendurchmessers, was aus Platzgründen oft nicht durchführbar ist. In solchen Fällen muß eine andere Art des Vorschubantriebes gewählt werden.

Bei der Bestimmung der hydraulischen Resonanzfrequenz des Hydraulikzylinders ist nur die Federkonstante der Ölsäule berücksichtigt worden. Die Federkonstante der Kolbenstange wurde nicht berücksichtigt, da sie die resultierende Federkonstante des Systems geringfügig beeinflußt. Dies wird an folgendem Beispiel verdeutlicht.

**Bekannte Daten**

$D = 0{,}1$ m; $d = 0{,}04$ m; $l = 0{,}8$ m; $l_1 = 0{,}9$ m; $E_h = 15 \cdot 10^8\ N/m^2$; $E = 2{,}1 \cdot 10^{11}\ N/m^2$ (Elastizitätsmodul der Kolbenstange)

**Rechnerisch zu bestimmende Daten**

Die Federkonstante der Ölsäule ist

$$K_h = \frac{D^2 \cdot \pi \cdot E_h}{4 \cdot l} = \frac{0{,}1^2 \cdot \pi \cdot 15 \cdot 10^8}{4 \cdot 0{,}8} = 14{,}726 \cdot 10^6\ N/m.$$

Die Federkonstante der Kolbenstange beträgt:

$$K_M = \frac{d^2 \cdot \pi \cdot E}{4 \cdot l_1} = \frac{0{,}04^2 \cdot \pi \cdot 2{,}1 \cdot 10^{11}}{4 \cdot 0{,}9} = 293{,}2153 \cdot 10^6\ N/m.$$

Die resultierende Federkonstante des Vorschubantriebes K wird nach dem Prinzip der Reihenschaltung von Federn bestimmt (Bild 5-20)

$$\frac{1}{K} = \frac{1}{K_h} + \frac{1}{K_M} = \frac{1}{14{,}7 \cdot 10^6} + \frac{1}{293{,}2 \cdot 10^6} = 7{,}13 \cdot 10^{-8}$$

$$K = 14{,}02 \cdot 10^6\ N/m.$$

Aus diesem Beispiel wird deutlich, daß sich die resultierende Federkonstante des Vorschubantriebes kaum von der hydraulischen Federkonstante unterscheidet.

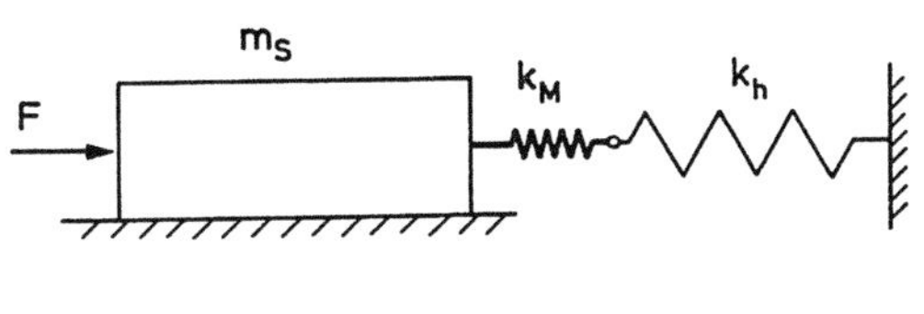


**Bild 5-20**
Prinzipskizze der Reihenschaltung der Feder des Vorschubantriebes durch Hydraulikzylinder

### 5.2.6 Vorschubantrieb durch Schrittmotor

Beim elektrischen Schrittmotor setzt sich eine Umdrehung der Motorwelle aus einer genau definierten, vom Motoraufbau abhängigen Anzahl von Winkelschritten zusammen. An den Wicklungen des Schrittmotors werden keine sinusförmigen Wechselspannungen angelegt. In festgelegter Reihenfolge wird an seine Wicklungen Gleichspannung angelegt.

In Bild 5-21 sind ein einfacher Schrittmotor und die dazu gehörende Wicklungsansteuerung dargestellt. Die Winkellage des Rotors hängt von der Phasenlage der speisenden Spannung ab [60]. Bei dem Schritt 1 ist z.B. die Spannung an den Wicklungen A und D gleich Null. Wenn sich die Wicklungsspannung so ändert, daß die Spannung an den Wicklungen A und C gleich Null wird, macht der Rotor einen neuen Schritt (Schritt 2) und bleibt in der neuen stabilen Lage stehen. Durch entsprechende Ansteuerung der Wicklung kann der Schrittmotor mit einer vorgegebenen Schrittfrequenz laufen und innerhalb eines Schrittes anhalten.

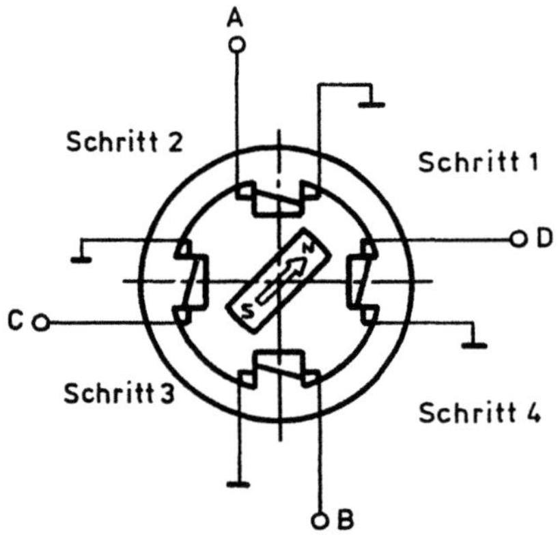


| Rotorstellung auf Schritt | Spannung an den Wicklungen A | B | C | D |
|---|---|---|---|---|
| 1 | 0 | + | + | 0 |
| 2 | 0 | + | 0 | + |
| 3 | + | 0 | 0 | + |
| 4 | + | 0 | + | 0 |

**Bild 5-21** Prinzip des Schrittmotors

Die Schrittmotoren werden bevorzugt an den Zustellachsen der Genauigkeitsmaschinen angewandt. Für die Abrichterachsen der Genauigkeitsschleifmaschinen sind sie in vielen Fällen unerläßlich, da die kleinsten, impulsmäßig kontrollierbaren Schlittenhübe beim Antrieb vom Schrittmotor über ein Untersetzungsgetriebe auf die Leitspindel unter 0,3 $\mu$m gehalten werden können.

Die Motordrehzahlen werden nach folgender Gleichung bestimmt

$$n_M = \frac{\text{Schrittfrequenz}}{\text{Anzahl der Schritte je Umdrehung}} \cdot 60.$$

Die höchsten Motordrehzahlen werden nach der maximalen, die niedrigsten nach der minimalen Schrittfrequenz errechnet. Der Motorhersteller bestimmt die Arbeitsbereiche der Schrittfrequenzen und die Kennlinien jedes einzelnen Motors. In den Kennlinien wird die Abhängigkeit zwischen dem übertragbaren Drehmoment und der Schrittfrequenz sowie zwischen dem maximal zulässigen Massenträgheitsmoment und der Schrittfrequenz dargestellt.

Für den Schrittwinkel gilt

$$\text{Schrittwinkel} = \frac{360}{\text{Anzahl der Schritte je Umdrehung}}.$$

Der kleinste, impulsmäßig kontrollierbare Schlittenhub wird wie folgt bestimmt

$$\boxed{H = \frac{\text{Schrittwinkel} \cdot h}{360 \cdot i} = \frac{h}{(\text{Anzahl der Schritte je Umdrehung}) \cdot i}}.$$

Für die Tischgeschwindigkeit gilt

$$v = \frac{n \cdot h}{i}.$$

| | |
|---|---|
| Motordrehzahl $n_M$ | in $\text{min}^{-1}$ |
| Schrittfrequenz | in Schritt/s, bzw. Hz |
| Anzahl der Schritte je Umdrehung | in Schritt/Umdrehung |
| der kleinste, impulsmäßig kontrollierbare Hub H | in m/Schritt |
| Steigung der Gewindespindel h | in m |
| Untersetzungsverhältnis des Getriebes i | in ./. |
| Tischgeschwindigkeit v | in m/min. |

Zunächst wurden die Schrittmotoren mit relativ geringen Drehmomenten entwickelt. Sie fanden deshalb für Zustellachsen ihre Anwendung. Heute werden die elektrischen Schrittmotoren mit wesentlich größeren Drehmomenten konzipiert, so daß sie auch für die Vorschubantriebe angewandt werden können. Für noch größere Drehmomente werden die Ausführungen der hydraulisch verstärkten Schrittmotoren vorgesehen (Bild 5-22).

Der elektrische Schrittmotor betätigt über ein Getriebe das hydraulische Servoventil, das als eine Vierkantensteuerung ausgeführt wird. Das Drehmoment wird vom elektrischen Schrittmotor auf den Steuerkolben übertragen, dessen andere Seite als Schraube ausgebildet ist. Die Mutter, in welcher sich die Steuerkolbenschraube befindet, ist mit der Welle des Hydromotors verbunden. Der Steuerkolben dreht sich und schraubt sich zugleich in die Mutter hinein. Mit dieser Bewegung des Steuerkolbens in Axialrichtung öffnet sich das Ventil, das Öl fließt zum Hydromotor, womit die Drehbewegung des Rotors erreicht wird. Durch die Drehbewegung der Welle des Hydromotors wird der Steuerkolben aus der Welle hinausgeschraubt, wodurch das Ventil geschlossen wird.

Das Servoventil stellt zusammen mit dem Hydromotor einen Folgeregelkreis dar. Die Verbindung zwischen dem Steuerkolben und der Hydromotorwelle wirkt als eine Wegrückführung. Dieser Vorschubantrieb verbindet die einfache Positionierbarkeit des elektrischen

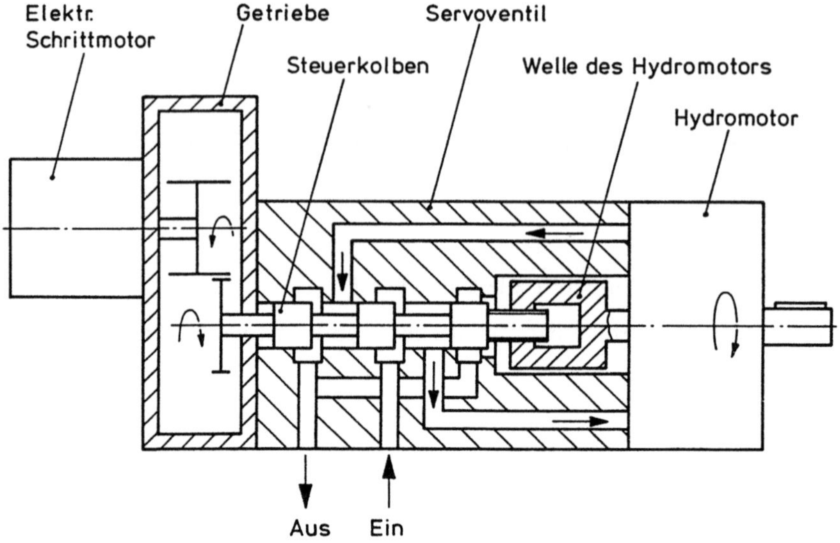


**Bild 5-22** Prinzipskizze eines hydraulisch verstärkten, elektrischen Schrittmotors

Schrittmotors mit der Dynamik des Hydromotors. Der elektrische Schrittmotor arbeitet als Steuerkette und wird mit Impulsen angesteuert. Er treibt einen Steuerkolben an, der als Teil eines Servoventils dafür sorgt, daß der Hydromotor in jedem Moment der Bewegung des Schrittmotors folgt.

Der Einsatz der Schrittmotoren für den Vorschubantrieb wird an folgendem Beispiel verdeutlicht:

## Bekannte Daten

Ein Vorschubantrieb durch Schrittmotor soll mit folgenden technischen Daten ausgelegt werden

| | |
|---|---|
| Eilganggeschwindigkeit des Tisches | $v_{EILG} \geqq 7$ m/min |
| Erforderliches Drehmoment an der Gewindespindel | $M \geqq 40$ Nm |
| Steigung der Gewindespindel | $h = 0{,}010$ m |
| Kleinster impulsmäßig kontrollierbarer Schlittenhub | $H \leqq 20 \cdot 10^{-6}$ m |

## Rechnerisch zu bestimmende Daten

Eine Lösungsmöglichkeit wäre ein elektrischer Schrittmotor mit folgenden technischen Daten

| | |
|---|---|
| Drehmoment des Motors | $M_M = 16{,}8$ Nm |
| Maximale Schrittfrequenz | 6500 Hz |
| Schrittwinkel | 1,8° |

Die Anzahl der Schritte je Umdrehung wird rechnerisch ermittelt

$$\text{Anzahl der Schritte je Umdrehung} = \frac{360}{\text{Schrittwinkel}} = \frac{360}{1{,}8}$$

$$= 200 \text{ Schritt/Umdrehung.}$$

Die maximale Motordrehzahl kann nun errechnet werden

$$n_{M.MAX} = \frac{\text{maximale Schrittfrequenz}}{\text{Anzahl der Schritte je Umdrehung}} \cdot 60 = \frac{6500}{200} \cdot 60 = 1950 \text{ min}^{-1}.$$

Eine direkte Kopplung des Schrittmotors mit der Gewindespindel ist bei diesem Beispiel nicht möglich, da das erforderliche Drehmoment an der Gewindespindel größer als das Motormoment ist. Zwischen dem Motor und der Gewindespindel wird deshalb ein Anpaßgetriebe wie in Bild 5-13 eingesetzt. Das Untersetzungsverhältnis des Getriebes wird so bestimmt, daß alle an den Vorschubantrieb gestellten Forderungen erfüllt werden.

Falls ein Untersetzungsverhältnis i = 2,5 gewählt wird, ergibt sich

$$v_{EILG} = \frac{n_{M.MAX} \cdot h}{i} = \frac{1950 \cdot 0{,}010}{2{,}5} = 7{,}8 \text{ m/min}$$

$$M = M_M \cdot i = 16{,}8 \cdot 2{,}5 = 42 \text{ Nm}$$

$$H = \frac{h}{(\text{Anzahl der Schritte je Umdrehung}) \cdot i} = \frac{0{,}010}{200 \cdot 2{,}5} = 20 \cdot 10^{-6} \text{ m.}$$

### 5.2.7 Dynamisches Verhalten des Vorschubantriebes

Bei der konstruktiven Auslegung eines Vorschubantriebes muß rechnerisch überprüft werden, ob die mechanischen und die hydraulischen Resonanzfrequenzen des Vorschubantriebes unter dem minimal zulässigen Wert liegen, die von der NC-Steuerungsfirma angegeben wird. Die Bestimmung und Berechnung der hydraulischen Resonanzfrequenzen des Vorschubantriebes durch Hydromotor und durch Hydraulikzylinder wurden in den Abschnitten 5.2.4 und 5.2.5 behandelt.

Die mechanische Kreiseigenfrequenz des Vorschubantriebes wird nach folgender Gleichung bestimmt

$$\omega = \sqrt{\frac{K}{m_S} \cdot \frac{g}{10}}.$$

Die mechanische Resonanzfrequenz des Vorschubantriebes wird nach $\omega$ abgeleitet

$$f = \frac{1}{2\pi} \cdot \omega = \frac{1}{2\pi} \sqrt{\frac{K \cdot g}{m_S \cdot 10}}.$$

Bei direkter Wegmeßung (s. Abschnitt 7.5.3) befinden sich innerhalb des Regelkreises folgende Nachgiebigkeiten

– Verwindung und die axiale Verformung der Gewindespindel,
– axiale Verformung der Gewindemutter und

die axiale Verformung des Lagers. Bei allen rotatorischen Antrieben, unabhängig davon, ob sie durch einen Elektro- oder einen Hydromotor realisiert werden, gilt bei dieser Analyse die Prinzipskizze Bild 5-17.

Die resultierende axiale Federkonstante des Vorschubantriebes wird, wenn die Gewindespindel, d.h. Kugelrollspindel, von einer Seite axial gelagert ist, nach dem Prinzip der Reihenschaltung der Feder bestimmt

$$\boxed{\frac{1}{K} = \frac{1}{K_S} + \frac{1}{K_L} + \frac{1}{K_M}}\,.$$

Wenn die Gewindespindel von beiden Seiten axial gelagert ist, wird die resultierende Federkonstante nach der Gleichung gerechnet

$$\boxed{\frac{1}{K} = \frac{1}{4 \cdot K_S} + \frac{1}{2 \cdot K_L} + \frac{1}{K_M}}\,.$$

| | |
|---|---|
| $\omega$ [$s^{-1}$] | Mechanische Kreiseigenfrequenz des Vorschubantriebes |
| K [N/m] | Resultierende axiale Federkonstante des Vorschubantriebes |
| $m_S$ [kg] | Masse des Schlittens |
| g [$m/s^2$] | Erdbeschleunigung |
| f [$s^{-1}$] | Mechanische Resonanzfrequenz des Vorschubantriebes |
| $K_S$ [N/m] | Axiale Federkonstante der Gewindespindel |
| $K_L$ [N/m] | Federkonstante des Axiallagers |
| $K_M$ [N/m] | Axiale Federkonstante der Gewindemutter. |

An einem Beispiel wird die Anwendung der aufgeführten Berechnungen erläutert.

**Bekannte Daten**

| | |
|---|---|
| Durchmesser der Kugelrollspindel | $d_S = 0{,}060$ m |
| Länge der Kugelrollspindel von Lager zu Lager | $l = 1{,}485$ m |
| Elastizitätsmodul der Spindel | $E = 2{,}1 \cdot 10^{11}$ N/m² |
| Lagerinnendurchmesser | $d_L = 0{,}050$ m |
| Drehmoment des Antriebsmotors | $M_M = 49{,}7$ Nm |
| Mittlerer Durchmesser des Gewindes der Gewindespindel | $d_2 = 0{,}062$ m |
| Steigung der Gewindespindel | $h = 0{,}010$ m |
| Reibungskoeffizient zwischen Gewindespindel und Mutter | $\mu = 0{,}005$ |
| Masse des Schlittens | $m_S = 2265$ kg. |

Die Gewindespindel ist einseitig axial gelagert und direkt vom Motor angetrieben.

**Rechnerisch zu bestimmende Daten**

Die axiale Federkonstante der Gewindespindel wird nach der Gleichung bestimmt (s. Abschnitt 5.2.5)

$$K_S = \frac{d_S^2 \cdot \pi \cdot E}{4 \cdot l} = \frac{0{,}060^2 \cdot \pi \cdot 2{,}1 \cdot 10^{11}}{4 \cdot 1{,}485} = 3{,}99839065 \cdot 10^8 \text{ N/m}$$

Steigungswinkel der Gewindespindel beträgt

$$\operatorname{tg} \alpha = \frac{h}{\pi d_2} = \frac{0{,}010}{\pi \cdot 0{,}062} = 0{,}0513 \quad \alpha = 2{,}939°.$$

Reibungswinkel $\rho$ wird nach dem Reibungskoeffizienten bestimmt

$$\mu = 0{,}005 = \mathrm{tg}\,\rho \qquad \rho = 0{,}2865°.$$

Die Summe $\alpha + \rho$ wird gerechnet

$$\alpha + \rho = 2{,}939° + 0{,}2865° = 3{,}2255°.$$

Die Schubkraft des Schlittens $F_V$ kann nach dem Drehmoment des Antriebsmotors gerechnet werden (s. Abschnitt 5.2)

$$F_V = \frac{2 \cdot M}{d_2 \cdot \mathrm{tg}\,(\alpha + \rho)} = \frac{2 \cdot 49{,}7}{0{,}062 \cdot \mathrm{tg}\,3{,}2255°} = 28448{,}6\ \mathrm{N}.$$

Die Federkonstante des axialen Rollenlagers im spielfreien Zustand wird von Opitz [61] nach dem Lagerinnendurchmesser und der Axialkraft (in diesem Falle Schubkraft) nach folgender empirischer Gleichung bestimmt

$$K_{LO} = 1{,}7 \cdot d_L^{0{,}96} \cdot F_V^{0{,}1}.$$

In dieser Formel werden angegeben

$$K_{LO}\ [\mathrm{kp}/\mu\mathrm{m}]; \quad d_L\ [\mathrm{mm}]; \quad F_V\ [\mathrm{kp}].$$

So ergibt sich

$$K_{LO} = 1{,}7 \cdot 50^{0{,}96} \cdot 2844{,}86^{0{,}1} = 161{,}01\ \mathrm{kp}/\mu\mathrm{m}.$$

Die Steifigkeit des Lagers im vorgespannten Zustand ist höher, sie beträgt für dieses Lager [61]

$$K_L = \mathrm{kp}/\mu\mathrm{m} = 24{,}1 \cdot 10^8\ \mathrm{N/m}.$$

Die axiale Federkonstante der Gewindemutter, d.h. der Kugelumlaufmutter, wird von der Herstellerfirma angegeben. Sie beträgt für die angegebenen Abmessungen

$$K_M = 185\,\frac{\mathrm{kp}}{\mu\mathrm{m}} = 18{,}5 \cdot 10^8\,\frac{\mathrm{N}}{\mathrm{m}}.$$

Die resultierende axiale Federkonstante des Vorschubantriebes wird nun rechnerisch bestimmt

$$\frac{1}{K} = \frac{1}{K_S} + \frac{1}{K_L} + \frac{1}{K_M} = \frac{1}{3{,}99 \cdot 10^8} + \frac{1}{24{,}1 \cdot 10^8} + \frac{1}{18{,}5 \cdot 10^8} = 3{,}4617 \cdot 10^{-9}$$

$$K = 2{,}888 \cdot 10^8\ \mathrm{N/m}.$$

Die größte axiale Verformung des Antriebes $\delta$ entsteht, wenn sich der Schlitten an der größten Entfernung vom Axiallager befindet

$$\delta = \frac{F_V}{K} = \frac{28448{,}6}{2{,}888 \cdot 10^8} = 0{,}000099\ \mathrm{m}.$$

Die gesamte axiale Verformung des Vorschubantriebes in beiden Richtungen, d.h. bei der Richtungsänderung des Schlittens

$$2\delta = 2 \cdot 0{,}000099 = 0{,}000197\ \mathrm{m}.$$

Die mechanische Kreiseigenfrequenz beträgt

$$\omega = \sqrt{\frac{K}{m_S} \cdot \frac{g}{10}} = \sqrt{\frac{2{,}888 \cdot 10^8 \cdot 9{,}81}{2265 \cdot 10}} = 353{,}67 \text{ s}^{-1}.$$

Die mechanische Resonanzfrequenz des Vorschubantriebes wird bestimmt

$$f = \frac{1}{2\pi} \cdot \omega = \frac{1}{2\pi} \cdot 353{,}67 = 56{,}28 \text{ s}^{-1}.$$

Sollte die obere mechanische Resonanzfrequenz unter dem minimal zulässigen Wert liegen, die die NC-Steuerungsfirmen angeben, müssen gewisse konstruktive Änderungen vorgenommen werden. Folgende Möglichkeiten werden angegeben

- Verringerung des Schlittengewichtes,
- Vergrößerung des Durchmessers der Kugelrollspindel,
- Verkleinerung der Länge der Kugelrollspindel,
- Vergrößerung des Lagerdurchmessers,
- Wahl der steiferen Axiallagerung.

Können die oben aufgeführten konstruktiven Änderungen nicht durchgeführt werden, muß eine andere Art der Wegmessung gewählt werden. So könnte anstatt der direkten, die indirekte Wegmessung (s. Abschnitt 7.5.3) vorgesehen werden. Die einzige mechanische Federkonstante, die sich bei diesem Wegmeßsystem innerhalb des Regelkreises befindet, ist die Verwindung der Motorwelle, die das rotatorische Meßsystem antreibt. Bei einer solchen Lösung muß aber beachtet werden, daß die gesamte axiale Verformung des Schlittens, die durch die Nachgiebigkeiten der Kugelrollspindel, des Lagers und der Kugelumlaufmutter entsteht, die Wegmessung beeinflußt. Sie kann nicht durch das Wegmeßsystem erfaßt und durch die Steuerung korrigiert werden.

## 5.3 Beispielaufgaben

Der Antrieb für die Schleifzustellung und die Kompensation des Abrichtbetrages einer Universalschleifmaschine erfolgt über eine Kugelrollspindel mit der Steigung h = 2,5 mm.

Es sollen Antriebe mit einem Gleichstrom-Servomotor mit Nenndrehzahl $n = 2000 \text{ min}^{-1}$ und einem elektrischen Schrittmotor mit folgenden Daten untersucht werden

| | |
|---|---|
| Schrittwinkel | 1,8° (Halbschritt 0,9°) |
| Maximale Schrittfrequenz | 6500 Hz |

Die Eilganggeschwindigkeit des Schlittens soll nicht unter 5000 mm/min liegen.

Beim Einsatz des Gleichstrom-Servomotors darf die Zustellgeschwindigkeit des Schlittens den Wert von 0,1 mm/min nicht überschreiten.

Beim Einsatz des Schrittmotors soll der kleinste impulsmäßig kontrollierbare Zustellweg den Wert von 0,00025 mm nicht überschreiten.

Lösung im Anhang

# 6 Dynamisches Verhalten der Maschine

Die Arbeitsgenauigkeit der Maschine und die Standzeit des Werkzeuges sind unmittelbar von der relativen Bewegung zwischen Werkzeug und Werkstück abhängig. Die zeitlich veränderlichen, d.h. die dynamischen Kräfte und Momente rufen an der Maschine die dynamischen Verformungen, bzw. die Schwingungen hervor. An Werkzeugmaschinen treten freie, erzwungene und selbsterregte Schwingungen auf (Bild 6-1). Fremderregte Schwingungen werden durch die Wirkung äußerer Kräfte hervorgerufen. Selbsterregte Schwingungen werden durch veränderliche Kräfte hervorgerufen, die durch den Schwingvorgang selbst erzeugt werden.

Die Werkzeugmaschine setzt sich aus mehreren Bauelementen wie Bett, Ständer, Tisch, Schlitten, Spindelkasten zusammen, die miteinander über Flansche oder Führungen verbunden sind. Sie ist ein mehrfach gekoppeltes Schwingungssystem mit verteilter Masse und Elastizität, sie schwingt deshalb mit unendlich vielen Freiheitsgraden. In Bild 6-2 ist eine Werkzeugmaschine, bestehend aus einem Bett ($m_1$), einem Senkrechtständer ($m_2$), einem Tischunterteil ($m_3$), einem Tischoberteil ($m_4$) und einem Senkrechtschlitten ($m_5$), schematisch dargestellt. Jedes Bauelement hat seine Masse m, die Bauelemente sind mittels Feder K und Dämpfer $\rho$ untereinander verbunden.

Die Bewegung bzw. die Schwingung eines Bauelementes wird durch das benachbarte Bauelement beeinflußt [62]. Der für die genaue Behandlung dieses komplizierten Schwingungssystems notwendige mathematische Apparat ist noch nicht genügend entwickelt. Systeme dieser Art haben eine große Anzahl von Eigenfrequenzen. Die Resonanzkurven dieser Systeme enthalten deshalb mehrere Resonanzspitzen. Wenn nun ein solches System in der Nähe einer seiner Eigenfrequenzen schwingt, ist es möglich, dieses durch ein idealisiertes Modell, d.h. durch einen einfachen Schwinger, zu ersetzen [53].

Für jede Resonanzspitze, die eine eigene Eigenschwingungsart hat, können die äquivalenten Systemkonstanten bestimmt werden. Auf diese Art ist es möglich, die Schwingungen eines Mehrmassensystems, auf die Schwingungen einer Reihe einfacher Schwinger zurückzuführen.

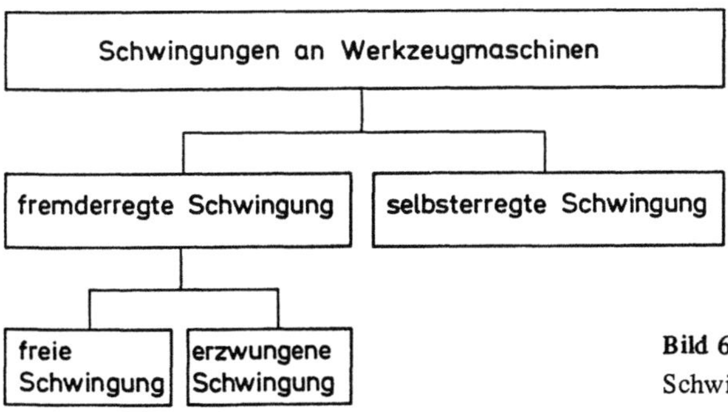


**Bild 6-1**
Schwingungen an Werkzeugmaschinen

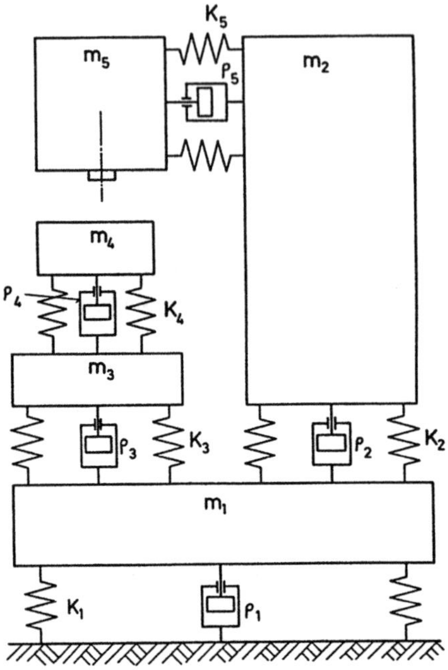


**Bild 6-2** Werkzeugmaschine als ein mehrfach gekoppeltes Schwingungssystem

## 6.1 Fremderregte Schwingungen

Fremderregte Schwingungen erscheinen als freie und erzwungene Schwingungen.

### 6.1.1 Freie Schwingungen

Freie Schwingungen werden durch stoßartige Kräfte verursacht. Da bei einer Maschine die Dämpfung immer vorhanden ist, werden die Schwingungsamplituden mit der Zeit immer kleiner, bis die Schwingung abklingt. Deshalb ist die Bedeutung der freien Schwingungen geringer als die der anderen Schwingungen, welche an Werkzeugmaschinen auftreten.

Die Bewegungsgleichung des freien, gedämpften Schwingers lautet

$$m \cdot \ddot{x} + \rho \cdot \dot{x} + K \cdot x = 0.$$

Die Lösung der homogenen Differentialgleichung nimmt die Form an

$$\boxed{x = e^{-\delta t}(C_1 \cdot \cos \omega_D t + C_2 \sin \omega_D t)} \quad . \tag{9}$$

Die ungedämpfte Kreiseigenfrequenz wird nach folgender Gleichung bestimmt

$$\omega_0 = \sqrt{\frac{K}{m} \cdot \frac{g}{10}}.$$

Die Anzahl der Schwingungen pro Zeiteinheit wird Eigenfrequenz genannt

$$f_0 = \frac{\omega_0}{2\pi}.$$

Für die Schwingungsdauer gilt

$$T = \frac{1}{f_0} = \frac{2\pi}{\omega_0}.$$

Die Abklingkonstante und das Dämpfungsmaß werden nach folgenden Gleichungen gerechnet

$$\delta = \frac{\rho}{2\,m} \qquad D = \frac{\delta}{\omega_0}.$$

Die Kreiseigenfrequenz des gedämpften Schwingers ist kleiner als die des ungedämpften Schwingers

$$\omega_D = \omega_0 \cdot \sqrt{1 - D^2} = \sqrt{\omega_0^2 - \delta^2}.$$

Es gilt weiter

$$f_D = \frac{\omega_D}{2\pi} \qquad T_D = \frac{2\pi}{\omega_D}.$$

| | |
|---|---|
| m [kg] | Masse des Schwingers |
| $\rho$ | Dämpfungskonstante |
| K [N/m] | Federkonstante |
| x [m] | Weg bzw. Auslenkung |
| $\dot{x}$ [m/s] | Geschwindigkeit |
| $\ddot{x}$ [m/s$^2$] | Beschleunigung |
| $\omega_0$ [s$^{-1}$] | Ungedämpfte Kreiseigenfrequenz |
| g [m/s$^2$] | Erdbeschleunigung |
| $f_0$ [s$^{-1}$] | Eigenfrequenz |
| T [s] | Schwingungsdauer |
| $\delta$ | Abklingkonstante |
| D | Dämpfungsmaß |
| $C_1$ | Konstante |
| $C_2$ | Konstante |
| $\omega_D$ | Kreiseigenfrequenz des gedämpften Schwingers |
| $f_D$ | Eigenfrequenz des gedämpften Schwingers |

Der ungedämpfte Schwinger ($\rho = 0$) existiert nur theoretisch. Die Dämpfung ist immer vorhanden ($\rho \neq 0$), sie soll positiv sein ($\rho > 0$), damit die Schwingungen abklingen. Bei negativer Dämpfung ($\rho < 0$) werden die Auslenkungen des Schwingers mit der Zeit immer größer, das Schwingungssystem ist dynamisch instabil. Bild 6-3 veranschaulicht diese drei Dämpfungszustände des freien Schwingers.

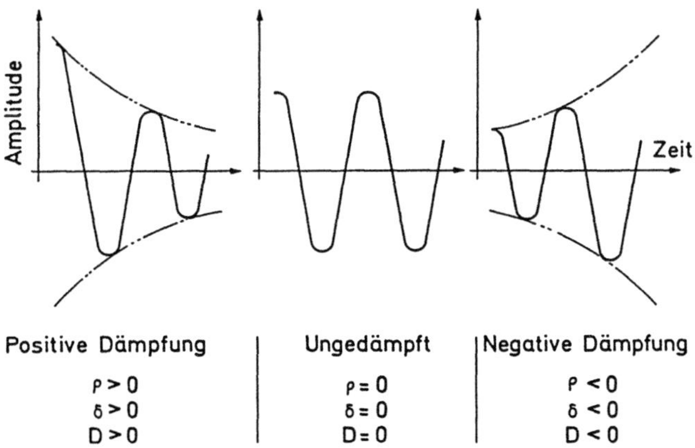


**Bild 6-3** Dämpfungszustände eines freien Schwingers

### 6.1.2 Erzwungene Schwingungen

Erzwungene Schwingungen werden durch periodisch veränderliche Kräfte angeregt, wie

- Zahneingriffskräfte im Getriebe,
- Unwuchtkräfte umlaufender Massen,
- Zerspankräfte bei unterbrochenem Schnitt,
- Zerspankräfte beim Fräsen,
- die in Hydraulikanlagen erzeugten Kräfte,
- Kräfte, die über das Fundament auf die Maschine übertragen werden.

Die Bewegungsgleichung des erzwungenen Schwingers lautet

$$m \cdot \ddot{x} + \rho \cdot \dot{x} + K \cdot x = F(t).$$

Die zeitabhängige Erregerkraft ist eine harmonische Kraft. Sie kann in dieser Form ausgedrückt werden

$$F(t) = \tilde{F} = F \cdot \cos \omega t.$$

Auf die Masse m des Schwingers wirken folgende Kräfte (Bild 6-4)

| | |
|---|---|
| Federrückstellkraft | $K \cdot x$ |
| Dämpfungskraft | $\rho \cdot \dot{x}$ |
| Newtonsche Kraft | $m \cdot \ddot{x}$ |
| Erregerkraft | $F(t)$. |

Die Bewegungsgleichung des gedämpften Schwingers mit einem Freiheitsgrad nimmt nun die Form an

$$m \cdot \ddot{x} + \rho \cdot \dot{x} + K \cdot x = F \cdot \cos \omega t.$$

Diese Gleichung wird gelöst, wenn zuerst F = 0 gesetzt wird. So ergibt sich

$$m \cdot \ddot{x} + \rho \cdot \dot{x} + K \cdot x = 0.$$

Das ist eine homogene lineare Differentialgleichung zweiter Ordnung, deren Lösung aus Abschnitt 6.1.1 bekannt ist (s. Gleichung (9))

$$x = e^{-\delta t}(C_1 \cdot \cos \omega_D t + C_2 \cdot \sin \omega_D t).$$

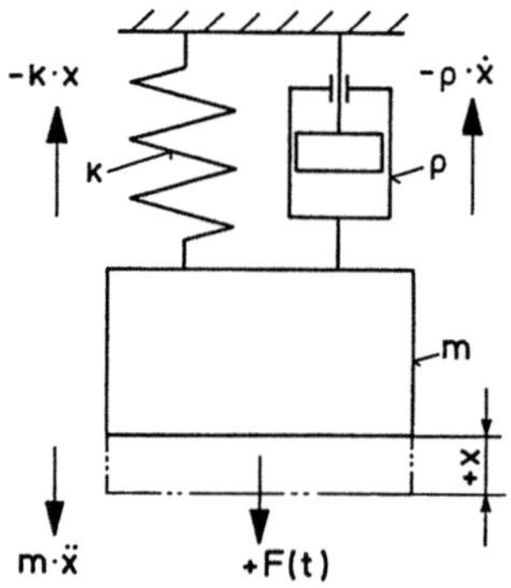


**Bild 6-4**

Schematischer Aufbau des erzwungenen Schwingers

Die partikulare Lösung der inhomogenen Gleichung lautet

$$x = \frac{F}{m} \cdot \frac{\cos(\omega t - \varphi)}{\sqrt{(\omega_0^2 - \omega^2)^2 + 4\delta^2 \cdot \omega^2}}.$$

Die Lösung der Bewegungsgleichung des erzwungenen Schwingers besteht aus der Lösung einer homogenen, linearen Differentialgleichung des freien Schwingers und der partikularen Lösung einer inhomogenen Gleichung des erzwungenen Schwingers

$$\boxed{x = e^{-\delta t}(C_1 \cdot \cos \omega_D t + C_2 \cdot \sin \omega_D t) + \frac{F}{m} \cdot \frac{\cos(\omega t - \varphi)}{\sqrt{(\omega_0^2 - \omega^2)^2 + 4\delta^2 \cdot \omega^2}}}. \qquad (10)$$

Wie beim freien Schwinger gilt auch hier

$$\omega_0 = \sqrt{\frac{K}{m} \cdot \frac{g}{10}} \qquad \delta = \frac{\rho}{2\,m} \qquad D = \frac{\delta}{\omega_0}.$$

Die Abstimmung wird als Quotient aus $\omega$ und $\omega_0$ definiert

$$\kappa = \frac{\omega}{\omega_0}.$$

Der Phasenwinkel zwischen Schwingweg und Erregerkraft wird nach folgender Gleichung bestimmt

$$\operatorname{tg}\varphi = \frac{2 \cdot \delta \cdot \omega}{\omega_0^2 - \omega^2} = \frac{2 \cdot D \cdot \kappa}{1 - \kappa^2}.$$

Da die Dämpfung immer vorhanden ist, werden die Amplituden des freien gedämpften Schwingers mit der Zeit immer kleiner, bis sie abklingen (erster Teil der Gleichung). Die Schwingung ist jetzt stetig, der Schwingungsvorgang ist stationär. Die sich einstellende Frequenz des Schwingers ist mit der Frequenz der Erregerkraft identisch.

Die Amplitude der erzwungenen Schwingung wird mit

$$A = \frac{F}{m} \cdot \frac{1}{\sqrt{(\omega_0^2 - \omega^2)^2 + 4\delta^2 \cdot \omega^2}} = \frac{F \cdot 10}{K \cdot g} \cdot \frac{1}{\sqrt{(1 - \kappa^2)^2 + 4D^2 \cdot \kappa^2}}$$

ausgedrückt. Aus den Abschnitt 3.5 und 4.3 ist schon bekannt

$$\text{Statische Auslenkung} = \frac{\text{statische Kraft}}{\text{statische Steifigkeit}},$$

d.h.: $A_{ST} = \dfrac{F}{K}.$

Die Gleichung für die Amplitude der erzwungenen Schwingung nimmt die Form an

$$A = A_{ST} \cdot \frac{10}{g} \cdot \frac{1}{\sqrt{(1 - \kappa^2)^2 + 4 \cdot D^2 \cdot \kappa^2}}.$$

Die Amplitude der erzwungenen Schwingung besteht aus dem Produkt der statischen Verlagerung der schwingenden Masse infolge der Kraft F und des Vergrößerungsfaktors $V_1$

$$V_1 = \frac{1}{\sqrt{(1-\kappa^2)^2 + 4 \cdot D^2 \cdot \kappa^2}}.$$

So bekommt man

$$A = A_{ST} \cdot V_1 \cdot \frac{10}{g}.$$

| | |
|---|---|
| $\omega$ [$s^{-1}$] | Kreisfrequenz der Erregung |
| $\varphi$ | Phasenwinkel zwischen Schwingweg und Erregerkraft |
| $\kappa$ | Abstimmung |
| A [m] | Amplitude der erzwungenen Schwingung |
| $A_{ST}$ [m] | Statische Auslenkung |
| K [N/m] | Statische Steifigkeit, d.h. Federkonstante |
| g [$m/s^2$] | Erdbeschleunigung |
| $V_1$ | Vergrößerungsfaktor |
| f [$s^{-1}$] | Erregerfrequenz |

Der Vergrößerungsfaktor gibt bei jeder Erregerfrequenz die Beziehung zwischen der Schwingungsamplitude und der statischen Auslenkung an. Bild 6-5 stellt die Beziehung zwischen dem Vergrößerungsfaktor und der Abstimmung, sowie zwischen dem Phasenwinkel und der Abstimmung dar. Da die Abstimmung $\kappa$ sowie die Erregerfrequenz f proportional der Kreisfrequenz der Erregung $\omega$ sind, stellt die horizontale Achse des Diagrammes die Abstimmung, die Erregerkreisfrequenz und die Erregerfrequenz dar.

Genauso besteht Proportionalität zwischen der Schwingungsamplitude A, dem Vergrößerungsfaktor $V_1$ und der Nachgiebigkeit A/F.

Aus Bild 6-5 geht hervor

- Für den statischen Fall $f = 0$; $\omega = 0$, $\kappa = 0$ ist die Amplitude der erzwungenen Schwingung bei allen Werten D gleich groß wie die statische Auslenkung.
- Bei $\kappa > 4$ nähert sich die Schwingungsamplitude Null bei allen Werten D.
- Bei $f = f_0$; $\omega = \omega_0$; $\kappa = 1$ ist die Schwingungsamplitude bei kleinem Dämpfungsmaß ($D < 0{,}5$) größer als die statische Auslenkung.
- Bei $D = 0$ und $\kappa = 1$ wird die Schwingungsamplitude unendlich groß. Nur bei dem ungedämpften Schwinger ($D = 0$) erreicht die Schwingungsamplitude bei $\kappa = 1$ ihr Maximum. Mit größer werdender Dämpfung verschiebt sich das Maximum der Schwingungsamplitude zu kleineren Werten der Abstimmung.

Der Fall $\kappa = 1$ wird Resonanz genannt. Im Resonanzfall hat der Vergrößerungsfaktor folgenden Wert

$$V_{1R} = \frac{1}{2D}.$$

Die Amplitude der erzwungenen Schwingung ist im Resonanzfall

$$A_R = A_{ST} \cdot V_{1R} \cdot \frac{10}{g} = A_{ST} \cdot \frac{1}{2D} \cdot \frac{10}{g} = \frac{F}{k} \cdot \frac{1}{2D} \cdot \frac{10}{g}.$$

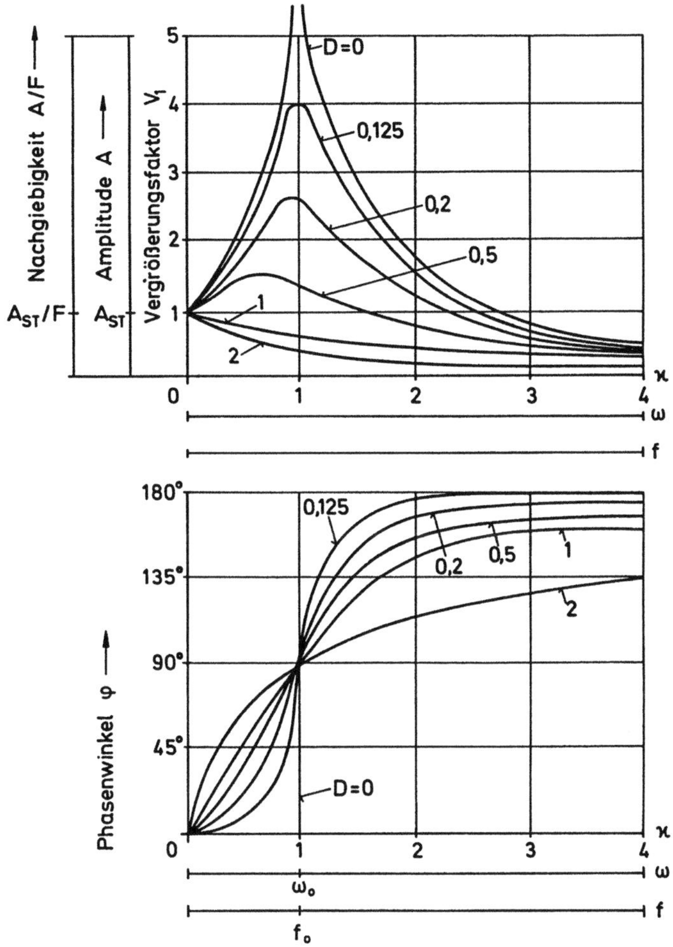


**Bild 6-5**
Der Vergrößerungsfaktor und der Phasenwinkel als Funktion der Abstimmung

Der Vergrößerungsfaktor und die Amplitude der erzwungenen Schwingung werden im Resonanzfall bei D = 0 unendlich groß

Bei $\kappa = 1$ und $D = 0$ gilt

$$V_{1R} = \infty \qquad A_R = \infty .$$

## 6.2 Selbsterregte Schwingungen

Selbsterregte Schwingungen erscheinen bei Werkzeugmaschinen in Form des ruckenden Gleitens und in Form des Ratterns.

### 6.2.1 Ruckendes Gleiten

Bei kleinen Vorschubgeschwindigkeiten eines Schlittens, an dem nicht zerspant wird, kann ruckendes Gleiten bzw. stick-slip auftreten. Die Ursache für das Erscheinen des ruckenden Gleitens ist die mit der Gleitgeschwindigkeit fallende Kennlinie des Reibungskoeffizienten (s. Abschnitt 2.1.1, Bild 2-3).

Die Verbindung zwischen Schlitten und Antrieb ist nie starr. Durch die Deformation des Federwerkstoffes, durch die Flüssigkeitsreibung und durch die Reibung an den Führungen ist immer eine Dämpfung vorhanden.

Ein vereinfachtes Modell dieses komplizierten Schwingungsvorganges ist in Bild 6-6 dargestellt.

Auf dem oberen Bild bewegen sich der Schlitten mit der Masse m und der Gewichtskraft G und sein Antriebselement mit gleicher Geschwindigkeit $v_0$ im Bezug auf die stehenden Führungen. Da der Schlitten seine Lage in Bezug auf das Antriebselement nicht verändert, treten keine Schwingungen auf.

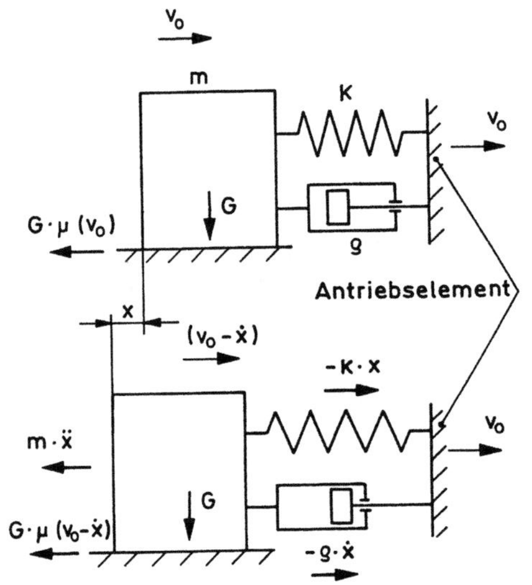


**Bild 6-6**
Schematischer Aufbau des stick-slip-Vorganges

In dem unteren Bild macht der Schlitten die Bewegung x im Bezug auf das Antriebselement, das sich zusammen mit dem Schlitten mit der unveränderten Geschwindigkeit $v_0$ weiter bewegt. Der Schlitten bewegt sich jetzt mit der Geschwindigkeit $(v_0 - \dot{x})$ im Bezug auf die ruhenden Führungsbahnen.

Auf den Schlitten mit der Masse m wirken folgende Kräfte

- Ferderrückstellkraft $K \cdot x$
- Dämpfungskraft $\rho \cdot \dot{x}$
- Newtonsche Kraft $m \cdot \ddot{x}$
- Reibungskraft zwischen Schlitten und Führung $G \cdot \mu(v_0 - \dot{x})$.

Die Bewegungsgleichung des Schlittens im Bezug auf das Antriebselement lautet

$$m \cdot \ddot{x} + \rho \cdot \dot{x} + K \cdot x = G \cdot \mu(v_0 - \dot{x}).$$

Wenn die Funktion $\mu\ (v_0 - \dot{x})$ als Taylor-Reihe entwickelt wird, und wenn alle $\dot{x}$ höherer Potenz als 1 vernachlässigt werden, bekommt man

$$\mu(v_0 - \dot{x}) = \mu(v_0) - \mu' \cdot \dot{x}.$$

Setzt man diese Funktion in die Bewegungsgleichung, so ergibt sich

$$m \cdot \ddot{x} + (\rho + G \cdot \mu') \cdot \dot{x} + K \cdot x - G \cdot \mu(v_0) = 0.$$

Durch den Einsatz von bekannten Beziehungen

$$\omega_0^2 = \frac{K}{m} \cdot \frac{g}{10} \quad \text{und} \quad \delta = \frac{\rho}{2\,m}$$

bekommt man die Bewegungsgleichung in ihrer endgültigen Form

$$\boxed{\ddot{x} + (2\delta + g \cdot \mu') \cdot \dot{x} + \omega_0^2 \cdot \frac{10}{g} \cdot x - g \cdot \mu(v_0) = 0} \; .$$

| | |
|---|---|
| $\mu(v_0)$ | Reibungskoeffizient $\mu$ ist eine Funktion von $v_0$ |
| $\mu(v_0 - \dot{x})$ | Reibungskoeffizient $\mu$ ist eine Funktion von $(v_0 - \dot{x})$ |
| $\mu'$ | erstes Differential von $\mu$ nach v, d.h. $\mu' = \frac{d\mu}{dv}$ |
| $v_0$ | konstante Geschwindigkeit des Antriebselementes, z.B. der Gewindemutter beim Vorschubantrieb (Bild 5-17) |
| $\dot{x}$ | Geschwindigkeit bei der relativen Bewegung des Schlittens im Bezug auf das Antriebselement |
| $\ddot{x}$ | Beschleunigung bei der relativen Bewegung des Schlittens im Bezug auf das Antriebselement |
| m | Schlittenmasse |
| G | Schlittengewicht |

Diese Bewegungsgleichung ist ähnlich mit der Bewegungsgleichung des freien, gedämpften Schwingers (s. Abschnitt 6.1.1). Deshalb kann ihre Analyse nach Bild 6-3, die freie Schwingungen darstellt, erfolgen.

Aus Bild 6-3 wird deutlich, daß die Dämpfung positiv sein soll, damit die Schwingungen mit der Zeit abklingen. Bei der Bewegungsgleichung des ruckenden Gleitens soll das Dämpfungsglied $(2\delta + g \cdot \mu')$ positiv sein, damit das Schwingungssystem dynamisch stabil bleibt, d.h. damit die Schwingungen mit der Zeit abklingen.

Der Ausdruck $(2\delta + g \cdot \mu')$ wird positiv, wenn $\mu' > 0$ ist, da $\delta > 0$ und $g > 0$.

$\mu' > 0$ bedeutet, daß die Kennlinie $\mu = f(v)$ ansteigt. Mit anderen Worten: im Bereich der steigenden Kennlinie des Reibungskoeffizienten über der Gleitgeschwindigkeit kann das ruckende Gleiten nicht auftreten.

Das ruckende Gleiten kann nur im Bereich der fallenden Reibungskennlinie auftreten und nur dann, wenn der Intensitätswert $|g \cdot \mu'|$ größer als der Intensitätswert $|2\delta|$ ist.

Damit das System dynamisch stabil bleibt, soll

$$|2\delta| > |g\mu'| \quad \text{falls } \mu' < 0.$$

Diese Stabilitätsbedingung kann in dieser Form ausgedrückt werden

$$\text{Bei } \mu' < 0 \qquad \left|\frac{\rho}{m}\right| \overset{\text{soll}}{>} |g\mu'|.$$

Wenn für die Führungsbahnen solche Materialpaarungen verwendet werden, die einen gleichbleibenden Reibungskoeffizienten über der Gleitgeschwindigkeit aufweisen, kann kein ruckendes Gleiten auftreten.

Wenn für die Führungsbahnen doch solche Materialpaarungen verwendet werden, die eine fallende Reibungskennlinie aufweisen, soll in diesem Falle die Dämpfungskonstante $\rho$ groß, die Masse des Schlittens m klein und die Verbindung zwischen Schlitten und Antrieb starr sein, damit auch in diesem Falle kein ruckendes Gleiten auftritt.

Im Abschnitt 2.1.1 wurden Reibungskennlinien verschiedener Materialpaarungen ausführlich behandelt.

### 6.2.2 Rattern

Die selbsterregten Schwingungen, die beim Zerspanungsvorgang auftreten, werden Ratterschwingungen genannt. Die Ursache für das Erscheinen von Ratterschwingungen sind die mit der Schnittgeschwindigkeit fallende Kennlinie des Reibungskoeffizienten (Bild 2-3) zwischen Werkzeug und Werkstück oder die fallende Kennlinie der Hauptschnittkraft (Bild 6-7).

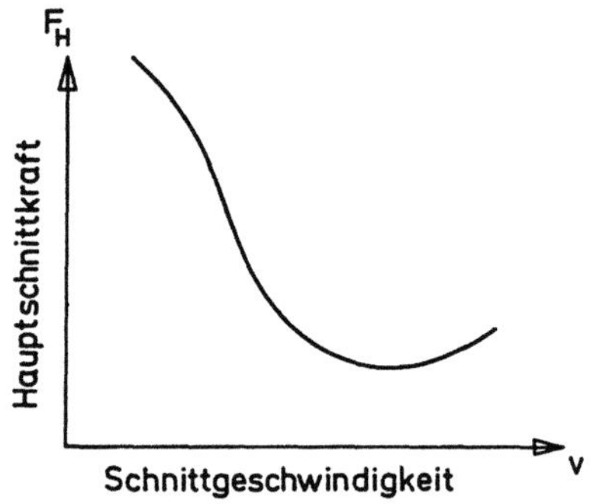


**Bild 6-7**
Hauptschnittkraft als Funktion der Schnittgeschwindigkeit

Die Verbindung zwischen dem Messer des Werkzeuges und der Werkzeugaufnahme ist nie starr. Durch die Deformation des Federwerkstoffes entsteht hier die Dämpfung.

In dem oberen Bild 6-8 ist die Bearbeitung eines Werkstückes mit konstanter Schnittgeschwindigkeit $v_0$ dargestellt. Da das Messer des Werkzeuges seine Lage im Bezug auf die Werkzeugaufnahme nicht verändert, treten keine Schwingungen auf.

In dem unteren Bild macht das Messer des Werkzeuges die Bewegung x im Bezug auf die Werkzeugaufnahme. Das Werkstück bewegt sich weiter mit konstanter Geschwindigkeit $v_0$. Die relative Schnittgeschwindigkeit zwischen Messer und Werkstück beträgt nun $(v_0 + \dot{x})$.

Auf das Messer des Werkzeuges wirken folgende Kräfte

- Federrückstellkraft $K \cdot x$
- Dämpfungskraft $\rho \cdot \dot{x}$
- Newtonsche Kraft $m \cdot \ddot{x}$
- Reibungskraft zwischen Messer und Werkstück $F_y \cdot \mu(v_0 + \dot{x})$.

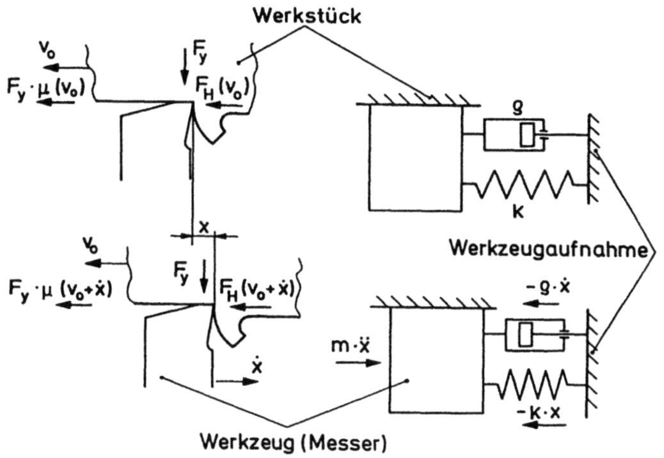


**Bild 6-8**
Schematischer Aufbau des Ratterns

Die Bewegungsgleichung des Messers in Bezug auf die Werkzeugaufnahme lautet

$$m \cdot \ddot{x} + \rho \cdot \dot{x} + K \cdot x = -F_y \cdot \mu(v_0 + \dot{x}).$$

Wie beim ruckenden Gleiten kann auch hier die Funktion $\mu\,(v_0 + \dot{x})$ als Taylor-Reihe entwickelt werden. So ergibt sich

$$\mu(v_0 + \dot{x}) = \mu(v_0) + \mu' \cdot \dot{x}.$$

Setzt man diese Funktion in die Bewegungsgleichung, bekommt man

$$\boxed{m \cdot \ddot{x} + (\rho + F_y \cdot \mu') \cdot \dot{x} + K \cdot x + F_y \cdot \mu(v_0) = 0}\ .$$

| | |
|---|---|
| $\mu(v_0)$ | Reibungskoeffizient $\mu$ ist eine Funktion von $v_0$ |
| $\mu(v_0 + \dot{x})$ | Reibungskoeffizient $\mu$ ist eine Funktion von $(v_0 + \dot{x})$ |
| $\mu'$ | erstes Differential von $\mu$ nach v, d.h. $\mu' = \frac{d\mu}{dv}$ |
| $v_0$ | Schnittgeschwindigkeit |
| $\dot{x}$ | Bewegungsgeschwindigkeit des Messers in Bezug auf die Werkzeugaufnahme |
| $\ddot{x}$ | Beschleunigung bei der relativen Bewegung des Messers in Bezug auf die Werkzeugaufnahme |
| $F_y$ | Schnittkraftkomponente in Y-Richtung. |

Die Bewegungsgleichung der ratternden Schwingung ist ähnlich mit der Bewegungsgleichung des ruckenden Gleitens. Deshalb wird die Bewegungsgleichung analog dem Abschnitt 6.2.1 analysiert.

Damit die Ratterschwingungen nicht auftreten, soll das Dämpfungsglied $(\rho + F_y \cdot \mu')$ positiv sein. Der Ausdruck $(\rho + F_y \cdot \mu')$ wird positiv, wenn $\mu' > 0$ ist, da $\rho > 0$ und $F_y > 0$. $\mu' > 0$ bedeutet, daß die Kennlinie $\mu = f(v)$ ansteigt. D.h., daß im Bereich der steigenden Kennlinie des Reibungskoeffizienten über der Gleitgeschwindigkeit das Rattern nicht auftreten kann.

Das Rattern kann nur im Bereich der fallenden Reibungskennlinie auftreten und dann nur, wenn der Intensitätswert $|F_y \cdot \mu'|$ größer als der Intensitätsgrad $|\rho|$ ist.

Damit das System dynamisch stabil bleibt, soll

$$|\rho| \overset{\text{soll}}{>} |F_y \cdot \mu'| \quad \text{falls } \mu' < 0.$$

Das Rattern kann nur im Bereich der fallenden Reibungskennlinie zwischen Werkzeug und Werkstück oder im Bereich der fallenden Kennlinie der Hauptschnittkraft über der Schnittgeschwindigkeit auftreten. Da die Materialpaarungen beim Zerspanen nicht frei gewählt werden können, soll die Dämpfung groß und die Verbindung zwischen dem Werkzeugmesser und der Werkzeugaufnahme starr sein, damit das System dynamisch stabil bleibt.

Aus den Abschnitten 6.2.1 und 6.2.2 wird deutlich, daß es sich beim ruckenden Gleiten und beim Rattern um die analogen Schwinger handelt. Damit ruckendes Gleiten erregt wird, muß der Schlitten eine schwingende Bewegung im Bezug auf das Antriebselement machen, damit die Geschwindigkeit und somit der Reibungskoeffizient verändert werden. Beim Rattern muß das Messer eine schwingende Bewegung im Bezug auf die Werkzeugaufnahme machen, damit die Geschwindigkeit und somit der Reibungskoeffizient sowie die Hauptschnittkraft verändert werden.

Das Rattern kann auch erregt werden, wenn eine zuvor bearbeitete Werkstückoberfläche nochmals bearbeitet wird (regeneratives oder formgesteuertes Rattern).

## 6.3 Statische Nachgiebigkeitsprüfung der Maschine

Die statische Nachgiebigkeit der Maschine an der Schnittstelle kann direkt durch den Bearbeitungsvorgang ermittelt werden. Nach schwedischer BAS-NORM [63] wird die Messung der statischen Auslenkung der Maschine bei einem Fräsvorgang beschrieben (Bild 6-9).

Mit dem vorgeschriebenen Messerkopf, der vorgeschriebenen Spindeldrehzahl und der Schnittiefe a wird in einer Richtung im Gleichlauf oder Gegenlauf die gesamte Werkstücklänge gefräst (s. Bezeichnung I).

Ohne Änderung der Schnittiefe werden nun die Vorschubrichtung und die Spindeldrehzahl umgekehrt und im Gleichlauf gefräst, bis der ganze Messerkopfdurchmesser im Eingriff ist (s. Bezeichnung II).

Nachdem das Messer außer Eingriff kommt, wird wieder die Vorschubrichtung umgekehrt (s. Bezeichnung III).

Durch das Messen des Nachschneidens in axialer ($\Delta a_{AX}$) und radialer ($\Delta a_{RAD}$) Richtung wird die statische Gesamtauslenkung der Maschine an der Schnittstelle ermittelt. Sämtliche Nachgiebigkeiten aller sich im Kraftfluß befindlichen Teile der Maschine, einschließlich des Werkzeuges und des Werkstückes, wurden dabei an der Schnittstelle erfaßt.

Die statischen Verformungen einzelner Bauteile beim Zerspanungsvorgang können mit Hilfe von Meßuhren gemessen werden. In Bild 6-10 ist eine Senkrecht-Fräsmaschine während des Zerspanungsvorgangs dargestellt. Das Verformungsbild einzelner Bauteile wurde strich-punktiert eingezeichnet.

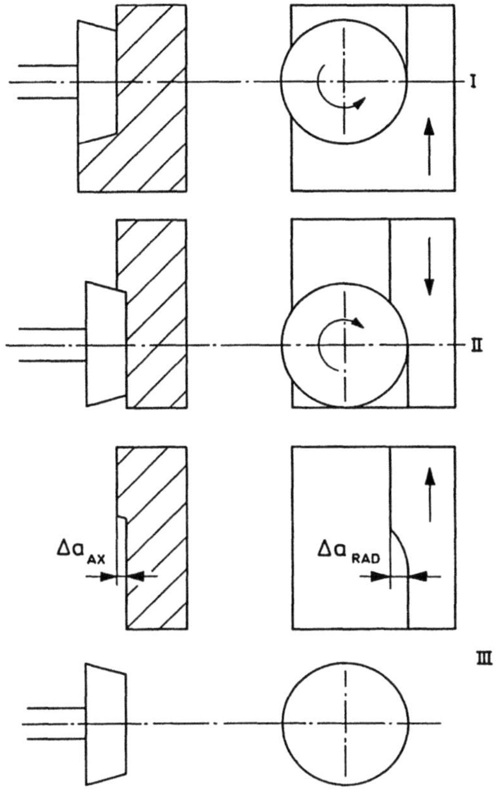


**Bild 6-9**
Messung der statischen Auslenkung beim Fräsvorgang nach BAS-NORM

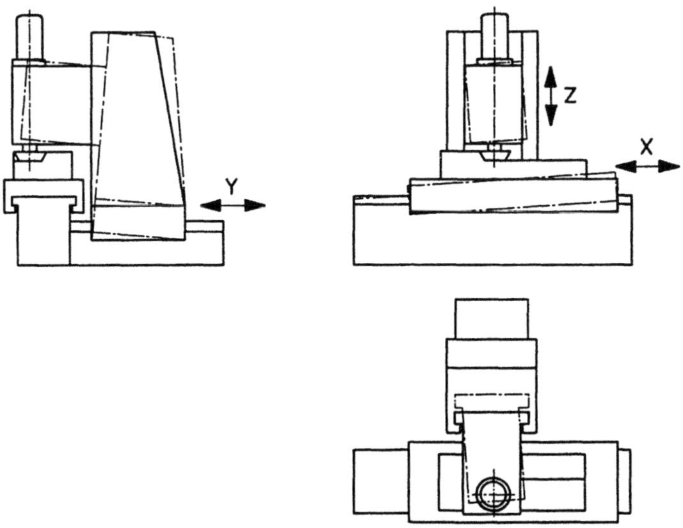


**Bild 6-10** Messung der statischen Verformung einzelner Bauteile mit Hilfe von Meßuhren

Die statische Nachgiebigkeit

$$\frac{A_{ST}}{F} = \frac{1}{K}$$

ist die reziproke Größe der statischen Steifigkeit K.

Sie kann bestimmt werden, wenn die statische Auslenkung $A_{ST}$ und die Kraft F bekannt sind. Durch Messen der Auslenkungen und durch die Ermittlung der Kräfte in allen drei Koordinatenrichtungen ist es möglich, die Nachgiebigkeit der Maschine und ihrer Bauteile in X-, Y- und Z-Richtung zu ermitteln.

Die statischen Nachgiebigkeiten können auch durch die Simulation des Zerspanungsvorganges ermittelt werden. In diesem Falle werden die Belastungseinrichtungen bzw. Kraftmeßbügel zwischen dem Werkzeug und dem Werkstück eingesetzt und die Verformungen einzelner Bauteile gemessen.

## 6.4 Untersuchung des dynamischen Verhaltens der Maschine außerhalb des Bearbeitungsvorganges

Zur Ermittlung der dynamischen Nachgiebigkeiten sowie der Eigenschwingungsformen wird die Maschine zwischen Werkzeug und Werkstück mit einem Schwingungserreger und stochastischen Erregersignalen erregt. Die Erregung soll bei den charakteristischen Stellungen der beweglichen Bauteile, d.h. bei verschiedenen Werkzeug-Werkstück-Konfigurattionen durchgeführt werden. Bild 6-11 zeigt eine Kreuztischmaschine mit senkrechter Spindel, die mit einem Schwingungserreger, der sich zwischen Werkzeug und Werkstück befindet, in Z-Richtung erregt wird. Das Tischoberteil und das Tischunterteil sind so ausgefahren, daß die Untersuchung bei den Exzentrizitäten e und $e_1$ durchgeführt wird.

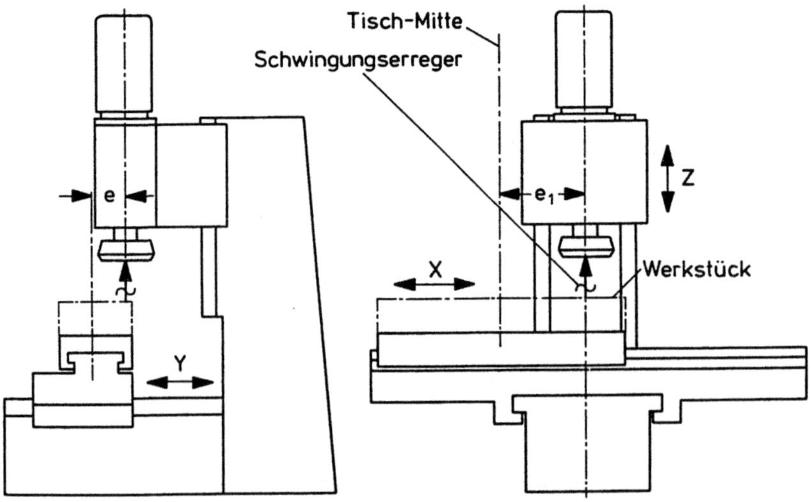


**Bild 6-11** Erregung einer Maschine durch einen Schwingungserreger

Es werden meistens elektrohydraulische oder elektromagnetische Schwingungserreger verwendet, da sie durch ihre kleine Bauweise zwischen dem Werkzeug und dem Werkstück ohne Schwierigkeiten untergebracht werden können. Die elektrodynamischen Schwingungserreger kommen bei diesen Untersuchungen nicht in Frage, da sie zu groß sind.

Die Verlagerungen der Bauteile werden mit den Geschwindigkeitsaufnehmern gemessen.

Eine genaue Ermittlung der dynamischen Nachgiebigkeit einer Maschine ist bisher nur experimentell möglich. Mit einem Fourier-Analysator kann die Berechnung der Nachgiebigkeitsfrequenzgänge aus den Kraft- und Weginformationen als Grundlage der experimentellen Modalanalyse sowie die Darstellung der Eigenschwingungsformen erfolgen. Zu diesem Zweck wird die Maschine geometrisch aproximiert, d.h. alle geschlossenen Bauteile wie Bett, Tisch, Spindelkasten usw. werden geometrisch vereinfacht wie Würfel, Quader und Pyramide dargestellt (Bild 6-12). An allen Eckpunkten dieser geometrischen Körper, die numerisch bezeichnet sind, werden Nachgiebigkeitsfrequenzgänge gemessen. Auf diese Art ergeben sich für eine Werkzeugmaschine einige hundert Meßpunkte.

Nun werden in Seitenansicht, Vorderansicht und Draufsicht die Nachgiebigkeiten und Schwingungsformen (Modes) dargestellt (Bild 6-13).

Es ist notwendig, diese Untersuchungen bei verschiedenen Stellungen der beweglichen Bauteile durchzuführen, da sich dabei die Nachgiebigkeiten und Eigenschwingungsformen verändern.

Aus dem Abschnitt 6.1.2 ist bekannt, daß die Amplitude der erzwungenen Schwingung eine Funktion der Erregerfrequenz ist. Deshalb sollen diese Untersuchungen bei verschiedenen Erregerfrequenzen durchgeführt werden, da sich dabei die Nachgiebigkeiten und die Eigenschwingungsformen verändern.

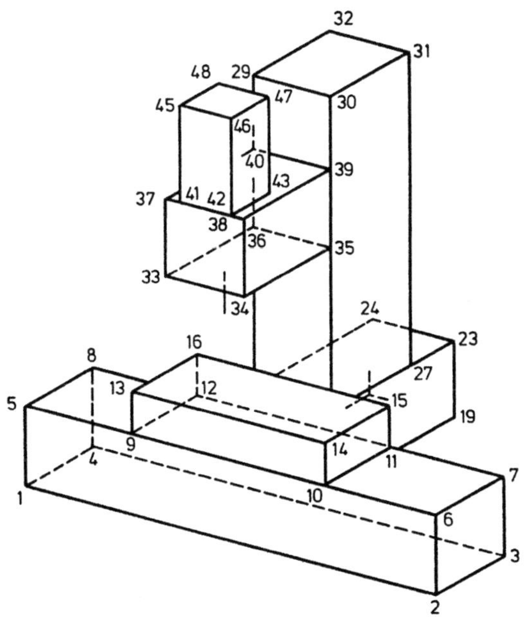


**Bild 6-12**
Eine vereinfachte Darstellung der geometrischen Aproximation der Maschine für die Modalanalyse

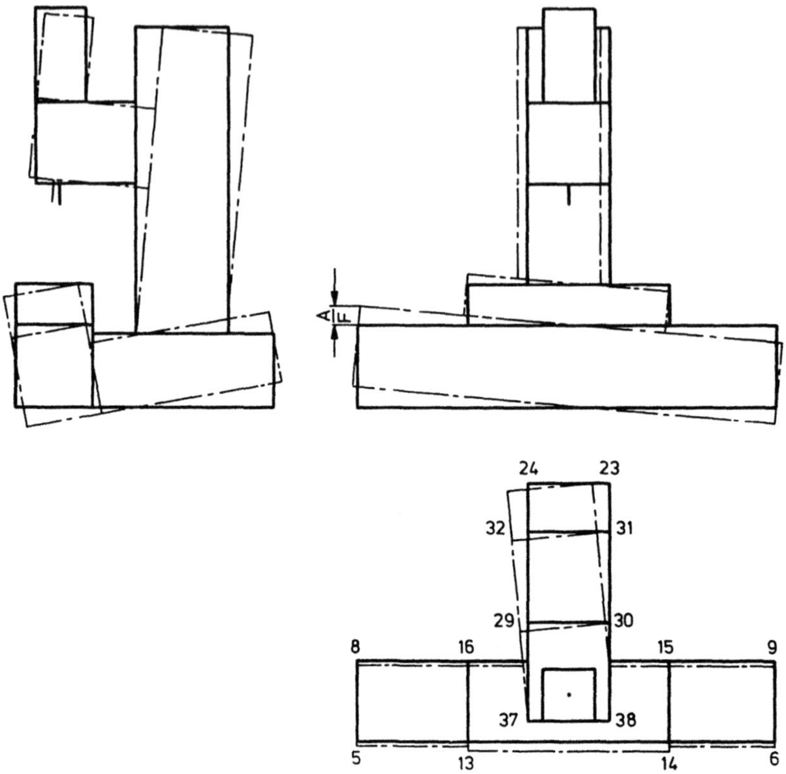


**Bild 6-13** Darstellung der Nachgiebigkeiten und Eigenschwingungsformen (Modes)

Bei diesen Untersuchungen werden bei verschiedenen Errgerfrequenzen die Nachgiebigkeiten und die Phasenwinkel ermittelt. In Bild 6-14 sind die Nachgiebigkeit und der Phasenwinkel als Funktion der Erregerfrequenz dargestellt. Nach diesen zwei Funktionen wurde die Ortskurve in Polarkoordinaten eingezeichnet. Die Nachgiebigkeit wird in der Ortskurve radial aufgetragen. Der Phasenwinkel wird, ausgehend von der positiven Achse, im Uhrzeigersinn für jede Erregerfrequenz aufgetragen.

Es gilt

Bei $f = 0$; $A/F = A_{ST}/F$; $\varphi = 0$,
bei $f = f_0$; $A/F = A_R/F$; $\varphi = 90°$,
bei $f = f_1$; $A/F = A_1/F$; $\varphi = \varphi_1$.

Die Abhängigkeit der Nachgiebigkeit von der Erregerfrequenz wird Amplitudengang genannt. Trägt man den Phasenwinkel als Funktion der Erregerfrequenz auf, erhält man den Phasengang. Die graphische Darstellung dieser zwei Funktionen in Polarkoordinaten wird Ortskurve des Frequenzganges genannt.

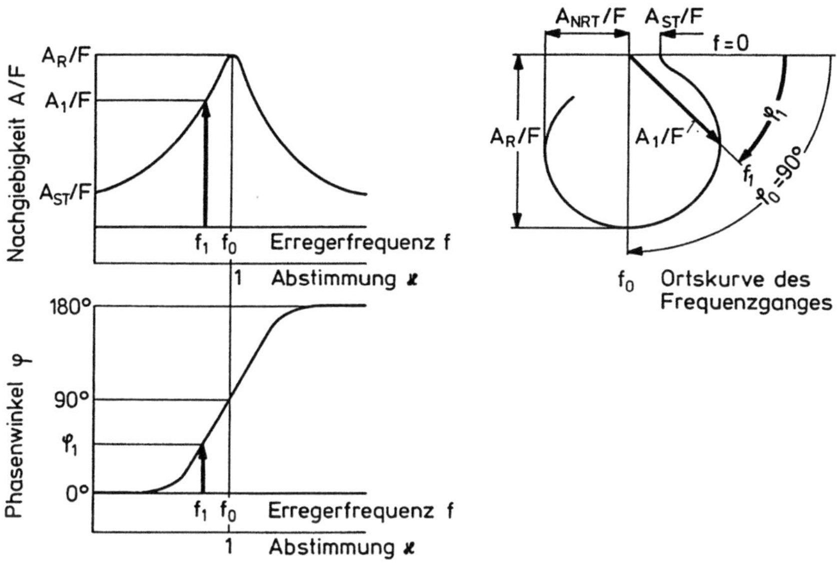


**Bild 6-14** Nachgiebigkeit und Phasenwinkel als Funktion der Erregerfrequenz und die Ortskurve des Frequenzganges

Die in Bild 6-13 dargestellten Eigenschwingungsformen zeigen die dynamischen Verformungen der Maschine bei einer bestimmten Erregerfrequenz in einem bestimmten Moment. Im nächsten Moment bekommt man ein anderes Verformungsbild. Es ist wie in einem Zeichentrickfilm möglich, mehrere Verformungsbilder zusammenzufügen, und die Schwingungen aller Bauteile der Maschine als Bewegungen an einem mit Fourier-Analysator angeschlossenen Bildschirm zu beobachten. Bei einer anderen Resonanzfrequenz bekommt man andere dynamische Verformungsbilder der Maschine. So können zwei gleiche Teile der Maschine, wie Hauptspindel und Arbeitstisch, bei einer bestimmten Frequenz gegenläufig, bei einer anderen Frequenz gleichläufig schwingen.

Diese Untersuchungen beschreiben das Verhalten der Maschine gegenüber erzwungenen Schwingungen. Das Verhalten der Maschine gegenüber selbsterregten Schwingungen wird nach Opitz [61] näherungsweise durch den größten negativen Realteil der Ortskurve ($A_{NRT}/F$) beschrieben: Je geringer der größte negative Realteil der Ortskurve, desto geringer ist die Neigung der Maschine zum Rattern.

## 6.5 Untersuchung des dynamischen Verhaltens der Maschine während des Bearbeitungsvorganges

Das dynamische Verhalten der Maschine während der Bearbeitung hängt von den technologischen Parametern wie: Schnittiefe, Spindeldrehzahl, Vorschub und Werkzeugdurchmesser ab. Die Untersuchungen sollen deshalb mit verschiedenen Werkzeugen bei der Veränderung der Schnittiefe und Spindeldrehzahl durchgeführt werden. So werden beim Fräsen mit einem bestimmten Werkzeug und einer bestimmten Schnittiefe beim Variieren der Spindeldrehzahl die Ratteramplituden und Ratterfrequenzen gemessen. Die gleichen Messungen werden für andere Schnittiefen durchgeführt. Die Ergebnisse solcher Untersuchungen können in einem Diagramm dargestellt werden (Bild 6-15). Diese Untersuchungen wurden an einer Vertikal-Fräsmaschine durchgeführt. Das Gebiet unter der Kurve $a_m(n)$ ist unbedingt stabil. Über der Kurve $a_m(n)$ befinden sich die instabilen Gebiete sowie die Gebiete der bedingten Stabilität, da es bei manchen Drehzahlen, auch bei höheren Schnittiefen stabile Bereiche gibt.

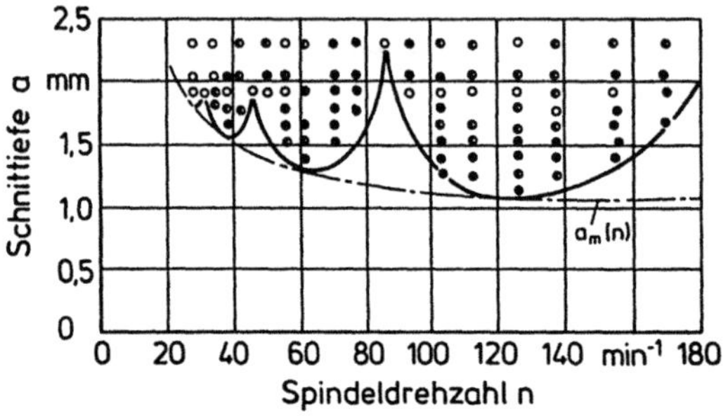


**Bild 6-15**
Instabile Drehzahlbereiche als Funktion der Schnittiefe nach Tobias [64]

Hierin bedeuten:
○ = große Amplituden,
◐ = mittlere Amplituden,
● = kleine Amplituden.

Diese Untersuchungen sollen genauso wie die in Abschnitt 6.4 beschriebenen Untersuchungen bei verschiedenen Stellungen der beweglichen Bauteile stattfinden (Bild 6-11).

## 6.6 Verbesserung des dynamischen Verhaltens der Maschine

Die dynamische Steifigkeit der Maschine wird als Quotient aus Kraft und Amplitude gekennzeichnet

$$K_{DYN} = \frac{F}{A}.$$

Die statische Steifigkeit der Maschine wird als Quotient aus Kraft und statischer Auslenkung gekennzeichnet

$$K = \frac{F}{A_{ST}}.$$

Im Resonanzfall kann die dynamische Steifigkeit nach folgender Gleichung bestimmt werden

$$K_{DYN} = \frac{F}{A_R}.$$

Aus dem Abschnitt 6.1.2 sind folgende Beziehungen schon bekannt

$$A_R = A_{ST} \cdot V_{1R} \cdot \frac{10}{g} \qquad V_{1R} = \frac{1}{2D}.$$

Setzt man diese Ausdrücke in die obere Gleichung für $K_{DYN}$, bekommt man

$$K_{DYN} = \frac{F \cdot g}{A_{ST} \cdot V_{1R} \cdot 10} = \frac{K \cdot g}{V_{1R} \cdot 10} = \frac{K \cdot g \cdot 2D}{10} = \frac{K \cdot D \cdot g}{5}.$$

Durch den Einsatz folgender Formel (s. Abschnitt 6.1.2)

$$\omega_0 = \sqrt{\frac{K}{m} \cdot \frac{g}{10}} \qquad D = \frac{\delta}{\omega_0} \qquad \delta = \frac{\rho}{2\,m}$$

verändert sich diese Gleichung zu

$$\boxed{K_{DYN} = \frac{K \cdot D \cdot g}{5} = \rho \cdot \omega_0} \; .$$

Aus dieser Gleichung wird deutlich, daß die dynamische Steifigkeit der Maschine erhöht werden kann, wenn die Dämpfung und die statische Steifigkeit der Maschine erhöht werden. Durch konstruktive Maßnahmen, wie die Wahl geeigneter Profile und Verrippungen der Gestellbauteile, kann eine hohe statische Steifigkeit der Maschine erreicht werden. Durch geeignete Wahl der Werkstoffe können gute Dämpfungseigenschaften erzielt werden. Die Massen der Bauteile der Maschine sollen klein sein, damit hohe Eigenfrequenzen erreicht werden können.

Das dynamische Verhalten der Maschine kann auch durch aktive oder passive Abschirmung von Schwingungen verbessert werden. Bei aktiver Abschirmung wird verhindert, daß die Schwingungen von der Maschine in das Maschinenfundament übertragen werden. Bei passiver Abschirmung wird verhindert, daß die Schwingungen vom Fußboden der Werkstatt in das Gestell der Maschine eintreten. Diese Abschirmungen erfolgen dadurch, daß das Bett der Maschine auf eine elastische Unterlage gestellt wird (Bild 6-16). Die ganze Maschine wurde im Schwingungsmodell als Masse m, die elastische Unterlage als Feder K und Dämpfer dargestellt. Da das Schwingungsmodell mit dem in Bild 6-4 dargestellten identisch ist, handelt es sich auch hierbei um die erzwungenen Schwingungen.

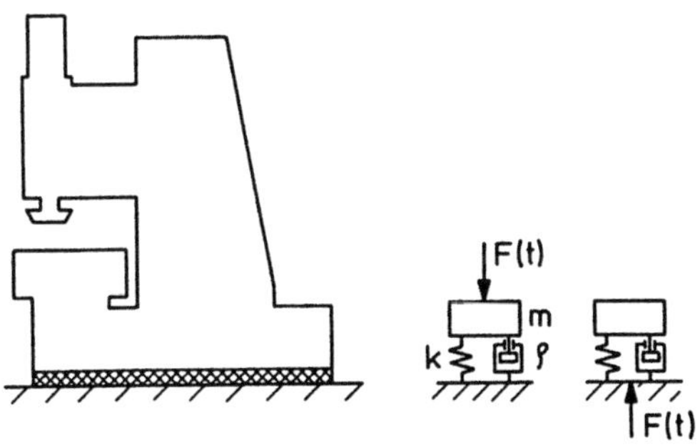


**Bild 6-16**
Abschirmung von Schwingungen und Schwingungsmodell

links: aktive Abschirmung
rechts: passive Abschirmung

Für ausgeführte Werkzeugmaschinen kann das dynamische Verhalten nachträglich durch Hilfsmassensysteme verbessert werden. Sie werden an den mit größter Amplitude schwingenden Punkten der Maschine angeordnet. Nach der Art der Kopplung zwischen dem Hilfsmassensystem und der Maschine unterscheidet man:

- Feder-Masse-System,
- Dämpfungssystem,
- gedämpftes Feder-Masse-System.

In Bild 6-17 sind die Modelle dieser drei Hilfsmassensysteme dargestellt. Die Maschine ist im Schwingungsmodell durch die Masse $m_1$, die Feder $K_1$ und den Dämpfer $\rho_1$ ersetzt worden. Die Hilfsmassen wurden durch die Masse $m_2$ ersetzt. Auf die Maschine wirkt eine zeitabhängige Erregerkraft F(t).

Beim Feder-Masse-System (linkes Bild) wird die Masse $m_2$ durch eine Feder $K_2$ mit dem schwingenden Punkt der Maschine verbunden. Dieses Hilfsmassensystem muß so auf das Schwingungssystem des schwingenden Maschinenteils abgestimmt werden, daß von dem Hilfsmassensystem eine Kraft entsteht, die der Störkraft gleich ist, aber in entgegengesetzter Richtung wirkt. Auf diese Art ist es möglich, die Schwingungsamplitude zu verringern und in idealem Fall völlig abzubauen. Dieses System wird Schwingungstilger genannt. Da dieses Hilfsmassensystem auf ein bestimmtes Schwingungssystem abgestimmt wird, ist es möglich, es nur bei den dynamisch unveränderlichen Schwingungssystemen, wie z.B. Sondermaschinen, anzuwenden. Dieses System hat keine Anwendung an Universal-Werkzeugmaschinen, da sich hier durch die Veränderung der beweglichen Bauteile und der Drehzahlen die dynamischen Kennzahlen ständig verändern.

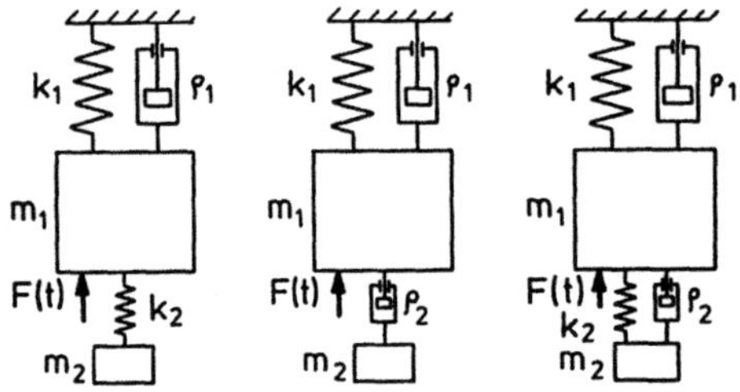


**Bild 6-17** Schwingungsmodell für die Maschine mit Hilfsmassensystemen

Beim Dämpfungssystem (mittleres Bild) wird die Hilfsmasse $m_2$ durch einen Dämpfer $\rho_2$ mit dem schwingenden Punkt der Maschine verbunden. Die Resonanzamplitude wird bei diesem System durch die Erhöhung der Dämpfung verringert. Große Dämpfung ist nicht nur zur Herabsetzung der erzwungenen Schwingungen erwünscht; sie beeinflußt positiv die freien und die selbsterregten Schwingungen. Dieses Hilfsmassensystem wird auch Lanchester-System genannt. Die Dämpfung kann durch die Flüssigkeitsreibung oder durch die Festreibung erzeugt werden.

In Bild 6-18 ist ein Torsionsdämpfer mit Festreibung gezeigt. Er wird auf eine schwingende Welle gesetzt. Das Massenträgheitsmoment des Dämpfers und das Reibmoment auf den Flächen „A" und „B" müssen nach der schwingenden Welle abgestimmt werden. Das Reibmoment auf den Flächen „A" und „B" zwischen dem Dämpfer und der schwingenden Welle soll etwa 10–15 % des Motormoments betragen [56]. Das Massenträgheitsmoment des Dämpfers soll 2 bis 3 mal so groß sein wie das Massenträgheitsmoment vom Rotor des Antriebsmotors plus Massenträgheitsmoment aller rotierenden und translatorisch bewegten Massen, die auf die Motorwelle reduziert werden.

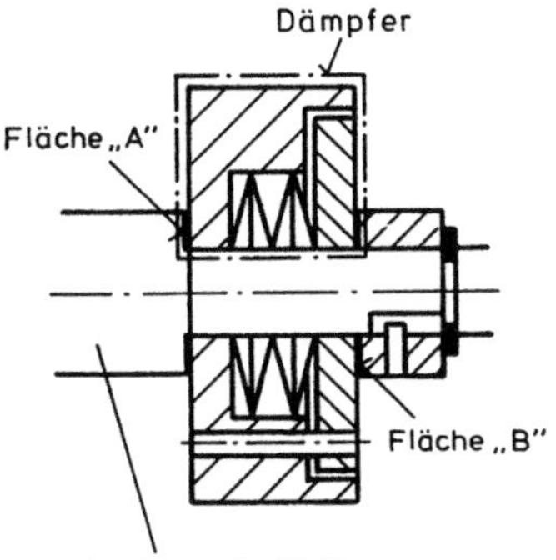


**Bild 6-18** Torsionsdämpfer

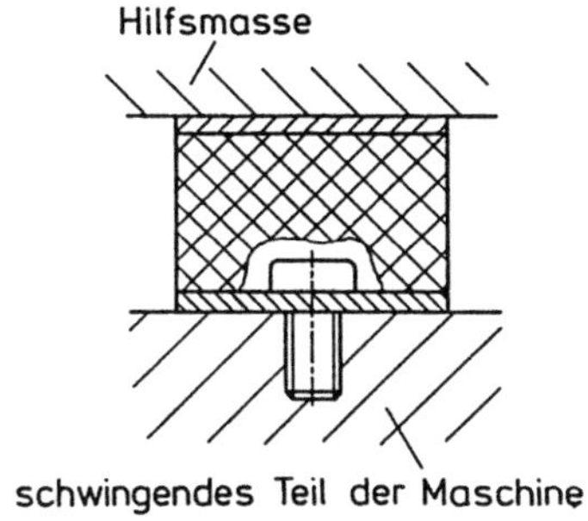


**Bild 6-19** Schwingpuffer aus „Schwingmetall" als gedämpftes Feder-Masse-System

Das gedämpfte Feder-Masse-System (Bild 6-17, rechte Hälfte) hat Eigenschaften beider beschriebenen Hilfsmassensysteme zusammen. Dieses System wird von allen Hilfsmassensystemen bei den Werkzeugmaschinen am häufigsten angewandt. Elemente aus Kunststoff, Kautschuk oder Gummi, die zugleich Federungs- und Dämpfungseigenschaften beinhalten, werden zwischen der schwingenden Masse und der Hilfsmasse eingebaut.

In Bild 6-19 ist ein Schwingpuffer aus Schwingmetall dargestellt. Er wird in das schwingende Teil der Maschine eingeschraubt.

## 6.7 Beispielaufgaben

Das dynamische Verhalten einer Schleifmaschine soll durch die Anwendung eines Dämpfungssystems (Bild 6-17, mittlerer Teil) verbessert werden. Der Dämpfer wird auf eine schwingende Welle, in diesem Falle eine Kugelrollspindel gesetzt und als Torsionsdämpfer mit Festreibung nach Bild 6-18 ausgeführt.

Der Durchmesser der Kugelrollspindel beträgt: $d_1 = 30$ mm. Die Kugelrollspindel wird direkt von einem Gleichstrommotor mit folgenden Daten angetrieben:

- Motormoment $M_M = 32$ Nm
- Trägheitsmoment des Rotors $I_M = 0{,}037$ kgm$^2$..

Massenträgheitsmoment aller rotierenden und translatorisch bewegten Massen, die auf die Motorwelle reduziert werden, beträgt $I_R = 0{,}02$ kgm$^2$.

Der Außendurchmesser, die Breite und die Reibflächen des Dämpfers sollen ermittelt werden.

Lösung im Anhang

# 7 Maschinensteuerung

## 7.1 Allgemeine Begriffe für Steuerung und Regelung

Die Steuerung ist ein physikalischer Vorgang, bei dem der Wert einer physikalischen Größe durch eine andere von ihr unabhängigen Größe beeinflußt wird. Der Wert der beeinflußten Größe wird nicht erfaßt, d.h. die geänderte Größe (Ausgang) hat keine Rückwirkung auf den Eingang der Steuerung (Bild 7-1).

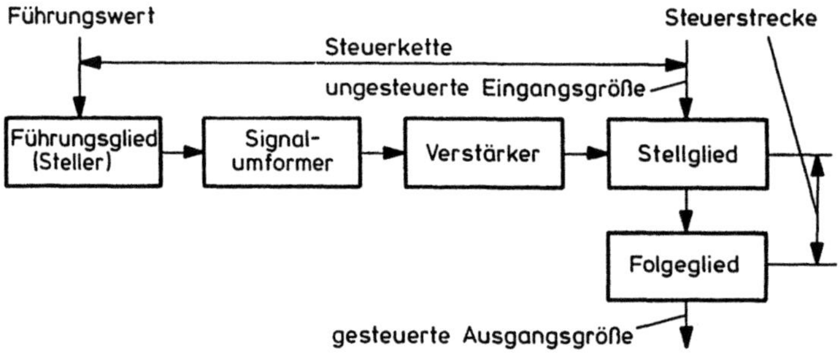


**Bild 7-1** Prinzipielle Darstellung einer Steuerung

Das Führungsglied hat die Funktion der Auslösung des Steuervorganges. Der Signalumformer setzt das vom Führungsglied (Steller) ausgelöste Signal in eine physikalische Steuergröße um. Der Verstärker hat die Aufgabe, das Steuersignal zu verstärken, um das Stellglied betätigen zu können, das die Steuergröße beeinflußt bzw. ändert.

Bei der Regelung wird der Wert der beeinflußten Größe ständig erfaßt und mit einer Vergleichsgröße verglichen (Bild 7-2).

Nach diesem Vergleich wird eine neue Größe abgeleitet, die die regelnde Größe so korrigiert, daß sie sich dem Wert der Vergleichsgröße nähert. Die regelnde Größe wird auf diese Art konstant gehalten. Die Regelstrecke ist die Anlage, durch die ein Energiefluß fließt. Das Meßglied erfaßt bzw. mißt den Istwert der Regelgröße X. Dieser Istwert wird mit dem Sollwert der Regelgröße $X_K$ verglichen und die Differenz $X - X_K$ dem Regler zugeführt.

Der Regler leitet die Stellgröße Y ab, liefert sie zum Stellglied, das die Aufgabe hat, die Regelgröße so zu korrigieren, daß sie sich dem Sollwert nähert. Wenn die Regelabweichung $X_W$ positiv ist, dann ist $X > X_K$, was bedeutet, daß der Energiefluß verringert werden muß. Mit anderen Worten: Ein positiver Wert der Regelabweichung verursacht eine negative Änderung des Stellgliedes. Dies ist in Bild 7-2 symbolisch mit dem Zeichen $\xrightarrow{+}\circ\xrightarrow{-}$ ausgedrückt.

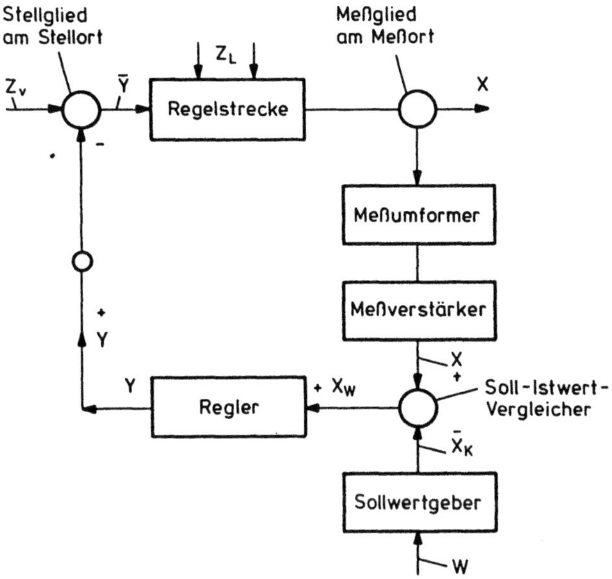


**Bild 7-2** Prinzipielle Darstellung einer Regelung

Alle störenden Einflüsse, wie Temperatur, Drehzahländerungen usw., die ständig auf die Regelstrecke wirken, nennt man Störgröße $Z_L$.

| | |
|---|---|
| X | Istwert der Regelgröße |
| Y | Stellgröße |
| $Z_V$ | Versorgungsstörgröße |
| $X_K$ | Sollwert der Regelgröße |
| $X_W$ | $X - X_K$ = Regelabweichung |
| W | Führungsgröße |
| $Z_L$ | Laststörgröße |
| $\bar{Y}$ | $Z_V - Y$ = Strecken-Eingangsgröße |

Begriffe und Benennungen für die Regelungstechnik und Steuerungstechnik werden nach DIN-Norm (DIN 12226 vom Mai 1968) beschrieben und erläutert [65].

## 7.2 Steuerungsarten für Werkzeugmaschinen

Die Steuerung einer Werkzeugmaschine wird je nach Zweckerfüllung der Maschine bestimmt. Sie können nach verschiedenen Kriterien eingeordnet und aufgeteilt werden.
Es werden nun Kurven-, hydraulische, pneumatische und elektrische Steuerungen, von der einfachsten Steuerungsart beginnend, bis zur Steuerung für Maschinen höchster Automatisierungsgrade beschrieben.

### 7.2.1 Kurvensteuerung

Die Mehrspindel-Drehautomaten mit umlaufenden Werkstücken werden mechanisch unter Anwendung des Hauptsteuerwellensystems gesteuert. Die Steuerwelle speichert alle Weg- und Schaltinformationen in Form von Kurven und Nocken, die für die Bewegung der einzelnen Bauteile der Maschine vorgesehen sind (Bild 7-3). Während einer Umdrehung der Welle wird das Werkstück an einer Spindellage fertiggestellt, an den anderen Spindellagen vorbearbeitet.

Die Bewegung des Längswerkzeugträgers wird direkt, d.h. ohne Zwischenelemente über die Kurventrommel „L" gesteuert. Die unabhängigen Bewegungen für Sondereinrichtungen werden von der Kurventrommel „SO" abgeleitet. Die Indexkurve „I" hat die Aufgabe, die Indexbolzen kurz vor dem Weiterschalten der Spindeltrommel anzuheben. Der einrastende Teil des Indexbolzens wird so konstruiert und hergestellt, daß eine hohe Genauigkeit der Indexstellung erzielt wird.

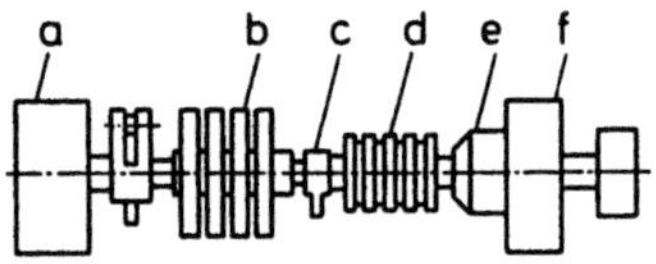


**Bild 7-3** Steuerwelle eines Mehrspindel-Drehautomaten [66] (Fabrikat Gildemeister)
a Kurventrommel für Werkstoffvorschub und Spannung,
b Kurvenscheiben für Seitenschlitten,
c Index,
d Nockentrommel,
e Kurventrommel für Sondersteuerungen,
f Kurventrommel für Längsschlitten

### 7.2.2 Hydraulische Steuerung

Die hydraulische Steuerung eines durch den Hydraulikzylinder „a" angetriebenen Schlittens „b" ist in Bild 7-4 zu sehen. Dieses hydraulische Steuerschema ist für alle sich im Hydraulik-Ring befindlichen Werkzeugmaschinenfirmen bei dem Arbeitszyklus: Eilgang-Vor (EV), Arbeitsgang-Vor (AV), Eilgang-Zurück (EZ) weitgehend einheitlich.

Der Eilgang-Vor wird nach dem gegebenen elektrischen Startimpuls durch die derartige Schaltung des Elektromagnetventils „c" eingeleitet, daß der Volumenstrom von der Pumpe „d" durch das Wegeventil „e" zur Kolbenseite des Hydraulikzylinders „a" strömt. Von der Kolbenstangenseite des Vorschubzylinders strömt das verdrängte Öl durch das geöffnete Wegeventil „f" und durch das Wegeventil „e" zum Ölbehälter „g" zurück.

Der Arbeitsgang-Vor wird durch die Betätigung des Wegeventils „f" eingeleitet. Ein an dem Schlitten befestigter und auf den gewünschten Hub eingesteller Nocken betätigt bei der Bewegung des Schlittens „b" das mechanische Ventil „f", der Durchfluß wird somit abgesperrt. Das von der Kolbenstangenseite des Zylinders verdrängte Öl strömt nun durch das Stromregelventil „h" und das Wegeventil „e" zum Ölbehälter „g" zurück. Durch die Verstellung des Stromregelventils und die Beeinflussung des Ölstromes ist es möglich, die gewünschte Arbeitsganggeschwindigkeit zu erreichen.

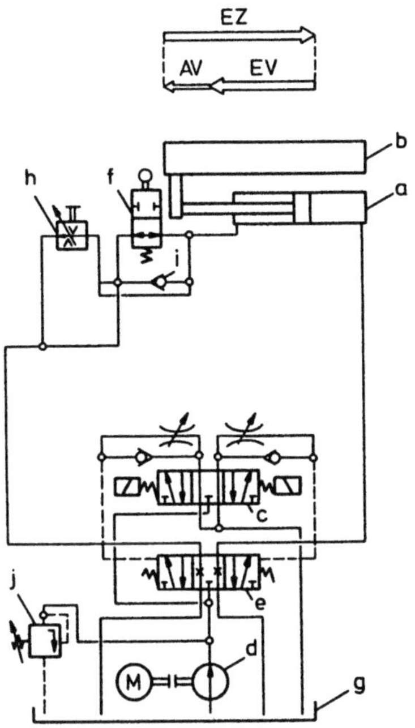


**Bild 7-4** Schema einer hydraulischen Steuerung

Ein an dem Schlitten befestigter und auf den gewünschten Arbeitshub eingestellter Nocken betätigt in der vordersten Schlittenstellung den Endschalter, der Eilgang-Zurück wird eingeleitet. Das Elektromagnetventil „c" wird so geschaltet, daß der Volumenstrom von der Pumpe durch das Ventil „e" zur Kolbenstangenseite des Hydraulikzylinders strömt. Da sich das mechanische Wegeventil „f" in abgesperrter Stellung befindet, strömt das Öl vom Ventil „e" durch das Rückschlagventil „i" zum Zylinder. Von der Kolbenseite des Hydraulikzylinders strömt das verdrängte Öl durch das Wegeventil „e" zum Ölbehälter zurück.

Die Elektromagnetventile („c") werden nicht direkt, sondern über vorgesteuerte Ventile („e") mit dem Vorschubzylinder angeschlossen, damit der hydraulische Schlag bei der plötzlichen Umschaltung des Elektromagnetventils ausgeschlossen wird.

Das Druckbegrenzungsventil „j" wird auf den maximal zulässigen Pumpendruck eingestellt und wird zum Schutz der Pumpe eingebaut.

Die hydraulische Steuerung wird hauptsächlich für Sonderwerkzeugmaschinen und Transferstraßen angewandt. Gründe dafür sind der relativ niedrige Preis, die gute Dämpfung aller Antriebselemente, hohe Zuverlässigkeit und lange Lebensdauer der Steuerungselemente.

### 7.2.3 Pneumatische Steuerung

Die pneumatische Steuerung einer durch den Pneumatikzylinder „a" angetriebenen Vorschubeinheit „b" ist in Bild 7-5 dargestellt. Dieses pneumatische Steuerschema wurde durch die Verwendung von Pneumatik-Steuerungselementen realisiert.

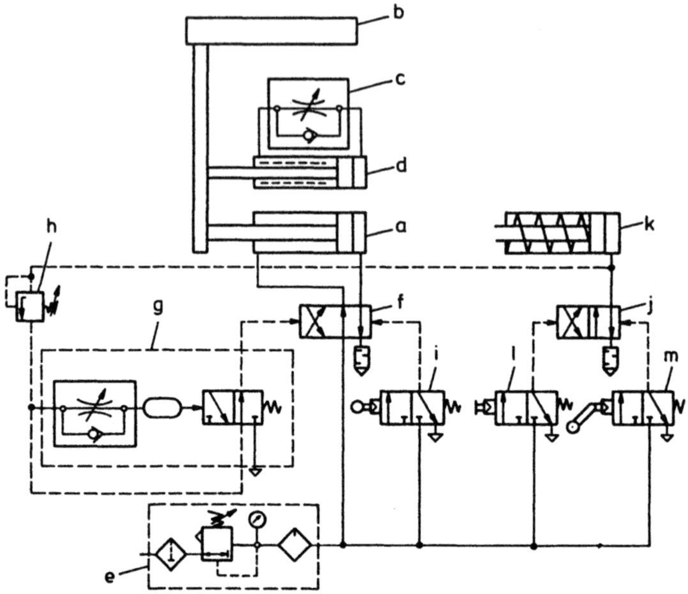


**Bild** 7-5 Schema einer pneumatischen Steuerung

Durch die Verstellung des Drossel-Rückschlagventils „c“ wird der Ölstrom im Ölbremszylinder „d“ beeinflußt und die Arbeitsganggeschwindigkeit verändert.

Alle anderen Steuerungselemente sind wie folgt durch die Druckluft ausgelegt.

Die Druckluft strömt von der Einheit „e“, die aus Filter, Druckregelventil und Öler besteht, durch das Pneumatik-Impulsventil „f“ zum Pneumatikzylinder „a“.

Das Zeitverzögerungsventil „g“ dient zum Abschalten des Dauersignals vom Druckschaltventil „h“, das nach Erreichen des eingestellten Drucks umschaltet.

Das Rollenhebelventil „i“ steuert die Vorschubeinheit auf Rücklauf.

In dem rechten Teil der Abbildung strömt die Druckluft von der Einheit „e“ durch das Pneumatik-Impulsventil „j“ zum einfach wirkenden Spannzylinder „k“.

Das Tasterventil „*l*“ dient zum Start des Spannzylinders, das Kipprollenventil mit Leerrücklauf „m“ steuert den Spannzylinder zurück.

Da der Arbeitsdruck einer pneumatischen Anlage (nach oben begrenzt bis 10 bar) wesentlich niedriger liegt als jener, den man bei den hydraulischen Anlagen anwendet, wird die pneumatische Steuerung für die Maschinen mit geringeren Vorschubkräften angewandt. Die Kraft kann durch die Vergrößerung des Zylinderdurchmessers erhöht werden, diese Möglichkeit ist aber beim Vorschubantrieb einer Werkzeugmaschine selten gegeben. Da aber die pneumatische Steuerung eine zuverlässige und relativ preisgünstige Steuerung mit langer Lebensdauer ist, findet sie bei vielen Sondermaschinen ihre Anwendung.

### 7.2.4 Elektrische Steuerung

#### Manuelle Befehlseingabe

Eilgang-Vorschub-Umschaltung, Achsauswahl, Auswahl der Spindeldrehzahl, Auswahl des Vorschubes, Ein- und Ausschaltung der Spindeldrehung und die Wahl der Spindel-Drehrichtung erfolgen bei dieser Steuerung von Hand. Verschiedene Vorschübe und verschiedene Drehzahlen werden durch Stufengetriebe mit Schieberädern erzeugt. Achsauswahl und Eilgang-Vorschub-Umschaltung erfolgen über mechanische Kupplungen. Die Haupt- und Vorschubantriebe werden durch Drehstrommotoren realisiert.

#### Festverdrahtete Steuerung

Durch die festen Vorgabewerte, die für einfache Steuerungsfunktionen angewandt werden, zeichnet sich diese Steuerung durch geringe Flexibilität aus. Sie wird deshalb bei den Einzweckmaschinen sowie einfachen Automaten und niedrigautomatisierten Dreh- und Fräsmaschinen angewandt.

Einfache Zyklen wie:

Eilgang $\rightarrow$ Vorschub $\rightarrow$ Eilgang $\leftarrow$, und
Eilgang $\rightarrow$ Vorschub $\rightarrow$ Eilgang $\leftarrow$ Vorschub $\leftarrow$

können mit dieser Steuerung an einer Achse verwirklicht werden. Da die Umschaltung Eilgang-Vorschub automatisch erfolgt, werden kontaktbetätigte Kupplungen, beispielsweise elektromagnetische Lamellenkupplungen, vorgesehen.

#### Programmsteuerung mit geringerer Schrittanzahl

Mit dieser Steuerung können mehrere Achsen wie X, Y, Z und eventuell noch die vierte Achse dazu, mehrere Geschwindigkeiten wie Eilgang, Vorschub und Schleichgang, beide Spindeldrehrichtungen und der Spindelstillstand, mehrere Nockenbahnen sowie einige Hilfsfunktionen, wie Programmwiederholung und Programmunterbrechung programmiert werden. Die erforderliche Schrittzahl wird nach den Bearbeitungsabläufen bzw. Zyklen bestimmt. Programmträger sind bei dieser Steuerung Kreuzschienenverteiler oder Dekadenschalter. Manuelles Programmieren erfolgt durch das Einstecken der Diodenstecker in die entsprechenden Löcher des Kreuzschienenverteilers oder durch Einstellen der Wahlscheiben an den Dekadenschaltern. Das Programm wird auf einzelne Schritte aufgeteilt.

In Bild 7-6 ist eine Programmsteuerung mit Dekadenschaltern, in Bild 7-7 mit Kreuzschienenverteiler dargestellt.

Bei beiden Steuerungen wurden die gleiche Leistung bzw. die gleiche Schrittzahl und die gleichen Funktionen vorausgesetzt. So ist es mit beiden Programmträgern möglich, 10 Schritte zu machen und folgende Funktionen zu erreichen: Verfahrwege in 4 Achsen auf 7 Nockenbahnen mit 3 Tischgeschwindigkeiten bei beiden Spindeldrehrichtungen und dem Spindelstillstand. Die Lösung mit den Dekadenschaltern benötigte für diese Aufgabe 3 Reihen mit je 10 Schaltern, d.h. insgesamt 30 Dekadenschaltern. Für die gleiche Aufgabe war bei der zweiten Lösung ein Kreuzschienenverteiler mit 10 Zeilen und 22 Spalten erforderlich.

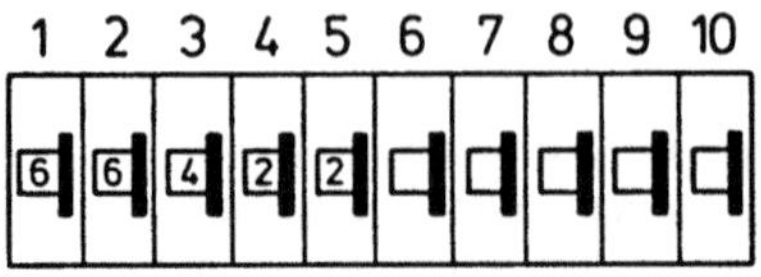


| SCHALTERNR. | ACHSE | RICHTUNG |
|---|---|---|
| 1 | X | + |
| 2 | X | - |
| 3 | Y | + |
| 4 | Y | - |
| 5 | Z | + |
| 6 | Z | - |
| 7 | 4 | + |
| 8 | 4 | - |
| 9 | FREI | |
| 0 | KEIN BEFEHL | |

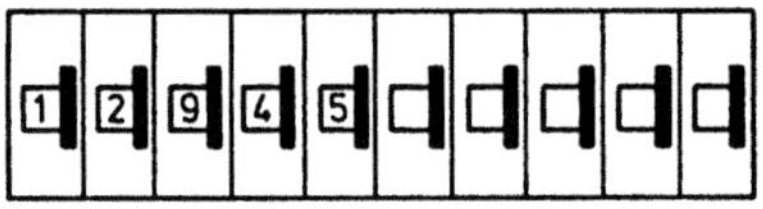


| SCHALTERNR. | TISCH-GESCHW. | SPINDEL-DREHUNG |
|---|---|---|
| 1 | EILGANG | ↺⊙ |
| 2 | VORSCHUB | ↺⊙ |
| 3 | SCHLEICHG. | ↺⊙ |
| 4 | EILGANG | ↻⊙ |
| 5 | VORSCHUB | ↻⊙ |
| 6 | SCHLEICHG. | ↻⊙ |
| 7 | EILGANG | STILLST. ⊙ |
| 8 | VORSCHUB | STILLST. ⊙ |
| 9 | SCHLEICHG. | STILLST. ⊙ |
| 0 | KEIN BEFEHL | |

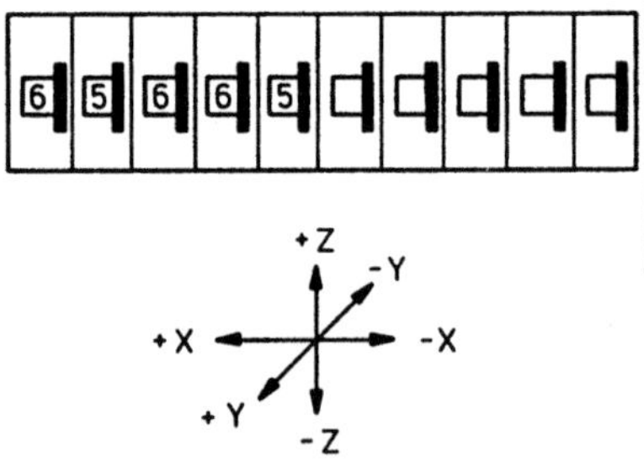


| SCHALTERNR. | NOCKENBAHN-NR. | |
|---|---|---|
| 1 | 1 | |
| 2 | 2 | |
| 3 | 3 | |
| 4 | 4 | |
| 5 | 5 | |
| 6 | 6 | |
| 7 | 7 | |
| 8 | FREI | |
| 9 | FREI | |
| 0 | KEIN BEFEHL | |

**Bild 7-6** Programmsteuerung mit Dekadenschaltern

Einen Ablauf mit 5 Schritten zeigt Bild 7-8. Nach diesem Ablauf sind die Wahlscheiben an den Dekadenschaltern eingestellt bzw. die Diodenstecker in den Kreuzschienenverteiler eingesteckt. Die Schritte befinden sich bei beiden Programmträgern in horizontaler, die Funktionen in vertikaler Reihe. Jeder Dekadenschalter kann in Zahlenform von 0 bis 9 eingestellt werden. Jeder Programmschritt, der durch Einstellung der drei übereinander liegenden Dekadenschalter dargestellt wird, führt zu einer Bewegung. Die örtlichen Begrenzungen erfolgen durch Nocken, die auch den nächsten Schritt einleiten.

Diese Steuerung wird noch immer bei vielen Universal-Werkzeugmaschinen angewandt. Da die Umschaltung auf eine andere Geschwindigkeit und eine andere Achse automatisch erfolgt, werden elektromagnetische Lamellenkupplungen angewandt. Die Vorschübe und Spindeldrehzahlen werden bei jedem Programm durch Verschieben der Räder im Stufengetriebe manuell eingestellt.

| SCHRITTE | | | | | | | | | | LOCH-NR. | ACHSE | | RICH-TUNG |
|---|---|---|---|---|---|---|---|---|---|---|---|---|---|
| 1 | 2 | 3 | 4 | 5 | 6 | 7 | 8 | 9 | 10 | | | | |
| ○ | ○ | ○ | ○ | ○ | ○ | ○ | ○ | ○ | ○ | 1 | X | | + |
| ○ | ○ | ○ | ● | ● | ○ | ○ | ○ | ○ | ○ | 2 | X | | - |
| ○ | ○ | ○ | ○ | ○ | ○ | ○ | ○ | ○ | ○ | 3 | Y | | + |
| ○ | ○ | ● | ○ | ○ | ○ | ○ | ○ | ○ | ○ | 4 | Y | | - |
| ○ | ○ | ○ | ○ | ○ | ○ | ○ | ○ | ○ | ○ | 5 | Z | | + |
| ● | ● | ○ | ○ | ○ | ○ | ○ | ○ | ○ | ○ | 6 | Z | | - |
| ○ | ○ | ○ | ○ | ○ | ○ | ○ | ○ | ○ | ○ | 7 | 4 | | + |
| ○ | ○ | ○ | ○ | ○ | ○ | ○ | ○ | ○ | ○ | 8 | 4 | | - |
| ● | ○ | ○ | ● | ○ | ○ | ○ | ○ | ○ | ○ | 9 | TISCH-GESCHW. | EILGANG | |
| ○ | ● | ○ | ○ | ● | ○ | ○ | ○ | ○ | ○ | 10 | | VORSCHUB | |
| ○ | ○ | ● | ○ | ○ | ○ | ○ | ○ | ○ | ○ | 11 | | SCHLEICHGANG | |
| ● | ● | ○ | ○ | ○ | ○ | ○ | ○ | ○ | ○ | 12 | SPINDEL-DREHZAHL | (⊙ | |
| ○ | ○ | ○ | ● | ● | ○ | ○ | ○ | ○ | ○ | 13 | | (⊙ | |
| ○ | ○ | ● | ○ | ○ | ○ | ○ | ○ | ○ | ○ | 14 | | STILLSTAND ⊙ | |
| ○ | ○ | ○ | ○ | ○ | ○ | ○ | ○ | ○ | ○ | 15 | ENDSCHALTER-NR. | E1 | |
| ○ | ○ | ○ | ○ | ○ | ○ | ○ | ○ | ○ | ○ | 16 | | E2 | |
| ○ | ○ | ○ | ○ | ○ | ○ | ○ | ○ | ○ | ○ | 17 | | E3 | |
| ○ | ○ | ○ | ○ | ○ | ○ | ○ | ○ | ○ | ○ | 18 | | E4 | |
| ○ | ● | ○ | ○ | ● | ○ | ○ | ○ | ○ | ○ | 19 | | E5 | |
| ● | ○ | ● | ● | ○ | ○ | ○ | ○ | ○ | ○ | 20 | | E6 | |
| ○ | ○ | ○ | ○ | ○ | ○ | ○ | ○ | ○ | ○ | 21 | | E7 | |
| ○ | ○ | ○ | ○ | ○ | ● | ○ | ○ | ○ | ○ | 22 | PROGRAMMENDE | | |

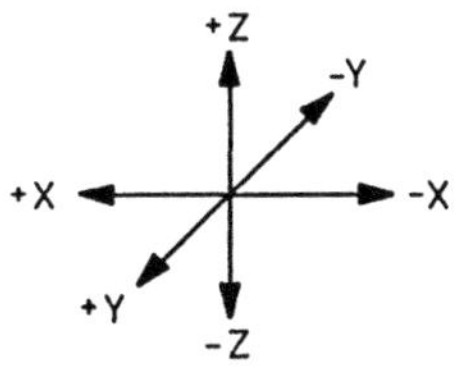


**Bild 7-7** Programmsteuerung mit dem Kreuzschienenverteiler

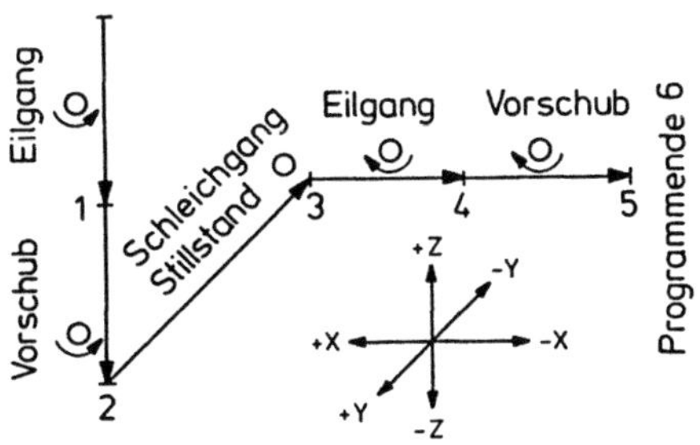


**Bild 7-8** Ablauf mit 5 Schritten

### Speicherprogrammierbare Steuerung

Speicherprogrammierbare Steuerung, kurz SPS oder PC (programmable controler), hat sich innerhalb kurzer Zeit einen beachtlichen Marktanteil gesichert. Sie ist eine wirtschaftliche Alternative zur kleinen Relais- und Schützsteuerung.

Die Zielsetzung für die Entwicklung dieser Steuerung war eine einfache und bei Bedarf auch neu programmierbare Steuerung, die zuverlässiger und preisgünstiger als die vorhandenen Steuerungen ist, zu entwickeln. Die Entwicklung der Halbleitertechnologie hat ermöglicht, diese Zielsetzung weitgehend zu erfüllen.

Die in der Steuerung eingesetzten Automatisierungsgeräte zeichnen sich durch hohe Leistungsfähigkeit, niedrigen Preis und einfache Handhabung aus. Durch den Einsatz von Mikroprozessoren wird eine universelle Programmierbarkeit in Funktionsplan-, Kontaktplan- und Anweisungslistentechnik erreicht. Die Automatisierungsgeräte enthalten die Stromversorgung, die für den Betrieb notwendigen Baugruppen, die Rechnerkopplung, Blattschreiber und Datensichtgerät.

Mit dieser Steuerung ist es viel einfacher, eine höhere Anzahl der Schritte zu programmieren als mit den Dekadenschaltern und Kreuzschienenverteilern. Reichen die Steckplätze im Zentralgerät nicht aus, ist es möglich, Erweiterungsgeräte anzuschließen und somit die Schrittanzahl zu erhöhen.

Die Funktion der Steuerung wird durch ein Programm bestimmt, das auf einfache Art und Weise über ein Programmiergerät mit der Tastatur in den Programmspeichern eingegeben wird. Die einzelnen Befehle werden in fortlaufender Reihenfolge in Speicherzellen abgelegt. Das Steuerwerk bzw. der Processor liest die gespeicherten Anweisungen während des Betriebes und führt die darin gespeicherten Operationen aus.

Die Umschaltung auf eine andere Geschwindigkeit und eine andere Achse erfolgt automatisch. Für jede Achse werden meist Einzelantriebe angewandt. Bei Verwendung von Zentralantrieben müssen elektromagnetische Lamellenkupplungen vorgesehen werden. Die Einstellung der erforderlichen Vorschübe und Spindeldrehzahlen erfolgt bei jedem Programm manuell. Die Wege werden durch Nocken eingestellt.

Bei allen bisher beschriebenen Steuerungen erfolgen die Wegumschaltungen durch Nocken. Die Wegmessungen können durch Maßstab und Nonius (Bild 7-9), durch optische Ablesung (Bild 7-10) und durch elektronische Anzeige (Bild 7-11) realisiert werden.

### Numerische Steuerung

Numerische Steuerung (numerical control), NC-Steuerung genannt, kann außer der bei Programmsteuerung beschriebenen, automatischen Umschaltungen auf eine andere Geschwindigkeit und eine andere Achse noch dazu während des Ablaufes die Spindeldrehzahlen und die Vorschübe verändern. Meist werden Einzelantriebe für jede Achse verwendet. Bei einfacheren Streckensteuerungen können auch Zentralantriebe vorgesehen werden. Die Umschaltung auf eine andere Achse erfolgt dann über elektromagnetische Lamellenkupplungen. Die Drehzahlen der Gleichstrommotoren für den Haupt- und Vorschubantrieb werden durch konstante Widerstände festgelegt, damit sie in dem gegebenen Moment abgerufen werden können (s. Abschnitt 5.1.2 und 5.2.3). Auf diese Art werden die Spindeldrehzahlen und die Vorschübe verändert. Alle Arbeitsinformationen wie Spindeldrehzahl, Vorschub, Bearbeitungsrichtung und Weg sind auf einem Informationsträger,

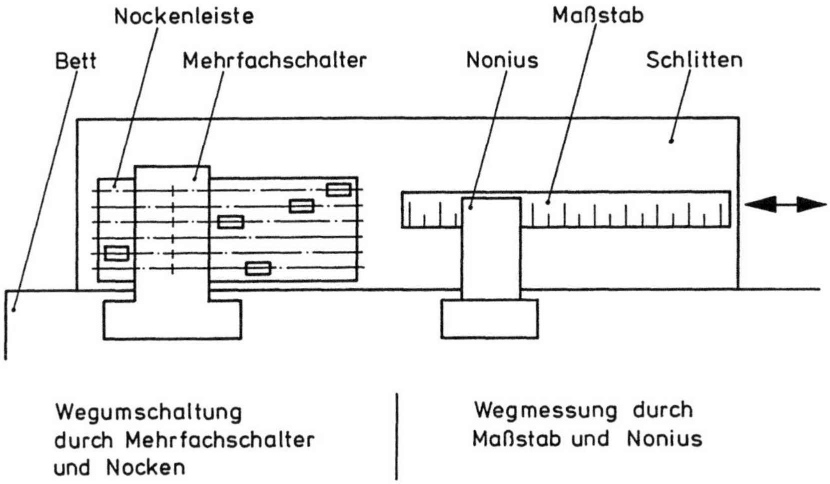


**Bild 7-9** Wegumschaltung durch Nocken, Wegmessung durch Maßstab und Nonius

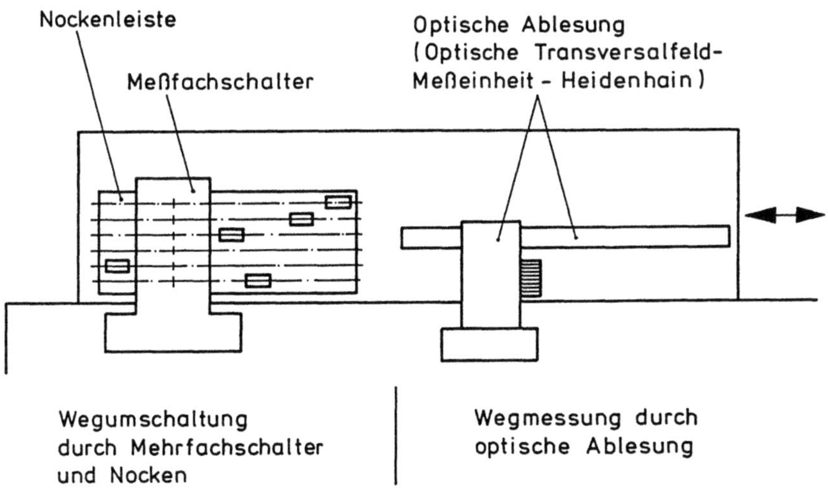


**Bild 7-10** Wegumschaltung durch Nocken, Wegmessung durch optische Ablesung

der meistens ein Lochstreifen ist, gespeichert. Für die Bearbeitung eines anderen Werkstückes muß die Maschine umgerüstet werden. Diese Umrüstung geschieht durch einfaches Auswechseln des Lochstreifens.

Die Befehle werden durch Zahlen bzw. Ziffern ausgedrückt, deshalb wird diese Steuerung eine zahlenmäßige oder numerische Steuerung genannt. Durch dauernde Veränderung der Bearbeitungsbedingungen wird sie auch als eine überwachende Steuerung mit variablen Vorgabewerten gekennzeichnet.

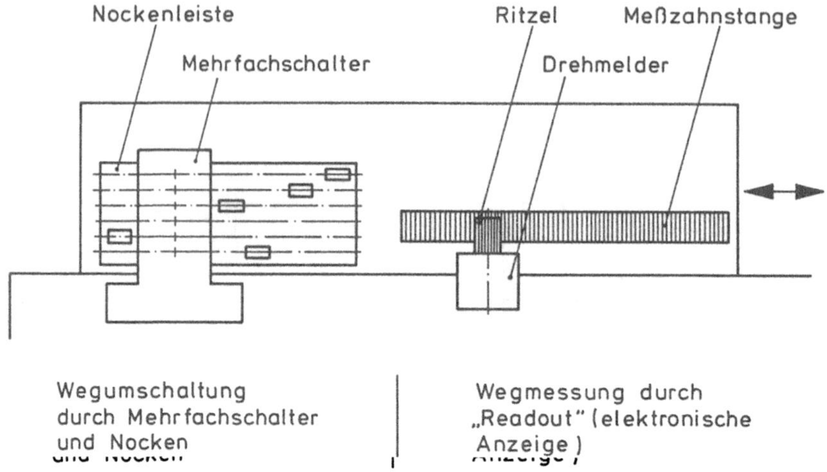


**Bild 7-11** Wegumschaltung durch Nocken, Wegmessung durch elektronische Anzeige

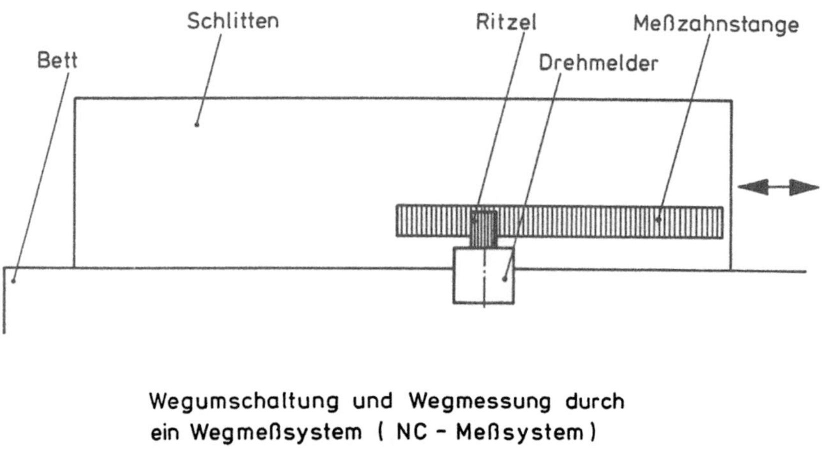


**Bild 7-12** Wegumschaltung und Wegmessung durch ein Wegmeßsystem

Diese Steuerung ist kontaktlos, die Schalt- und Weginformationen werden durch Lochstreifen bzw. in zunehmendem Maße durch Magnetkassette eingegeben. Die Wegumschaltung und die Wegmessung erfolgen mittels eines präzisen Wegmeßsystems, wie dies in Bild 7-12 als systematische Darstellung im Zusammenhang mit den Bildern 7-9, 7-10 und 7-11 gezeigt wird. Die Unterbringung und Kopplung der Wegmeßsysteme wird in Abschnitt 7.5.3 (Bilder 7-36 bis 7-40) beschrieben.

Mit der numerischen Steuerung ist es möglich, durch die Reduzierung der Nebenzeiten die Fertigung von kleinen Serien viel wirtschaftlicher auszuführen.

Die Einordnung der Nahtstelle in eine numerisch gesteuerte Arbeitsmaschine ist nach VDI-Richtlinien in Bild 7-13 dargestellt. Diese definierte Nahtstelle erleichtert den Anschluß verschiedener numerischer Steuerungen an eine bestimmte Maschine. Diese Richtlinie gilt insbesondere für Werkzeugmaschinen mit Punkt-, Strecken- und Bahnsteuerungen. Sie behandelt nicht die Signale der Meßsysteme und der Vorschubsteuerung sowie den Signalaustausch zwischen der numerischen Steuerung und deren extern angeordneten Bedien- und Anzeigelementen.

Der Programmaufbau für numerisch gesteuerte Arbeitsmaschinen wird nach DIN-Normen (DIN 66025 vom Januar 1983) beschrieben [68]. Der einheitliche Aufbau von Steuerprogrammen für numerisch gesteuerte Arbeitsmaschinen wird festgelegt. Diese Festlegungen gelten insbesondere für Werkzeugmaschinen mit Punkt-, Strecken- und Bahnsteuerungen. Die Schlüsselzahlen für die Wegbedingungen und für die Zusatzfunktionen mit ihren Bedeutungen wird in dieser Norm festgelegt und erläutert.

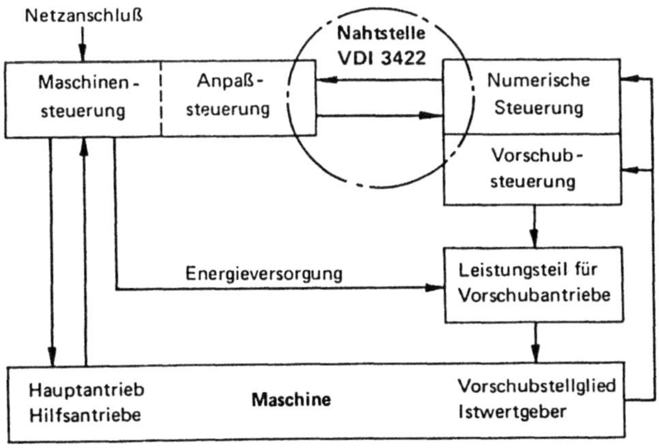


**Bild 7-13** Blockschaltbild für die Nahtstelle zwischen der NC-Steuerung und der Anpaßsteuerung [67]

### CNC-Steuerung

Bei CNC-Steuerung (computer numerical control) werden alle steuerungs- und regelungstechnischen Funktionen von einem frei programmierbaren Kleinrechner (computer) übernommen. Diese Steuerung wurde für komplexe und umfangreiche Steuerungsfunktionen, wie beispielsweise Interpolationsaufgaben, entwickelt. Heute wird sie immer häufiger an Werkzeugmaschinen angewandt. Der Rechner bekommt die Informationen über Lochstreifen oder Magnetkassette.

Die Aufgabe des Rechners wird in zunehmendem Maße von Mikroprozessoren übernommen. Zu den preislichen Vorteilen kommt noch die kleine Bauweise dieser Recheneinheit hinzu. Alle Informationen über den Steuerungsablauf bzw. Bearbeitungsprozeß sind im Betriebssystem enthalten. Der Kleinrechner (Minicomputer) kann nicht nur die Grundfunktionen einer numerischen Steuerung übernehmen, sondern auch noch flexibel weitere zusätzliche Aufgaben erfüllen. Diese Flexibilität wird durch die Verwendung von

Computerprogrammen, d.h. von Software bedingt, mit denen alle Steuerfunktionen programmiert werden. Für verschiedene Werkzeugmaschinen ist es dadurch möglich, die gleiche Steuerung zu verwenden. Das Software-Betriebsprogramm wird dann für jede Maschine nach den Steuerungsaufgaben bestimmt.

Es ist möglich, eine gemeinsame CNC-Steuerung für mehrere Maschinenvarianten anzuwenden. Neben wirtschaftlichen Vorteilen kommen noch Bedienungsvorteile hinzu, da es möglich ist, alle Bedienfunktionen an einer einzigen Bedientafel auszuführen. In Bild 7-14 sind sechs Drehmaschinenvarianten dargestellt, die bei gleichem gerätetechnischen Aufbau der Steuerungshardware (eine Sechs-Achsen-CNC-Steuerung) unterschiedliche, den Maschinenvarianten angepaßte, CNC-Betriebssysteme haben. Für jedes Schlittensystem besteht die Möglichkeit, entweder einen gemeinsamen oder zwei getrennte NC-Programmspeicher zu nutzen.

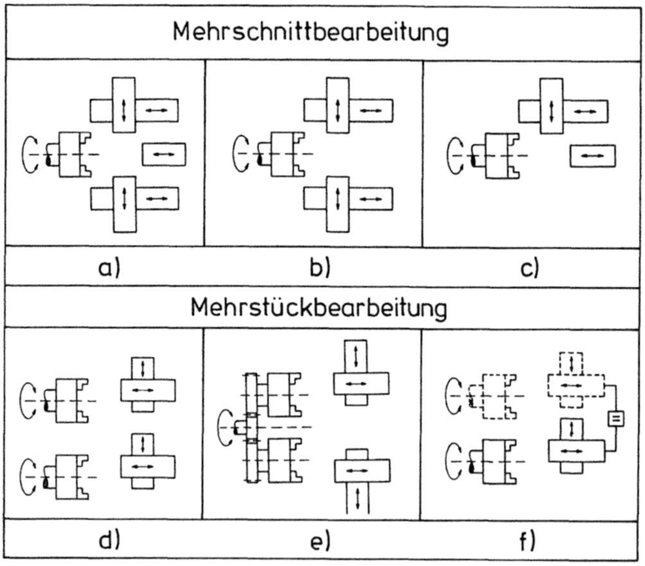


**Bild 7-14** Sechs Drehmaschinenvarianten mit gleicher Steuerung und unterschiedlichem Betriebssystem [69]
Doppelschlittendrehmaschinen mit zusätzlicher Positionierachse,
Doppelschlittendrehmaschinen,
Einschlittendrehmaschinen mit zusätzlicher Positionierachse,
Doppelschlittendrehmaschinen zur Bearbeitung unterschiedlicher Werkstücke,
Doppelschlittendrehmaschinen zur Bearbeitung gleicher Werkstücke,
Einschlittendrehmaschinen mit Überwachung der Soll- und Istwerte.

## DNC-Steuerung

DNC-Steuerung (direct numerical control) wurde für die gleichzeitige Steuerung mehrer Maschinen entwickelt. Die Definition dieser Steuerungen nach den VDI-Richtlinien 3424 lautet: „DNC ist ein System zur Rechnerdirektführung von mehreren numerisch gesteuerten Arbeitsmaschinen durch Digitalrechner“.

In Bild 7-15 sind die NC-, CNC- und DNC-Steuerung gegenübergestellt. Bei der NC-Steuerung werden alle Steuerungsinformationen auf einem Informationsträger (Lochstreifen, Magnetkassette) gespeichert und der Eingabestelle eingegeben. Die Datenverarbeitung besteht aus standardisierten Schaltgruppen, die untereinander verdrahtet sind.

Bei der CNC-Steuerung werden alle Steuerungsinformationen von einem frei programmierbaren Minicomputer übernommen.

Bei der DNC-Steuerung wird der Minicomputer durch einen externen, übergeordneten Großrechner ersetzt (Bild 7-15 C). Seine Leistungsfähigkeit wird so bestimmt, daß er die Dateneingabe und die Datenverarbeitung für mehrere Werkzeugmaschinen übernehmen kann.

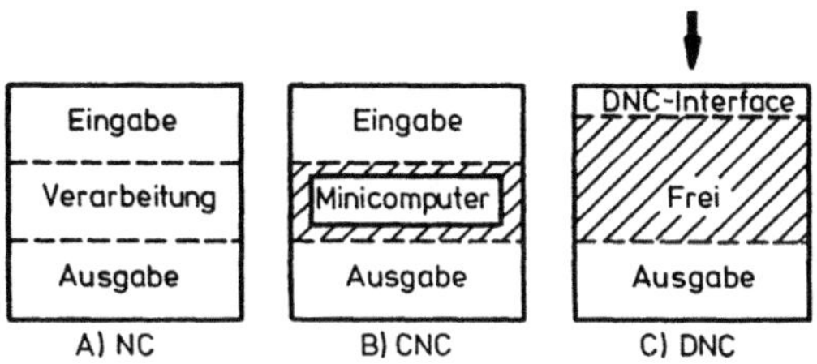


**Bild 7-15** Gegenüberstellung der NC-, CNC- und DNC-Steuerung [70]

### Technologische ACC-Systeme (Grenzregelung)

ACC-Systeme (adaptiv control constraint) ermöglichen bessere Führung des Bearbeitungsprozesses und somit die Steigerung der Produktivität der Fertigungssysteme. Sie haben die Aufgabe, den Bearbeitungsprozeß nach fest vorgegebenen Sollwerten, die Grenzwerte der Grenzfunktionen sein können, zu regeln.

Sollte z.B. als Grenzwert die dem Werkzeug zumutbare Schnittkraft angenommen werden, dann würde sich der Vorschub abhängig von der Schnittiefe durch die Grenzregelung so verändern, daß die Schnittkraft einen konstanten Wert enthält. Mit dieser Regelung werden das Werkzeug und die Maschine durch die Konstanthaltung der Schnittkraft vor Überlastung geschützt. Durch die Verkürzung der Schnittzeit kann eine Steigerung der Produktivität erreicht werden.

Die ACC-Systeme werden als Zusatzregelungen den NC-CNC- oder DNC-Steuerungen angepaßt.

An folgendem Beispiel in Bild 7-16 wird die Grenzregelung verdeutlicht. Zur Beschreibung dieser Bilder kann noch die prinzipielle Darstellung einer Regelung von Bild 7-2 betrachtet werden.

Als Regelgröße X wird die Zerspanleistung $P_{IST}$ angegeben. Sie wird aus der maximal zulässigen Hauptschnittkraft F und der vorgegebenen Schnittgeschwindigkeit v bestimmt. Der Istwert $P_{IST}$ wird mit der maximal zulässigen Motorleistung $P_{SOLL}$ verglichen und die Differenz $P_{IST} - P_{SOLL}$ dem Regler zugeführt. Die Vorschubgeschwindigkeit $s'$ ist die Stellgröße, so daß der Vorschub $s_{MAX}$ der vorgegebenen Schnittiefe a ständig angepaßt wird, um so eine maximale Ausnutzung der Maschinenleistung zu erzielen. Die Regel-

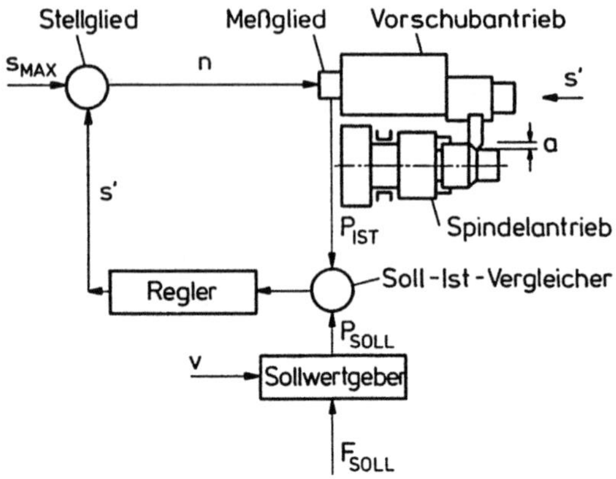


**Bild 7-16** ACC-System beim Drehen

strecke ist die Werkzeugmaschine, die aus dem Vorschubantrieb und dem Spindelantrieb besteht. Der Sensor zur Regelung des Vorschubs ist eine am Werkzeugträger im Kraftfluß liegende Kraftmeßeinheit, deren Führungsgröße als maximale Hauptschnittkraft F vorgegeben ist. Die Strecken-Eingangsgröße ist die Drehzahl der Gewindespindel des vorschubantriebes n.

### Technologische ACO-Systeme (Optimierregelung)

ACO-Systeme (adaptiv control optimization) haben die Aufgabe, Optimierungen im Fertigungsbereich durchzuführen. Optimierungsziele können Arbeitsgenauigkeit, Fertigungskosten oder Mengenleistung sein.

Aus dem Abschnitt 1.1.3 ist bekannt, daß sich bei höheren Schnittgeschwindigkeiten die Bearbeitungszeit verkürzt, was aber zur schnelleren Abstumpfung des Werkzeuges, d.h. zu höheren Werkzeugkosten und höheren Werkzeugwechselzeiten, führt. Beim Einsatz der ACO-Systeme ist es möglich, die optimalen Schnittbedingungen fortlaufend zu bestimmen und einzustellen, damit die geringsten Fertigungskosten entstehen.

An folgendem Beispiel, Bild 7-17 wird die Optimierregelung beschrieben. Bei dem ACO-System BENDIX wird bei einer NC-Fräsmaschine der Optimierungsgrad aus Zerspanvolumen (je Zeiteinheit) und Werkzeugverschleißgeschwindigkeit gerechnet. Das Zerspanvolumen hängt von der Schnittiefe, Eingriffbreite, Vorschub und Spindeldrehzahl, die Werkzeugverschleißgeschwindigkeit von der Schnittgeschwindigkeit, Schneidentemperatur und Spindeldrehmoment ab.

Der berechnete Optimierungsgrad wird während des Fertigungsablaufes von dem Vorschub und von der Drehzahl beeinflußt. Beide Variablen werden so gewählt, daß der Optimierungsgrad sein Maximum erreicht. Das Optimierungsziel bei dieser Optimierungsmethode sind die Fertigungskosten beim Zerspanen.

### Geometrische AC-Systeme, Meßsteuerung

ACG-Systeme (adaptive control geometrical) haben als Zielsetzung das Erreichen besserer Maß- und Formgenauigkeiten der gefertigten Werkstücke. Die Störgrößen sind geometrische Ungenauigkeiten und das Spiel der Führungen und Lagerungen sowie die mechanischen und thermischen Formänderungen des Werkstückes und des Werkzeuges. Die Einflüsse der Störgrößen verändern sich während des Bearbeitungsvorganges.

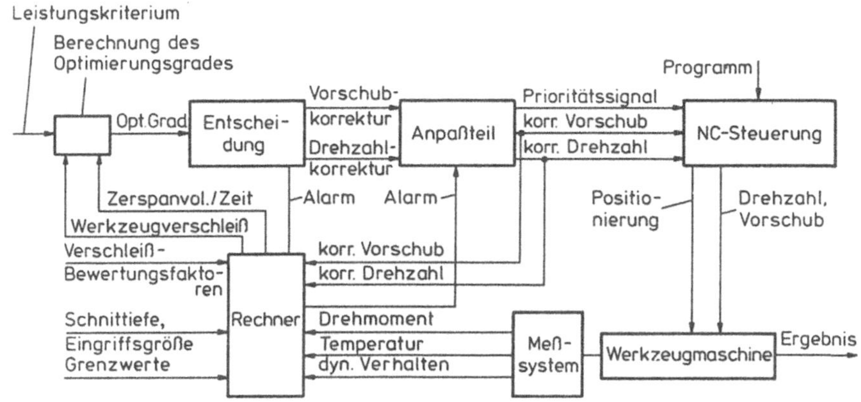


**Bild 7-17** ACO-System BENDIX [11]

Die ACG-Systeme haben die Aufgabe, die relative Lage von Werkstück und Werkzeug nach einem fest vorgegebenen Sollwert konstant zu halten. Auf diese Art können höhere Maß- und Formgenauigkeiten erreicht werden, die unabhängig sind von der Beschaffenheit des vorgefertigten Werkstückes.

Die ACG-Systeme haben eine Meßeinrichtung zum indirekten oder direkten Messen des Werkstückes vor, während oder nach der Bearbeitung und eine Regel-Zustelleinrichtung zur Korrektur der relativen Lage zwischen Werkstück und Werkzeug.

In Bild 7-18 ist ein ACG-System zum direkten Messen des Werkstückes während der Bearbeitung an einer Außenschleifmaschine dargestellt. Der Istwert der Regelgröße C (eine von der Zerspankraft abhängige Funktion) wird mit dem Sollwert der Regelgröße R verglichen und die Differenz E als Regelabweichung über Regler dem Steller d.h. der Schleifscheiben-Zustelleinrichtung zugeführt.

Die Forderung nach immer kürzeren Bearbeitungszeiten und höherer Qualität des bearbeiteten Werkstückes führte zur Entwicklung von elektronischen Meßsteuerungen. Die Steuerungsfirmen haben in vielen Fällen gemeinsam mit den Maschinenherstellern unter der Berücksichtigung aller spezifischen Bedingungen Meßsteuerungen entwickelt. Das gilt insbesondere für Schleifmaschinen, da an diese hohe Genauigkeitsforderungen gestellt werden.

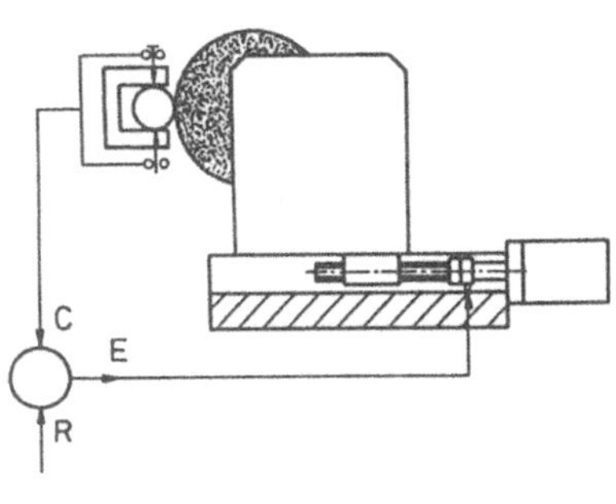


**Bild 7-18**
ACG-System zum direkten Messen des Werkstückes während der Bearbeitung [71]

Bild 7-19 zeigt die prinzipielle Darstellung einer Meßsteuerung zum direkten Messen am Werkstück während der Bearbeitung.

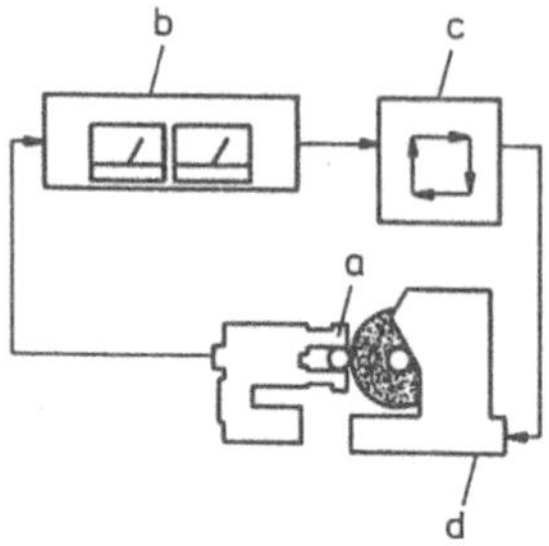


**Bild 7-19**
Prinzipielle Darstellung der „In Process"-Meßsteuerung, Fabrikat Marpos [72]

Die Meßgeräte „a" für Schleifmaschinen nehmen die Meßwerte am Werkstück während der Bearbeitung auf, werten sie in den elektronischen Geräten „b" und „c" aus und geben der Zustelleinrichtung der Schleifscheibe „d" die notwendigen Signale für die Umschaltung der Vorschubgeschwindigkeiten, für das Abschalten des Ausfeuerns und den Rücklauf der Schleifscheibe.

Bei der Anwendung auf manuell bedienten Schleifmaschinen werden die Meßwerte an den Anzeigeinstrumenten der elektronischen Gruppe augenblicklich vom Bedienungspersonal abgelesen. Sie beinhalten alle für die manuelle Ausführung des Arbeitsablaufes notwendigen Hinweise. Die Meßköpfe sind nach der Form des zu bearbeitenden Werkstückes genormt. So gibt es Meßfühler für die Kontrolle von Außendurchmessern mit glatten oder unterbrochenen Oberflächen, von Innendurchmessern mit glatten oder unterbrochenen Oberflächen für die Kontrolle des axialen Abstandes zwischen zwei Flanken usw..

Bei indirekter Messung leitet die Steuerung das Einfahren des Meßkopfes ein, wenn die Schleifscheibe in einer definierten Ausgangsposition zum Sollmaß des Werkstückes steht. Das jetzt ermittelte Werkstückmaß wird mit der Position der Schleifscheibenvorderkante verrechnet, die Schleifscheibe wird im Eilgang zugestellt. Die Schleifscheibe tritt auf das Werkstück mit einer vorwählbaren Zustellgeschwindigkeit $v_1$ auf (Bild 7-20). Die gewünschte Endgeschwindigkeit $v_2$, mit der das Sollmaß des Werkstückes erreicht werden soll, ist wie die Geschwindigkeit $v_1$ über Potentiometer einstellbar. Die Steuerung ermittelt in Abhängigkeit dieser beiden Vorschubgeschwindigkeiten, dem Gesamtaufmaß

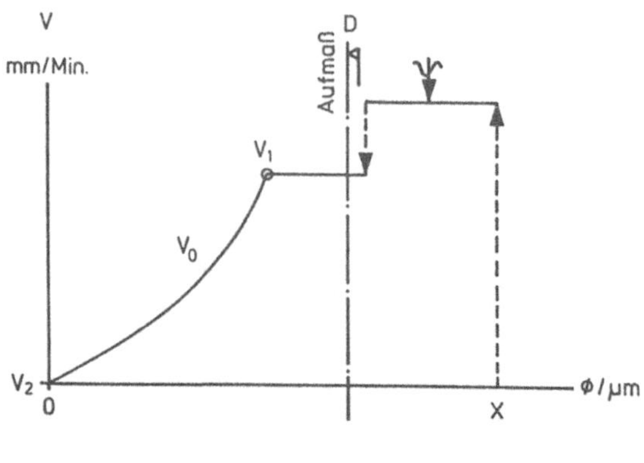


**Bild 7-20**
Zustellgeschwindigkeit als Funktion des Zustellweges bei indirekter Messung [73]

und der mittels Meßgerät erfaßten Abnahme des Aufmaßes eine Zustellgeschwindigkeit $v_0$. Dadurch wird erreicht, daß die Zustellgeschwindigkeit eine Funktion des Abtrages ist. In Form einer kontinuierlichen Kurve mit definierter Endgeschwindigkeit wird das Sollmaß angefahren [73].

## 7.3 Steuerungsarten bei numerischer Steuerung

Es gibt drei Steuerungsarten: Punktsteuerung, Streckensteuerung und Bahnsteuerung.

### 7.3.1 Punktsteuerung

Bei der Punktsteuerung (position control system) ist das Werkzeug bei keiner Schlittenbewegung im Eingriff. Zwischen beiden Schlittenbewegungen gibt es keinen Funktionszusammenhang. Von Punkt 1 wird zuerst gleichzeitig in beide Bewegungsrichtungen gefahren (Bild 7-21). Da beide Bewegungen (als Geschwindigkeitsvektoren $v_x$ und $v_y$ dargestellt) im allgemeinen mit der gleichen Geschwindigkeit ausgeführt werden, ergibt sich eine resultierende Werkzeugbahn ($V_R$), die unter einem Winkel von 45° zur X-Koordinatenachse verläuft. Ist einer der beiden angegebenen Verfahrwege größer als der andere (in Bild 7-10 der X-Weg), wird nach Erreichen des Koordinatenwertes in Y-Richtung, weiter in X-Richtung bis zum Punkt 2 gefahren. Die Antriebe beider Zustellachsen werden rechtzeitig abgeschaltet, damit der Schlitten, der sich mit einer herabgesetzten Geschwindigkeit (Schleichgang) dem Punkt 2 nähert, den Zielpunkt erreicht, aber nicht überfährt. Anschließend werden die Antriebsspindeln beider Zustellachsen abgebremst.

Bei manchen Maschinen kommt noch die Klemmung des Schlittens an den Führungsbahnen dazu. Erst dann wird die Vorschubbewegung in Z-Richtung eingeschaltet. Diese Steuerungsart wird bei Kreuztischmaschinen mit senkrechten Hauptspindeln, wie z.B. Koordinatenbohrmaschinen, angewandt.

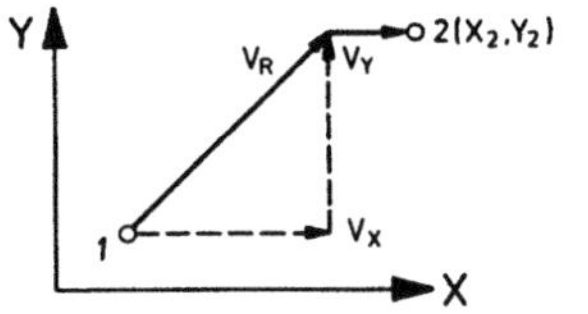


**Bild 7-21** Punktsteuerung

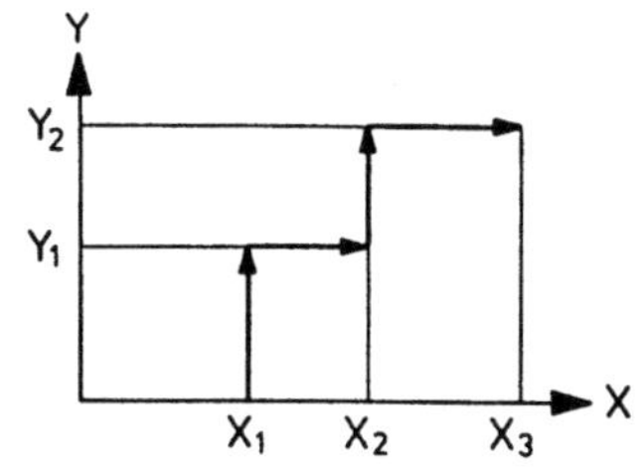


**Bild 7-22** Streckensteuerung

### 7.3.2 Streckensteuerung

Bei der Streckensteuerung (straight cut control system) ist das Werkzeug je in einer der beiden Koordinatenrichtungen im Eingriff (Bild 7-22). Hier gibt es ebenso wie bei der Punktsteuerung keinen Funktionszusammenhang zwischen beiden Schlittenbewegungen. Während in einer Koordinatenrichtung bearbeitet wird, steht der Antrieb der anderen Koordinate still. Die Antriebsspindel des stillgelegten Antriebes wird gebremst, in den meisten Fällen wird gleichzeitig der Schlitten geklemmt. Diese Steuerungsart wird beim Drehen von zylindrischen Teilen und beim Fräsen in zwei Koordinatenrichtungen (nacheinander) angewandt.

### 7.3.3 Bahnsteuerung

Bei der Bahnsteuerung (contouring control system) gibt es einen ganz genauen Funktionszusammenhang zwischen mindestens zwei Bewegungsrichtungen (Bild 7-23). Da das Werkzeug während der gleichzeitigen Bewegung in zwei (oder mehr) Achsen im Eingriff ist, wird diese Steuerungsart bei Profildreh- und Profilfräsmaschinen angewandt. Der Mehrpreis für eine Bahnsteuerung in Bezug auf die Punkt- und Streckensteuerung wird teilweise durch die Vereinfachung der Maschine kompensiert, da hier die Bremsung der Antriebsspindel sowie die Klemmung des Schlittens entfallen.

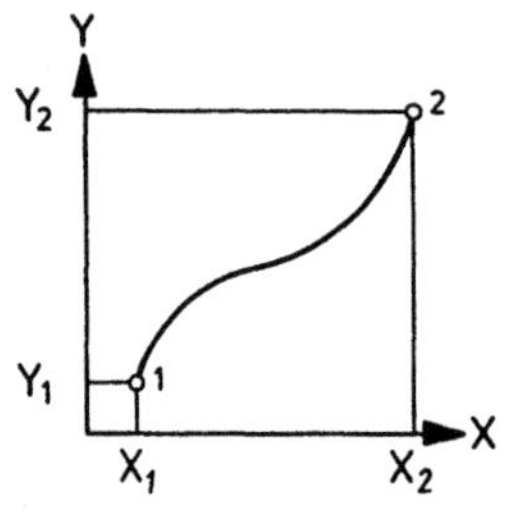


**Bild 7-23** Bahnsteuerung

## 7.4 Wirkungswege bei numerischer Steuerung

Man unterscheidet zwischen den offenen und geschlossenen Wirkungswegen, die nun beschrieben werden.

### 7.4.1 Offener Wirkungsweg

Der offene Wirkungsweg ist eine Steuerkette, da hier der Ausgang keine Rückwirkung auf den Eingang der Steuerung hat. Die in Bild 7-1 eingezeichnete, prinzipielle Darstellung einer Steuerung hat deshalb beim offenen Wirkungsweg ihre Gültigkeit. Alle drei im Abschnitt 7.3 beschriebenen Steuerungsarten können beim offenen Wirkungsweg angewandt werden. In Bild 7-24 ist der offene Wirkungsweg als Punkt- und Streckensteuerung, in Bild 7-25 als Bahnsteuerung realisiert.

Bei Punkt- und Streckensteuerung werden beide Achsen durch elektrische Schrittmotoren angetrieben, die direkt durch ein elektronisches Ansteuergerät, d.h. durch einen Impulsgenerator mit Impulsen gespeist werden.

Bei der Bahnsteuerung wird zwischen dem Impulsgenerator und den Schrittmotoren noch ein Interpolator eingebaut.

Der Interpolator oder Kurvengenerator hat hauptsächlich folgende Funktionen zu erfüllen

- Interpolation linearer, parabolischer, zirkularer und ähnlicher Kurvenformen,
- Auflösung der Tangentialgeschwindigkeit in die Teilgeschwindigkeiten der einzelnen Maschinenschlitten,
- Überwachung der Komponentengeschwindigkeiten zur Erhaltung des Funktionszusammenhanges.

Aus Bild 7-24 und 7-25 wird deutlich, daß es beim offenen Wirkungsweg keine Kontrolle über die ausgeführten Schlittenwege gibt.

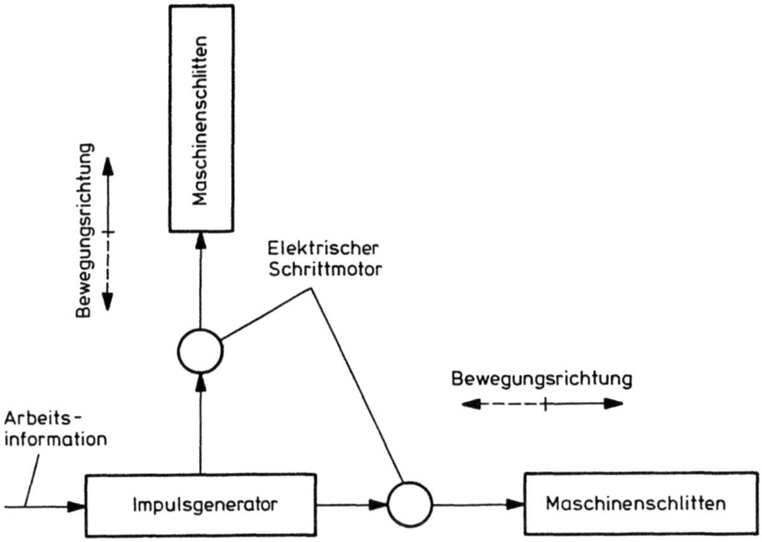


**Bild 7-24** Signalflußplan für Punkt- und Streckensteuerung beim offenen Wirkungsweg

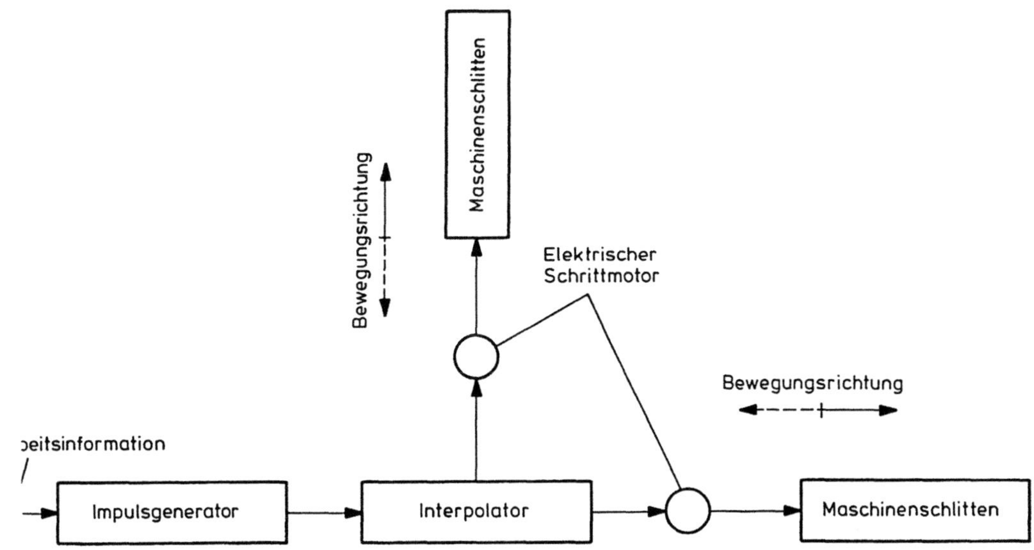


**Bild 7-25** Signalflußplan für Bahnsteuerung beim offenen Wirkungsweg

Jeden erhaltenen Impuls beantwortet die Antriebswelle des elektrischen Schrittmotors mit der entsprechenden Drehung, der Maschinenschlitten mit dem entsprechenden Hub. Ist die Eingangsgröße sinusförmig, so wird auch die Ausgangsgröße, d.h. die Bewegung des Maschinenschlittens, sinusförmig. Wird die Eingangsgröße derart verändert, daß bei konstanter Amplitude die Eingangsfrequenz vergrößert wird, verkleinert sich die Amplitude der Ausgangsgröße, d.h. der Schlittenbewegung. Dies bedeutet, daß das Amplitudenverhältnis: Ausgangsgröße/Eingangsgröße umgekehrt proportional der Eingangsfrequenz ist (Bild 7-26).

Bei vielen Systemen kann im Bereich kleinerer Eingangsfrequenzen eine Phasenverschiebung zwischen den Amplituden der Eingangs- und der Ausgangsgröße auftreten (Bild 7-27). In diesen Fällen kann man sagen, daß die Ausgangsgröße der Eingangsgröße um 90° „nachhinkt". Es wurde hier nur beispielhaft angenommen, daß die Eingangsgröße sinusförmig verläuft, um zu zeigen, daß dann die Ausgangsgröße auch eine sinusförmige Kurve ist, die eine Phasenverschiebung in Bezug auf die Eingangsgröße aufweist. Sinusförmige Schlittenbewegungen kommen in der Praxis kaum vor.

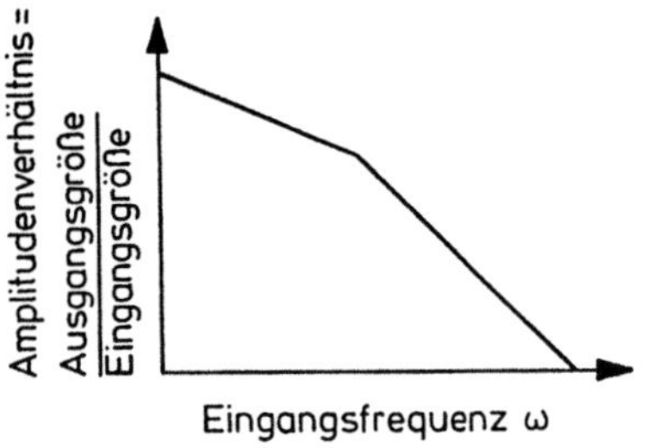


**Bild 7-26**

Amplitudenverhältnis als Funktion der Eingangsfrequenz für den offenen Wirkungsweg

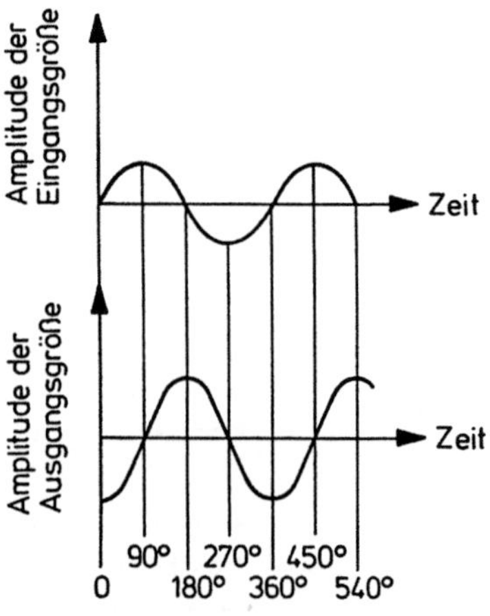


**Bild 7-27**

Phasenverschiebung zwischen den Amplituden der Eingangs- und der Ausgangsgröße [74]

### 7.4.2 Geschlossener Wirkungsweg

Der geschlossene Wirkungsweg kann als Abschaltkreis oder als Regelkreis ausgeführt werden.

**Abschaltkreis**

Wenn Wegmeßsysteme eingebaut werden, daß sie Bewegungen Um- oder Abschalten, und wenn der Vergleicher nur dann ein Signal abgibt, wenn der Soll- und der Ist-Wert übereinstimmen (Koinzidenz), handelt es sich hier um Abschaltkreise, die eine ähnliche Wirkungsweise wie die Steuerkette haben. Diese Art der geschlossenen Wirkungswege können je nach der Art der Steuerung als Punkt- oder als Streckensteuerung ausgeführt werden. Man fährt z.B. von einem Punkt zum anderen, und beim Erreichen des Sollwertes in X- und Y-Richtung werden beide Bewegungen durch Wegmeßsysteme abgeschaltet. Auf diese Art können wesentlich genauere Abschaltungen als mit den genauesten Endschaltern erreicht werden. Nun wird weiter wie bei den beschriebenen Punkt- und Streckensteuerungen gehandhabt, d.h. die Antriebsspindel wird abgebremst, die Schlitten werden geklemmt, und die Bewegung in der dritten Achse kann eingeleitet werden. Für die Abschaltkreise können gestufte Antriebe durch Drehstrommotor und Getriebe mit Elektromagnetkupplungen oder durch Hydromotor realisiert werden. Auch stufenlose Antriebe durch Gleichstrommotor oder Hydromotor mit Servoventil werden in manchen Fällen für die Abschaltkreise angewandt.

**Regelkreis**

Wenn die Wegmeßsysteme zum Zwecke der Positionsistwert-Rückmeldung eingebaut werden, und wenn der Vergleicher die Signale abgibt, nur solange die Soll- und Istwerte nicht übereinstimmen, dann wird dieser geschlossene Wirkungsweg Regelkreis genannt. Die Position des Maschinenschlittens wird erfaßt (gemessen), dieser Istwert mit dem Sollwert verglichen und die Differenz durch den Regler über das Stellglied auf ein Minimum korrigiert. In Bild 7-28 ist die Realisierung des geschlossenen Wirkungsweges als Regelkreis beim Vorschubantrieb eines Maschinenschlittens durch Hydromotor dargestellt. Bild 7-28 überdeckt sich vollständig mit Bild 7-2, in der eine Regelung in prinzipieller Darstellung gezeigt wurde.

Für die Regelkreise wird nur die Bahnsteuerung angewandt. Der Antrieb muß stufenlos sein, eine leichte Drehrichtungsänderung muß gewährleistet sein. Deshalb werden für diese Vorschubantriebe Servo-Hydromotoren, z.B. Rollflügelmotoren und Servo-Gleichstrommotoren angewandt.

Wird die Eingangsgröße derart verändert, daß bei konstanter Amplitude die Eingangsfrequenz vergrößert wird, bleibt die Amplitude der Ausgangsgröße, d.h. der Schlittenbewegung, bis zu einem bestimmten Wert der Eingangsfrequenz konstant und wird dann mit zunehmender Frequenz kleiner. Dies bedeutet, daß das Amplitudenverhältnis: Ausgangsgröße/Eingangsgröße zuerst konstant und dann umgekehrt proportional der Eingangsfrequenz ist (Bild 7-29).

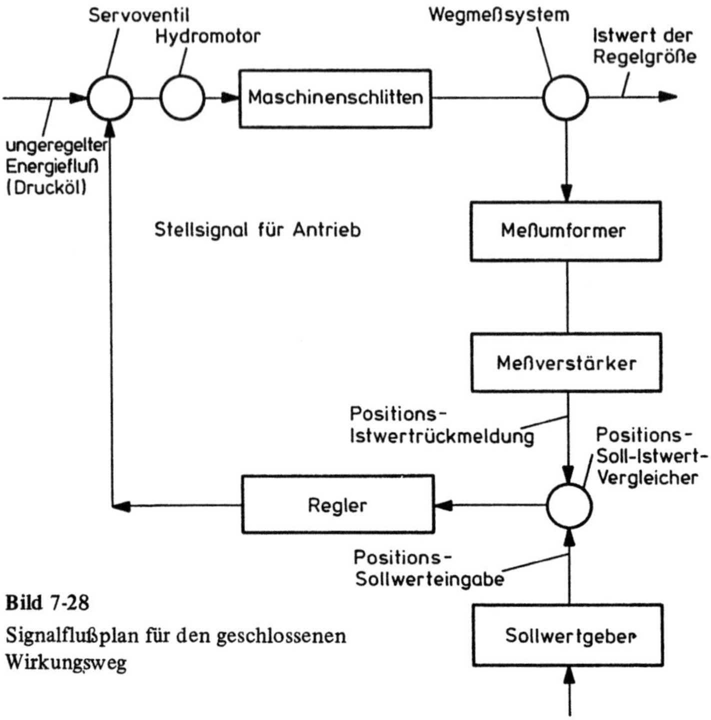


**Bild 7-28**
Signalflußplan für den geschlossenen Wirkungsweg

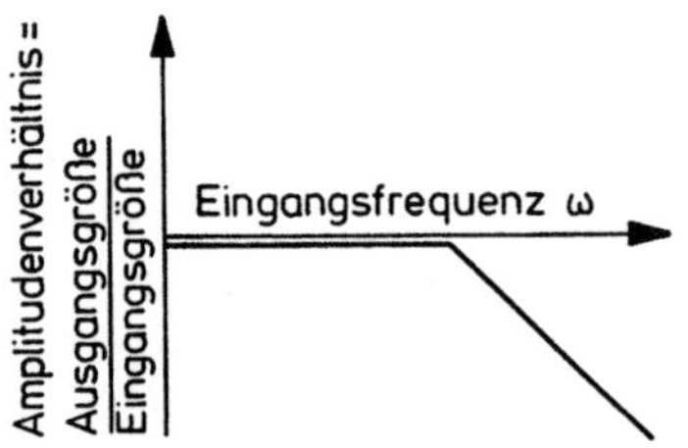


**Bild 7-29**
Amplitudenverhältnis als Funktion der Eingangsfrequenz für den geschlossenen Wirkungsweg

In Bild 7-30 sind die Amplitudenverhältnisse und Phasenwinkel als Funktion der Eingangsfrequenz für verschiedene Systeme des offenen und des geschlossenen Wirkungsweges dargestellt. Die in den Bildern 7-26 und 7-29 dargestellten Funktionen für den offenen und den geschlossenen Wirkungsweg sind für diese zwei Systeme charakteristisch. Sie überdecken sich vollständig mit dem ersten, in Bild 7-30 dargestellten System.

## 7.5 Wegmeßsysteme bei numerischer Steuerung

Wie schon in den Abschnitten 7.1 und 7.4.2 erläutert, wird die Schlittenposition durch ein Wegmeßsystem zum Zwecke der Rückmeldung gemessen. Die Art der Meßwerterfassung, die Arbeitsweise des Meßverfahrens und die Art der Anbringung des Wegmeßsystems haben einen wichtigen Einfluß auf die Arbeitsgenauigkeit und auf das dynamische Verhalten der Maschine.

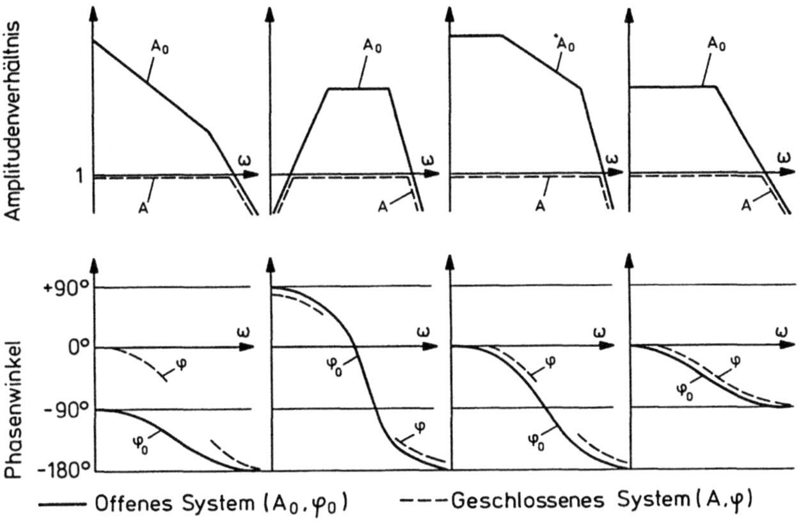


**Bild 7-30** Amplitudenverhältnis und Phasenwinkel als Funktion der Eingangsfrequenz für offene und geschlossene Wirkungswege [75]

### 7.5.1 Digitale und analoge Meßwerterfassung

Die Meßwerterfassung der Wegmeßsysteme kann digital oder analog sein.

Die digitale Meßwerterfassung ist eine zahlenmäßige Erfassung des Meßwertes. Bei digitalen Wegmeßsystemen muß auch der Positions-Soll-Istwert-Vergleicher auf digitalem Prinzip aufgebaut werden (Bild 7-31).

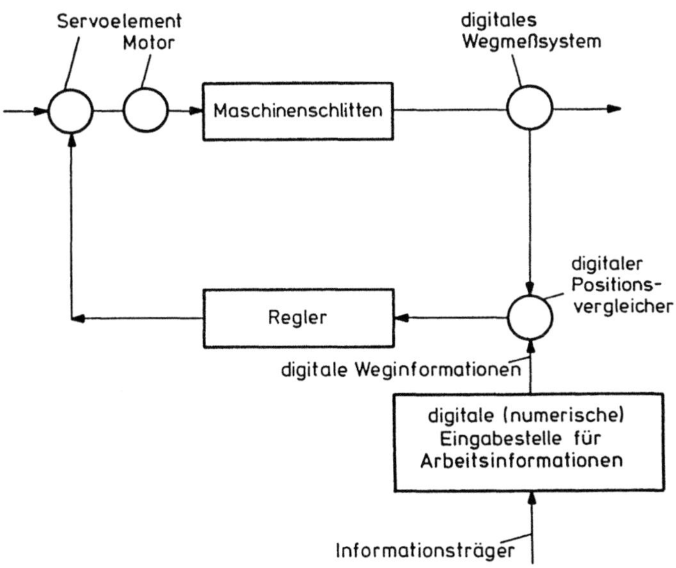


**Bild 7-31**
Signalflußplan für Regelkreis mit digitaler Meßwerterfassung

Die analoge Meßwerterfassung ist eine vergleichende Erfassung des Meßwertes. Ein Meßwert wird in eine andere physikalische Größe abgebildet, z.B. die Wege werden in elektrische Spannungen umgeformt. Bei analogem Wegmeßsystem wird auch der Positionsvergleicher auf analogem Prinzip aufgebaut (Bild 7-32). Da die Eingabestelle für Arbeitsinformationen numerisch arbeitet, muß bei diesem System zwischen ihr und dem analogen Positionsvergleicher ein Umformer eingebaut werden, der die numerischen bzw. zahlenmäßigen Signale in die analogen umsetzt.

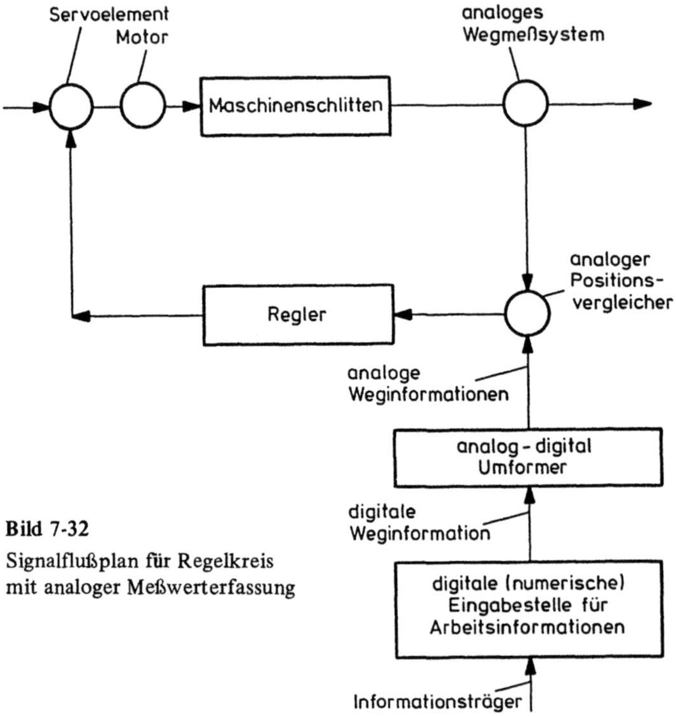


**Bild 7-32**
Signalflußplan für Regelkreis mit analoger Meßwerterfassung

### 7.5.2 Inkrementales und absolutes Meßverfahren

Das Meßverfahren der Wegmeßsysteme kann inkremental und absolut sein.

Beim inkrementalen Meßverfahren, unabhängig davon, ob die Abtastung elektromechanisch, fotoelektrisch oder magnetisch erfolgt, wird beim Abtasten jeden Striches ein elektrischer Impuls erzeugt und einem Zähler zugeführt. Die Lage des Schlittens wird durch die Summe aller im Moment aufgespeicherten Impulse kontrolliert.

Prinzip eines inkrementalen Meßverfahrens durch eine fotoelektrische Abtastung ist in Bild 7-33 dargestellt. Der lichtdurchlässige Strichmaßstab „a“ mit der Strichteilung $\Delta s$ bewegt sich gegenüber einem festen Gegengitterträger „b“ mit zwei in der Bewegungsrichtung gegeneinander versetzten Gittern gleicher Strichteilung $\Delta s$. Die Lichtquelle „c“ belichtet durch die Blende „d“ und die Sammellinsen „$e_1$“, „$e_2$“ die Fotodioden „$f_1$“, „$f_2$“.

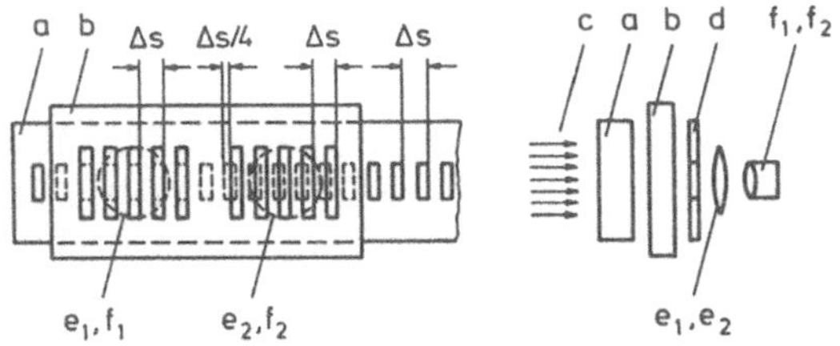


**Bild 7-33**
Prinzip eines inkrementalen Meßverfahrens durch eine fotoelektrische Abtastung

Bei den schwingenden Bewegungen des Schlittens könnte durch Fehlzählungen der ganze Weg falsch gemessen werden, da jede Lage des Schlittens durch Summierung aller Inkremente bzw. Wegeinheiten kontrolliert wird. Selbst bei unbewegten Schlitten könnten Fehlimpulse entstehen. Da eine Schwingung eine Hin- und Herbewegung ist, kann dieses Problem elektrisch so gelöst werden, daß die Bewegungen nur in einer Richtung registrierbar sind. Eine Schaltung zur Unterscheidung von Vorwärts- und Rückwärtsbewegung ist in Bild 7-34 dargestellt. Die Eingangssignale „a“ und „b“ sind um 90° zueinander phasenverschoben. Es werden 3 Kanäle, 1, 2 und 3 gebildet. Durch die Rechteckspannungen und die Aufspaltung des einen Rechteckimpulses in zwei um 180° phasenverschobene Rechteckimpulse werden diese Impulse differenziert.

Beim absoluten Meßverfahren (Bild 7-35) hat der unbewegliche Maßstab eine codierte Skala, die durch den beweglichen Maßstab abgetastet wird. Die Lage des Schlittens wird an jeder Stelle unmittelbar und unabhängig von der zurückgelegten Strecke registriert. Diese Wegmeßsysteme sind jedoch sehr teuer.

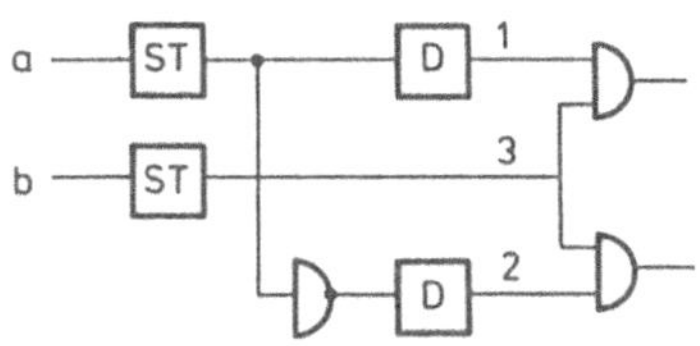


**Bild 7-34**
Schaltung zur Unterscheidung von Vorwärts- und Rückwärtsbewegung [76]

ST Schmitt-Trigger
D Differenzierglied

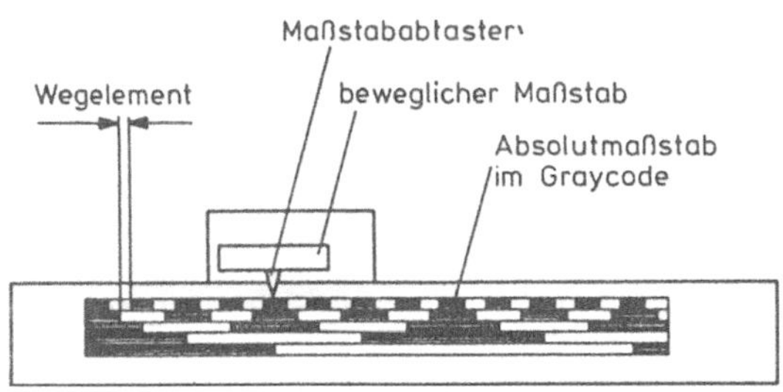


**Bild 7-35**
Prinzip eines absoluten Meßverfahrens

### 7.5.3 Direkte und indirekte Wegmessung

Die Wahl zwischen der direkten und der indirekten Wegmessung muß unter der Berücksichtigung der mechanischen Resonanzfrequenzen (s. Abschnitt 5.2.7) getroffen werden.

Die charakteristischen Anbringungen der Wegmeßsysteme an die Maschine werden aufgestellt und ihre Hauptmerkmale beschrieben.

**Direkte Wegmessung, translatorisches Wegmeßsystem, rotatorischer Antrieb** (Bild 7-36)

Es handelt sich hier um den Antrieb eines Schlittens durch Gleichstrom- oder Hydromotor über eine Kugelrollspindel. Das Wegmeßsystem ist in Form eines linearen Maßstabes ausgeführt, dessen bewegliches Teil an dem Schlitten, das unbewegliche Teil an dem Bett befestigt ist. Bei diesem System befinden sich die Nachgiebigkeiten von allen mechanischen Übertragungselementen des Vorschubantriebes innerhalb des Regelkreises. Diese elastischen Verformungen wie: die Verwindung und die axiale Verformung der Kugelrollspindel, die axiale Verformung der Kugelumlaufmutter und axiale Verformung des Lagers, bestimmen das dynamische Verhalten des Vorschubantriebes, haben aber keinen Einfluß auf die Messung. Deshalb sind die Kugelrollspindel großer Steigungsgenauigkeit und die starre, axiale Lagerung des Antriebes bei diesem System nicht erforderlich. Bei der Überprüfung der mechanischen Resonanzfrequenz des Vorschubantriebes müssen alle aufgeführten Nachgiebigkeiten gerechnet werden (s. Abschnitt 5.2.7).

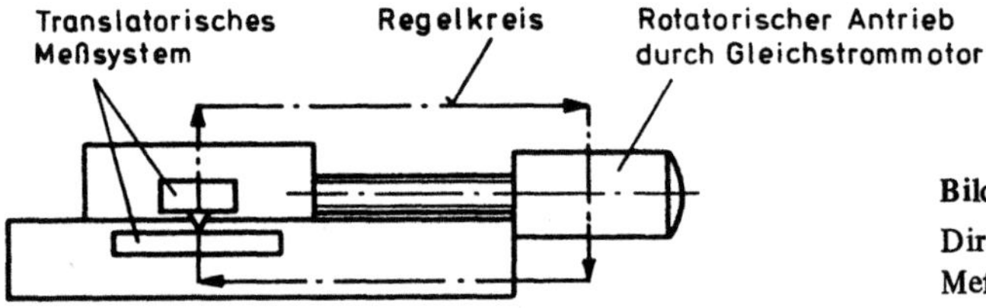


**Bild 7-36**
Direkte Wegmessung, translatorisches Meßsystem, rotatorischer Antrieb

**Direkte Wegmessung, translatorisches Wegmeßsystem, translatorischer Antrieb** (Bild 7-37)

Bei diesem Vorschubantrieb wird der Schlitten direkt durch Hydraulikzylinder angetrieben. Innerhalb des Regelkreises befinden sich die Nachgiebigkeit der Kolbenstange, die keinen Einfluß auf die Messung ausübt, und die hydraulische Nachgiebigkeit der Ölsäule (s. Abschnitt 5.2.5).

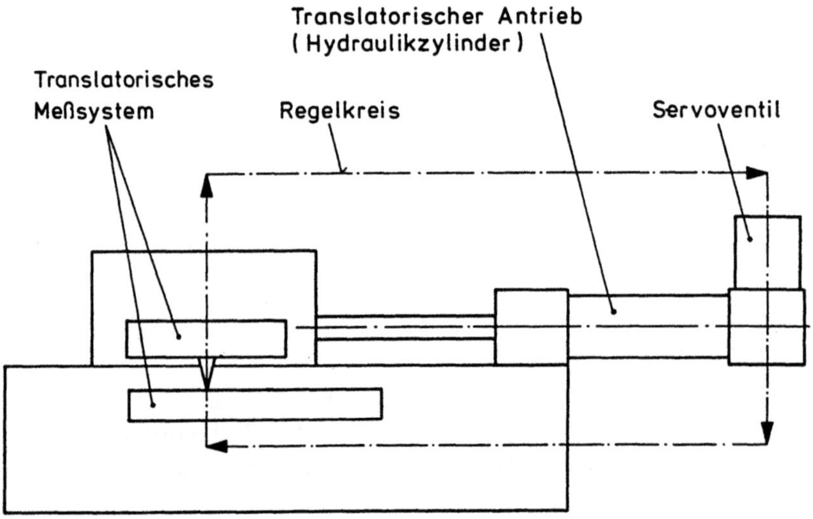


**Bild 7-37** Direkte Wegmessung, translatorisches Meßsystem, translatorischer Antrieb

**Indirekte Wegmessung, rotatorisches Wegmeßsystem am Motor, rotatorischer Antrieb** (Bild 7-38)

Bei diesem Vorschubantrieb durch Gleichstrommotor (oder Hydromotor) wird ein rotatorisches Wegmeßsystem direkt am Motor eingebaut. Die einzige mechanische Nachgiebigkeit, die sich innerhalb des Regelkreises befindet, ist die Verwindung der Motorwelle, die das rotatorische Wegmeßsystem antreibt.

Die mechanische Resonanzfrequenz wird nach folgender Gleichung bestimmt

$$f = \frac{1}{2\pi} \cdot \sqrt{\frac{K_T \cdot g}{I}} .$$

| | |
|---|---|
| $f$ | mechanische Resonanzfrequenz |
| $K_T$ | Torsionsfederkonstante der Antriebswelle des rotatorischen Meßsystems |
| $I$ | Massenträgheitsmoment der Antriebswelle des rotatorischen Meßsystems |
| $g$ | Erdbeschleunigung |

Falls der rotatorische Antrieb durch einen Hydromotor ausgeführt wird, muß auch die hydraulische Resonanzfrequenz (s. Abschnitt 5.2.4) überprüft werden.

Die Verwindung und die axiale Verformung der Kugelrollspindel, die axiale Verformung der Kugelumlaufmutter und die axiale Verformung des Lagers befinden sich außerhalb des Regelkreises, beeinflussen aber die Messung. Deshalb sind die Kugelrollspindel großer Steigungsgenauigkeit, die starre, axiale Lagerung des Antriebes und die vorgespannte Kugelumlaufmutter bei diesem System notwendig.

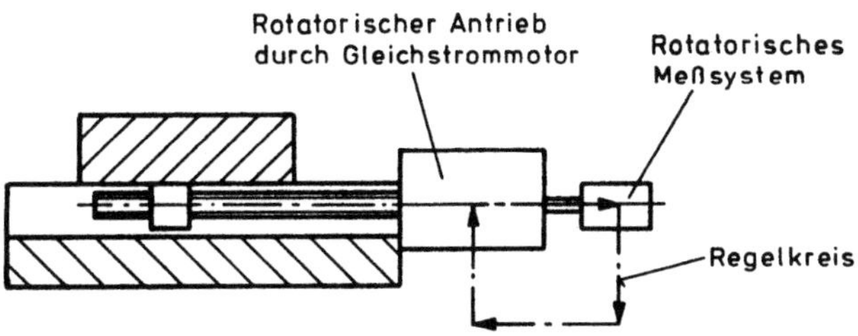


**Bild 7-38** Indirekte Wegmessung, rotatorisches Wegmeßsystem am Motor, rotatorischer Antrieb

**Indirekte Wegmessung, rotatorisches Wegmeßsystem am Spindelende, rotatorischer Antrieb** (Bild 7-39)

Das rotatorische Meßsystem befindet sich bei diesem Vorschubantrieb am Spindelende. Die Verwindung der Kugelrollspindel von der Kugelumlaufmutter bis zum rotatorischen Meßsystem befindet sich innerhalb des Regelkreises und beeinflußt die Messung. Deshalb ist eine Kugelrollspindel großer Steigungsgenauigkeit erforderlich.

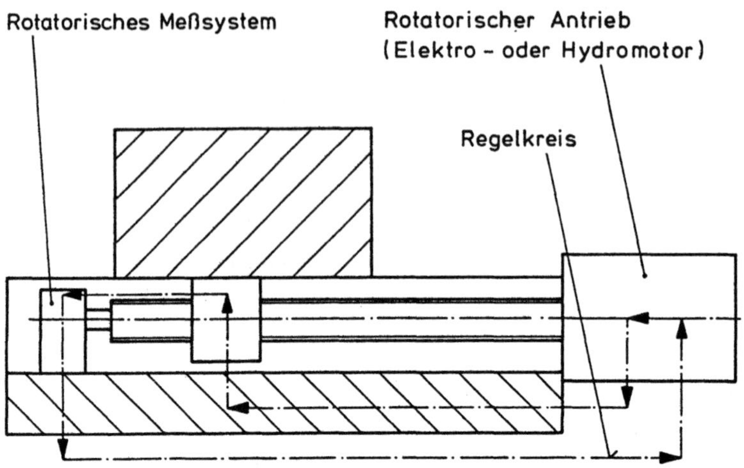


**Bild 7-39** Indirekte Wegmessung, rotatorisches Wegmeßsystem am Spindelende, rotatorischer Antrieb

**Indirekte Wegmessung, rotatorisches Wegmeßsystem am Ritzel einer Meßzanstange** (Bild 7-40)

Völlig unabhängig davon, ob der Antrieb rotatorisch oder translatorisch ist, befinden sich alle elastischen Verformungen des Vorschubantriebes innerhalb des Regelkreises, beeinflussen aber nicht die Messung. Sie ist nur von der Formgenauigkeit des Ritzels und der Meßzahnstange abhängig.

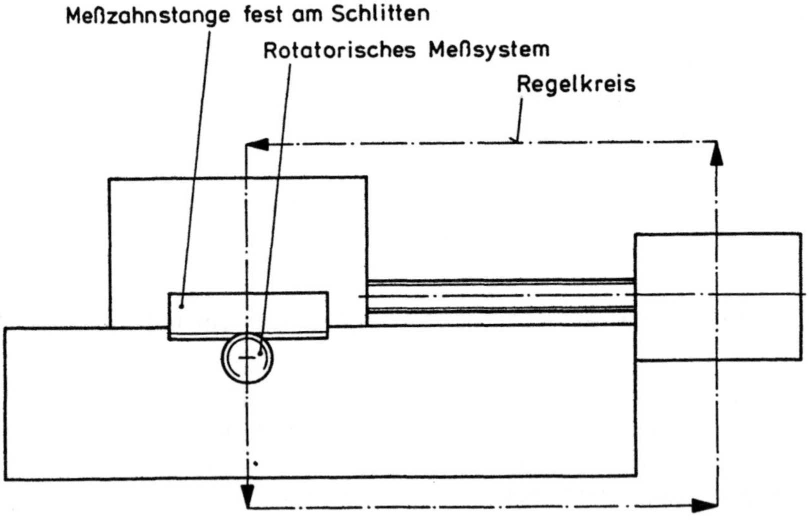


**Bild 7-40** Indirekte Wegmessung, rotatorisches Wegmeßsystem am Ritzel einer Meßzahnstange

### 7.5.4 Kennlinien der Wegmeßsysteme

Diese Kennlinien zeigen die Abhängigkeit zwischen der Eingangsgröße, d.h. dem Schlittenweg, und der Ausgangsgröße (z.B. elektrische Spannung).

Die Kennlinie bei digitaler Meßwerterfassung und inkrementalem Meßverfahren ist in Bild 7-41 dargestellt. Sie kann mit fotoelektrischen Wegmeßeinrichtungen realisiert werden.

Bei digitaler Meßwerterfassung und absolutem Meßverfahren ergibt sich die Kennlinie in Bild 7-42. Wenn mehrere inkrementale Spuren gleichzeitig einander zugeordnet sind mit jeweils doppeltem Wegzuwachs, entsteht aus dem inkrementalen ein absolutes Meßverfahren. Diese Kennlinien können mit elektromechanischen, fotoelektrischen und magnetischen Meßeinrichtungen realisiert werden.

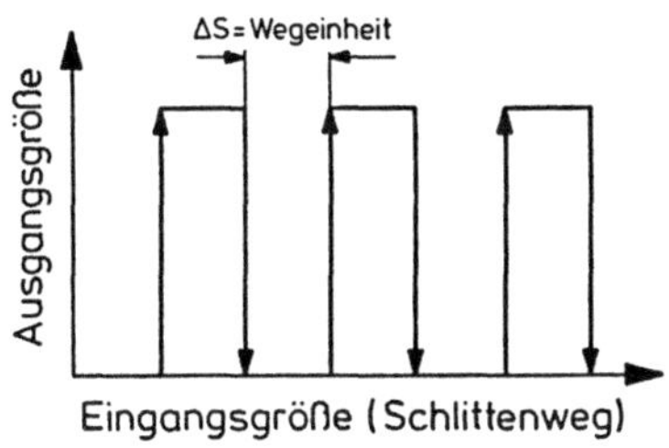


**Bild 7-41** Kennlinie bei digitaler Meßwerterfassung und inkrementalem Meßverfahren

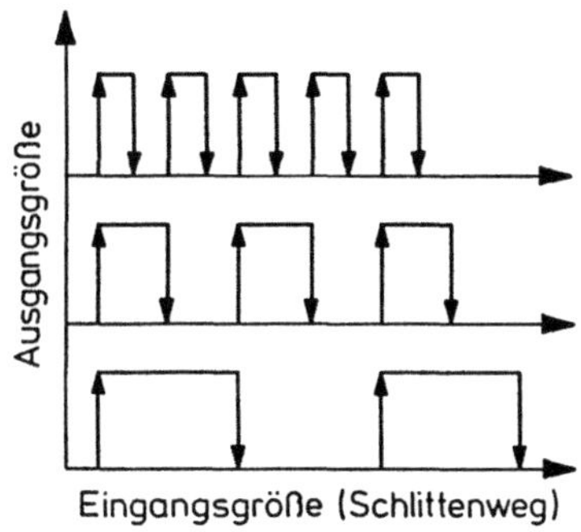


**Bild 7-42** Kennlinie bei digitaler Meßwerterfassung und absolutem Meßverfahren

Bei analoger Meßwerterfassung und inkrementalem Meßverfahren bekommt man die Kennlinie von Bild 7-43. Sie kann mit einem Drehmelder (auch Resolver genannt) ausgeführt werden. Diese Meßeinrichtungen sind induktive Winkelmesser, d.h. rotatorische Wegeinheiten werden in Spannungen umgewandelt. Bei manchen Geräten werden die Wicklungen des Stators, d.h. des Ständers, bei manchen des Rotors, d.h. des Läufers, mit der Spannung gespeist.

Die Wirkungsweise eines Drehmelders ist in Bild 7-44 dargestellt. Speist man den Stator mit einer Wechselspannung

$$U_1 = A \cdot \sin \omega t$$

wird im Rotor durch den magnetischen Fluß eine Spannung

$$U_2 = (C \cdot A \cdot \sin \omega t) \cdot \cos \vartheta$$

von der gleichen Frequenz induziert. In dieser Gleichung ist C eine von der Windungszahl abhängige Konstante. Die in Bild 7-44 eingezeichneten Wicklungsanordnungen des Stators und des Rotors (beide einphasig) sind zum Zwecke der Verdeutlichung der Wirkungsweise des Drehmelders gewählt. Die Kombination hat sonst keine praktische Anwendung.

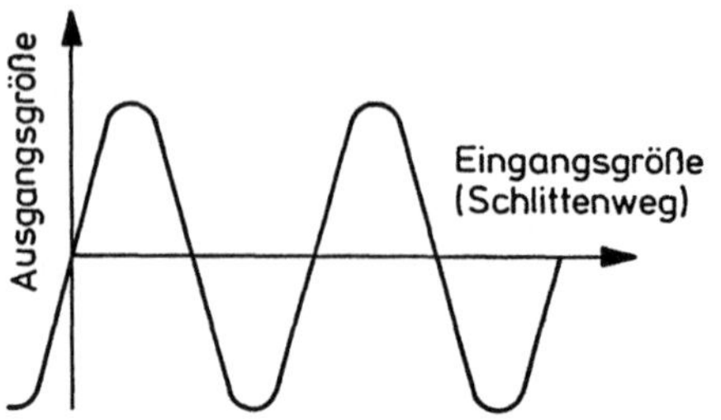


**Bild 7-43**
Kennlinie bei analoger Meßwerterfassung und inkrementalen Meßverfahren

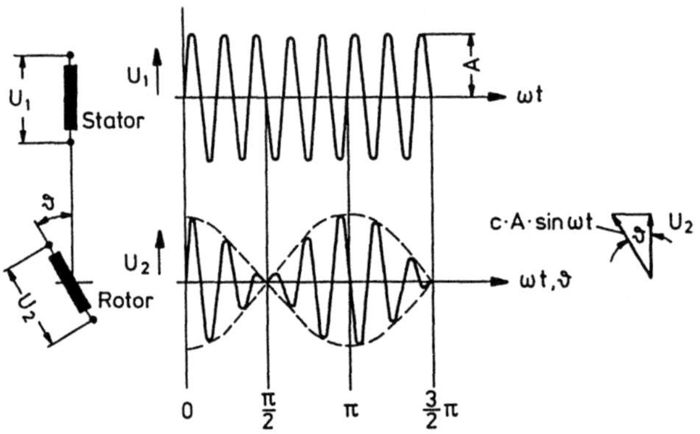


**Bild 7-44**
Wirkungsweise eines Drehmelders

Häufig kommen Kombinationen aus den zwei-drei- oder fünfphasigen Statoren und den ein- oder zweiphasigen Rotoren vor. Eine häufig vorkommende Kombination, die aus einem zweiphasigen Stator und einem einphasigen Rotor besteht, wird Resolver genannt. Bei diesem Drehmelder werden die Wicklungen des Rotors (Primärwicklungen) gespeist, Sekundärwicklungen sind beim Stator.

Auf dem Prinzip der analogen Meßwerterfassung und inkrementalen Meßverfahrens arbeiten auch die Inductosyne (Bild 7-45). Sie können als translatorische (Linear-Inductosyn) oder als rotatorische (Rund-Inductosyn) Meßeinrichtungen ausgeführt werden. Die Rolle des Stators übernimmt der bewegliche Gleiter, die Rolle des Rotors die feststehende Skala. Der Gleiter und die Skala sind durch einen Luftspalt voneinander getrennt, der auf der ganzen Länge konstant bleiben muß. Das Auflösungsvermögen des Linear-Inductosyns beträgt bis 1 $\mu$m, das des Rund-Inductosyns 1 bis 3 Bogensekunden.

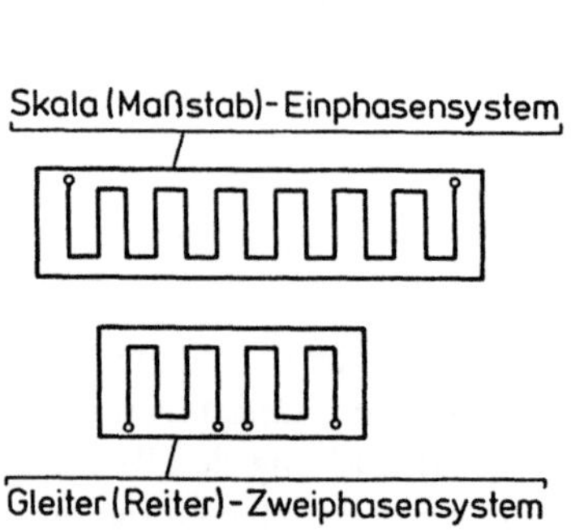


**Bild 7-45** Prinzipskizze eines Inductosyns

Die Kennlinie bei analoger Meßwerterfassung und absolutem Meßverfahren ist in Bild 7-46 dargestellt. Sie kann durch Potentiometer realisiert werden, da bei ihm die Linearität zwischen Spannung und Hub gegeben ist. Die Kennlinie ist eindeutig, sie ist deshalb absolut.

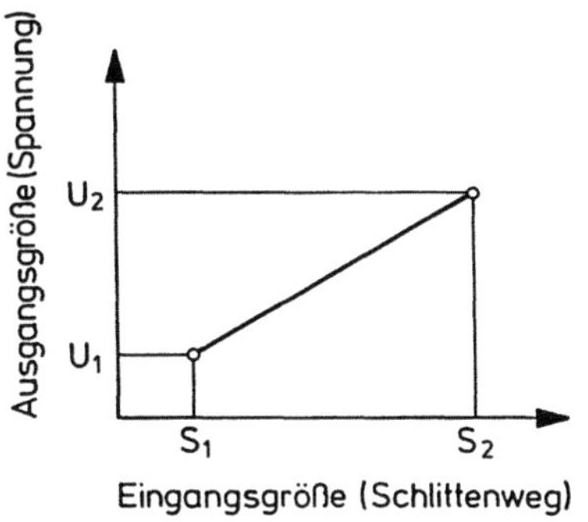


**Bild 7-46**
Kennlinie bei analoger Meßwerterfassung und absolutem Meßverfahren

## 7.6 Dynamisches Verhalten des Lagerregelkreises

Das dynamische Verhalten einzelner Bauteile wurde eingehend in den Abschnitten 3.5.2, 4.3.2, 5.2.7 behandelt. Das dynamische Verhalten der Maschine wurde in dem Abschnitt 6 eingehend untersucht.

In diesem Abschnitt wird das dynamische Verhalten des gesamten Systems Maschine – Steuerung bzw. Vorschubantrieb – Steuerung untersucht.

Auf die rechnerische Bestimmung des dynamischen Verhaltens des Übertragungssystems wurde hier verzichtet, da sie wegen des hohen mathematischen Aufwandes nur in einfachsten Fällen durchführbar ist.

### 7.6.1 Frequenzkennlinien der Maschine

Die Maschine, d.h. der Maschinenschlitten, dessen Hübe geregelt werden, kann vereinfacht als ein Einmassenschwinger der Masse m dargestellt werden, der durch eine Kraft $F \cdot \cos \omega t$ erregt wird (Bild 7-47). Aus dem Abschnitt 6.1.2 ist bekannt, daß es sich hierbei um die erzwungenen Schwingungen mit Fußpunkterregung handelt.

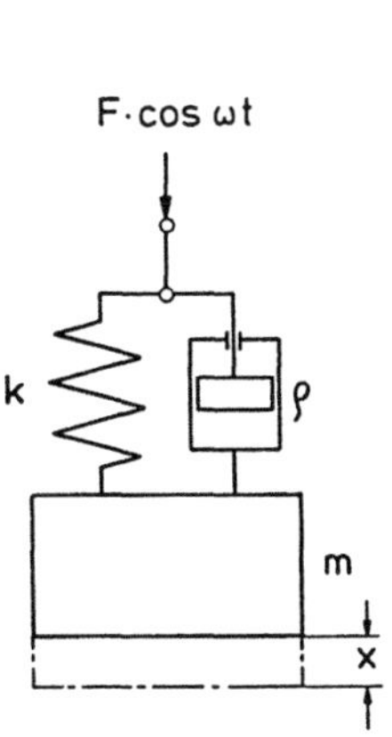


**Bild 7-47** Maschinenschlitten als Schwinger dargestellt

Bei keiner Erregerfrequenz $\omega$ der Eingangsgröße stimmen die Amplituden der Ausgangsgröße (Schlittenbewegung) und der Eingangsgröße (Erregung) überein. Bei der Erhöhung der Erregerfrequenz (Eingangsfrequenz) wird eine Frequenz $\omega_0$ erreicht, bei welcher die Amplitude der Ausgangsgröße ihr Maximum erreicht. Bei weiterer Erhöhung der Erregerfrequenz nimmt die Amplitude der Ausgangsgröße ab. Bei höheren Erregerfrequenzen bleibt die Ausgangsgröße hinter der Eingangsgröße zurück, es handelt sich um eine Phasenverschiebung.

Bild 7-48 gibt nach dieser Beschreibung das Amplitudenverhältnis und Phasenwinkel als Funktion der Eingangsfrequenz an und wird Frequenzkennlinie oder Bodediagramm genannt.

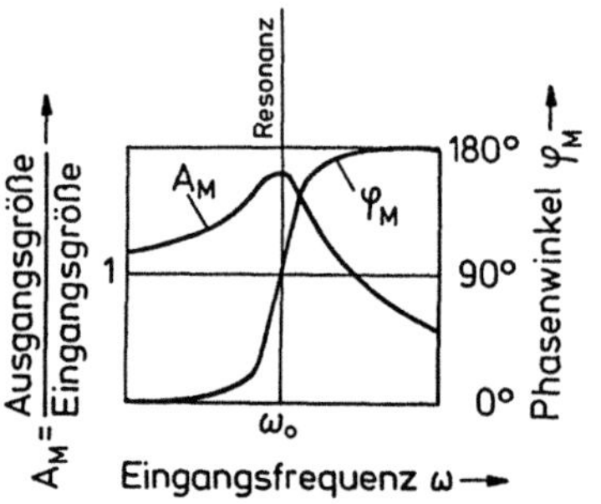


**Bild 7-48** Frequenzkennlinie der Maschine

### 7.6.2 Frequenzkennlinien der Steuerung

Nicht nur die mechanischen und hydraulischen Teile weisen Nachgiebigkeiten aus. Die elektrischen Elemente haben Induktivitäten, Kapazitäten und Ohmsche Widerstände, die Zeitverzögerungen und Verluste zwischen Eingangs- und Ausgangsgröße bewirken.

Die Frequenzkennlinien des offenen und des geschlossenen Wirkungsweges bzw. Steuerungssystems wurden in den Abschnitten 7.4.1 und 7.4.2 (Bilder 7-26, 7-29 und 7-30) eingehend behandelt.

Für das offene Steuerungssystem wurde gesagt, daß das Amplitudenverhältnis umgekehrt proportional der Eingangsfrequenz ist (Bilder 7-26 und 7-30).

Für das geschlossene Steuerungssystem wurde festgestellt, daß das Amplitudenverhältnis bei der Vergrößerung der Eingangsfrequenz bis zu einem bestimmten Wert der Eingangsfrequenz konstant bleibt, bei weiterer Zunahme der Eingangsfrequenz nimmt das Amplitudenverhältnis ab (Bild 7-29 und 7-30).

### 7.6.3 Frequenzkennlinien des kombinierten Systems Maschine – Steuerung

Jeder Lagerregelkreis ist ein kombiniertes System, bestehend aus Maschine und Steuerung. Die Frequenzkennlinie des kombinierten Systems, die für den Lagerregelkreis maßgebend ist, wird nach den Frequenzkennlinien der Maschine und der Steuerung abgeleitet.

Das resultierende Amplitudenverhältnis (Index MS) ergibt sich durch die Multiplikation einzelner Amplitudenverhältnisse [77]

$$\boxed{A_{MS} = |A_M| \cdot |A_S|}\ .$$

Das resultierende Amplitudenverhältnis kann man auch durch die Addition im logarithmischen Maßstab bekommen.

Den resultierenden Phasenwinkel bekommt man durch die graphische Addition der einzelnen Phasenwinkel [77]

$$\varphi_{MS} = \varphi_M + \varphi_S$$

Indices M Maschine
S Steuerung
MS Maschine-Steuerung

Nach den Frequenzkennlinien der Maschine (Bild 7-48) und der Steuerung (Bild 7-30) kann die resultierende Frequenzkennlinie des kombinierten Systems Maschine – Steuerung graphisch bestimmt werden. In Bild 7-49 wird gezeigt, wie das resultierende System graphisch bestimmt wird.

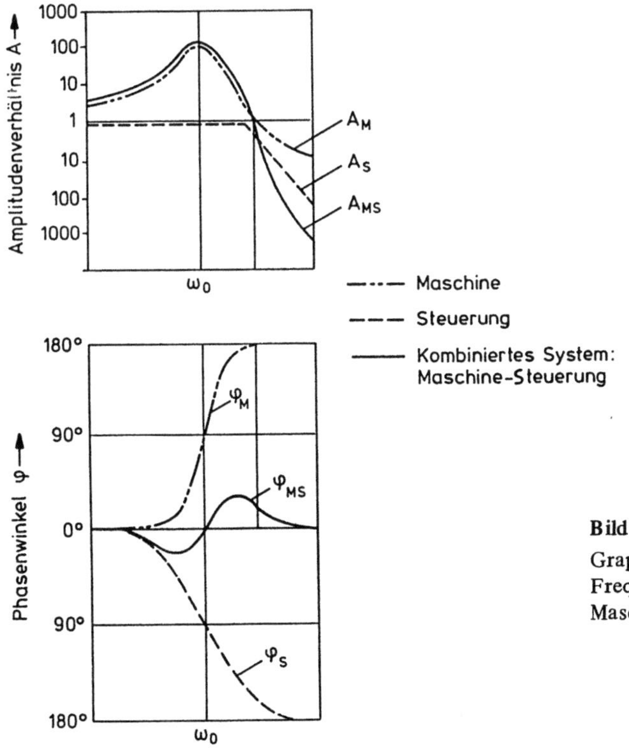


**Bild 7-49**
Graphische Bestimmung der Frequenzkennlinie des Systems Maschine – Steuerung

### 7.6.4 Stabilitätskriterium des Lagerregelkreises

Nach den Frequenzkennlinien des kombinierten Systems Maschine – Steuerung wird festgestellt, ob der Lagerregelkreis dynamisch stabil oder instabil ist.

Das Stabilitätskriterium lautet

– bei der Eingangsfrequenz, bei der das Amplitudenverhältnis gleich eins ist, muß der Phasenwinkel kleiner als 180° sein.

Dieses Kriterium läßt sich auch so ausdrücken

– bei einem Phasenwinkel $\varphi \geqq 180°$ muß das Amplitudenverhältnis kleiner als eins sein.

Nach diesem Stabilitätskriterium ist das in Bild 7-49 dargestellte kombinierte System dynamisch stabil.

Ein dynamisch instabiles System ist als Beispiel in Bild 7-50 aufgezeigt.

Die Frequenzkennlinien werden experimentell durch Frequenzmessungen ermittelt.

Der Frequenzgang ist ein Übertragungssystem, bei welchem der Eingang durch sinusförmige Signale erregt wird, damit am Ausgang die Amplitude und der Phasenwinkel gemessen werden können.

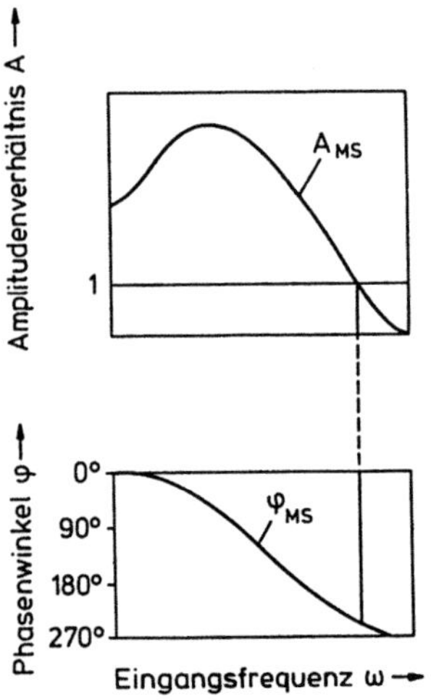


**Bild 7-50** Dynamisch instabiles System

## 7.7 Beispielaufgaben

Für einen Vorschubantrieb durch Gleichstrommotor ist die direkte Wegmessung nach Bild 7-36 vorgesehen. Die mechanischen Antriebselemente werden nach Bild 5-17 so ausgeführt, daß die mechanische Resonanzfrequenz des Vorschubantriebes nicht unter dem von der NC-Steuerungsfirma vorgeschriebenen, minimal zulässigen Wert von 60 $s^{-1}$ liegt.

Für diesen Vorschubantrieb gelten die im rechnerischen Beispiel des Abschnittes 5.2.7 angegebenen technischen Daten. Konstruktive Änderungen dürfen, falls erforderlich, nur an den Durchmessern der Kugelrollspindel und der Lager durchgeführt werden.

Lösung im Anhang

# 8 Einrichtungen zur Automation von Werkzeugmaschinen

Zur Automation von Werkzeugmaschinen werden Werkzeugwechsel-, Bohrkopfwechsel- und Palettenwechseleinrichtungen verwendet.

## 8.1 Werkzeugwechsel

Bei numerisch gesteuerten Werkzeugmaschinen und Bearbeitungszentren muß die Möglichkeit zum Speichern verschiedener Werkzeuge gegeben werden, damit jedes von ihnen im richtigen Moment abgerufen werden kann. Auf diese Art verkürzt sich die Nebenzeit eines Bearbeitungszentrums gegenüber der konventionellen Universal-Werkzeugmaschine. Diese Verkürzung der Nebenzeit führt zur Verkürzung der Stückzeit, wodurch sich der prozentuelle Anteil der Schnittzeit zur Stückzeit erhöht.

Es werden nun verschiedene Werkzeugwechselsysteme aufgeführt und beschrieben. Zuerst werden die Systeme mit dem am Spindelstock befindlichen Magazin behandelt.

### 8.1.1 Revolver als Werkzeugspeicher

Bild 8-1 zeigt eine Revolverkopf-Bohrmaschine. Bei dieser Lösung bleiben alle Werkzeuge im Revolverkopf fest eingespannt. Die Arbeitsgenauigkeit der Maschine hängt von der Teilungsgenauigkeit des Revolverkopfes direkt ab. Die Zugriffszeit der Revolverköpfe ist sehr kurz, sie beträgt etwa 2 Sekunden. Dieses System wird nur für eine geringere Anzahl von Werkzeugen angewandt.

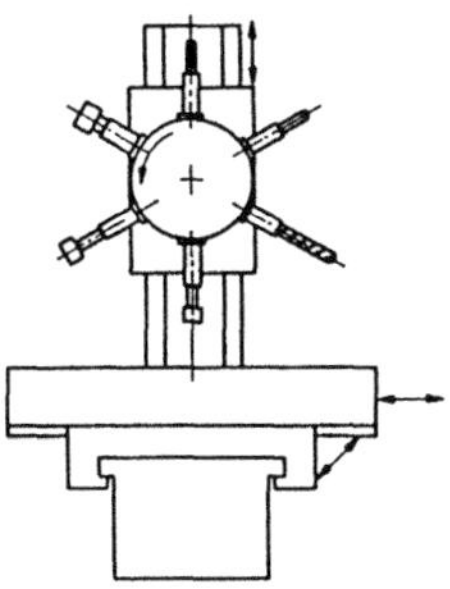

**Bild 8-1** Revolverkopf-Bohrmaschine

### 8.1.2 Maschine mit einem Spindelstock-Magazin

In Bild 8-2 ist eine Maschine mit einem Spindelstock-Magazin, Bauart Hüller, gezeigt. In dem Spindelstock-Magazin befinden sich mehrere Arbeitsspindeln, die bei Bedarf in Arbeitsstellung fahren, damit sie mit dem Spindel- und Vorschubantrieb gekoppelt werden. Die Spindeln mit fertig eingestellten Werkzeugen lassen sich manuell auswechseln. Die Werkzeugwechselzeit ist bei den von der Arbeitsstellung weiter entfernt liegenden Werkzeugen länger als bei einem Revolverkopf.

Nach dem beschriebenen Prinzip gibt es Maschinen (Hubomat, Fabrikat Hüller-Hille) mit einer Anzahl von 6 bis 18 Spindeln.

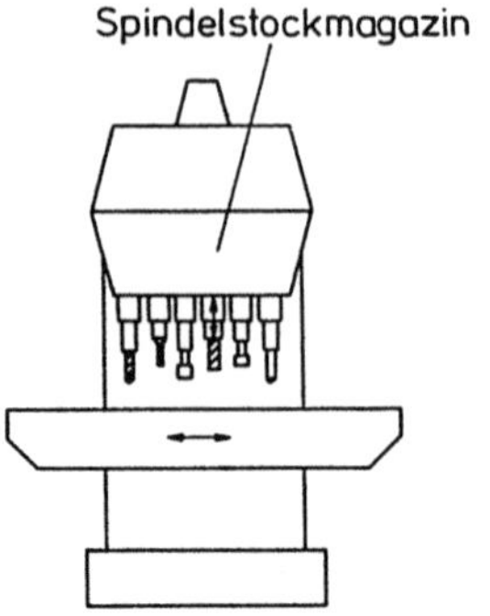


**Bild 8-2** Maschine mit einem Spindelstock-Magazin

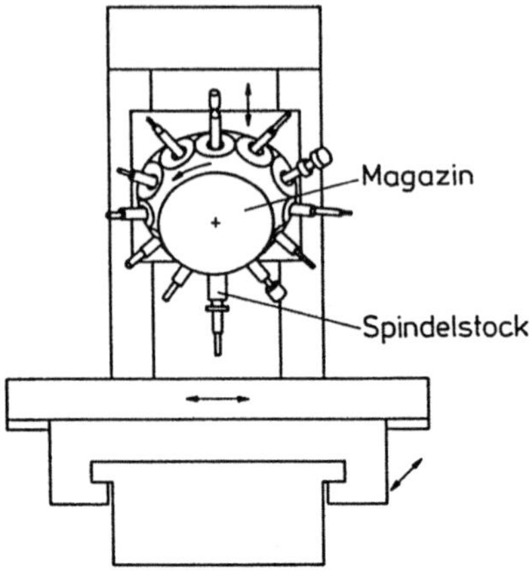


**Bild 8-3** Maschine mit einem drehbaren, kegelförmigen Magazin

### 8.1.3 Maschine mit einem drehbaren, kegelförmigen Magazin

In Bild 8-3 ist eine Maschine mit einem drehbaren, kegelförmigen Magazin (Bauart Olivetti) dargestellt. In dem Magazin befinden sich mehrere Werkzeuge, die in ihren Werkzeughaltern aufgenommen werden. Die Werkzeughalter fahren bei Bedarf in Arbeitsstellung und werden in den feststehenden Spindelstock mit verschiebbarer Pinole geklemmt. Die Werkzeugwechselzeit ist sehr kurz und beträgt, wie bei der Revolverkopf-Bohrmaschine etwa 2 Sekunden.

Nach dem beschriebenen Prinzip sind die Maschinen mit einer Anzahl von etwa 12 Werkzeugen ausgeführt.

Nun werden die Systeme mit den Magazinen, die sich nicht am Spindelstock befinden, behandelt. Diese Magazine sind entweder neben der Maschine aufgestellt oder an der Maschine befestigt. Diese freistehenden Magazine werden als Rund-, Ketten-Schachbrett- und als Mehrfach-Platten-Magazin ausgeführt (Bild 8-4). Die Beförderung von Werkzeughaltern vom Magazin zur Hauptspindel kann auf folgende Arten erfolgen

- durch die Maschine selbst,
- durch den Bedienungsmann (manuell),
- durch Werkzeugwechseleinrichtungen.

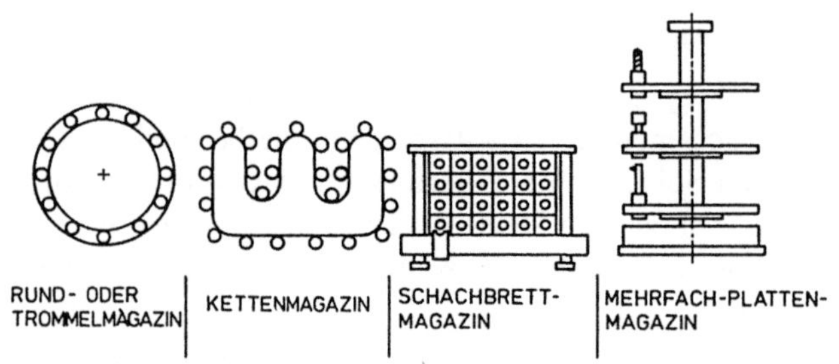


**Bild 8-4** Bauarten von Werkzeugmagazinen [78]

### 8.1.4 Abholprinzip

Bei dem Abholprinzip holt sich die Hauptspindel der Maschine durch eigene Bewegungen in X-, Y- und Z-Richtung selbst den gewünschten Werkzeughalter aus dem Werkzeugmagazin (Bild 8-5). Der Werkzeughalter wird dann in der Hauptspindel durch die Werkzeugspanneinrichtungen gespannt, die Maschine fährt in die Arbeitsstellung. Nach Beendigung des Arbeitsganges mit diesem Werkzeug fährt die Maschine zum Magazin zurück und setzt den Werkzeughalter im Magazin ab. Die Anzahl der Werkzeuge im Magazin kann bei diesem System beliebig groß sein. Je nach der Anordnung der Maschine und des Magazins muß hier mit einer längeren Werkzeugwechselzeit gerechnet werden.

Dieses System findet bei sperrigen und schweren Werkzeugen, trotz der langen Werkzeugwechselzeit Anwendung, da für solche Werkzeuge der Bau einer Werkzeugwechseleinrichtung große Probleme bereitet.

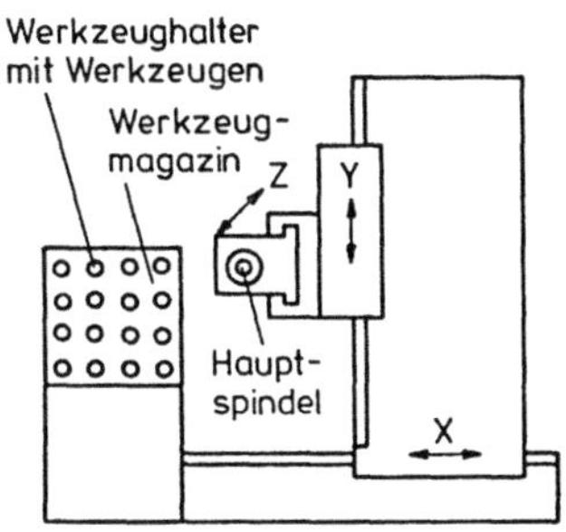


**Bild 8-5** Werkzeugwechsel nach dem Abholprinzip

### 8.1.5 Manueller Werkzeugwechsel

Bei diesem System werden die Werkzeughalter manuell aus dem Magazin herausgenommen, anschließend in die Hauptspindel hineingeschoben und durch eine Werkzeugspanneinrichtung gespannt. Nach Beendigung des Arbeitsganges wird der Werkzeughalter manuell aus der Hauptspindel herausgenommen und auf den für ihn bestimmten Platz im Magazin zurückgelegt. Für den manuellen Werkzeugwechsel gilt im Prinzip Bild 8-5. Die Anzahl der Werkzeuge im Magazin kann bei diesem System beliebig groß sein. Die Werkzeugwechselzeit kann durch geschicktes Bedienen kurz gehalten werden, jedoch besteht die Gefahr, daß dem Bedienungsmann Fehler unterlaufen.

### 8.1.6 Indirekter Werkzeugwechsel über einen Revolver

Bei diesem System wird der Werkzeughalter vom Magazin zur Hauptspindel indirekt über einen Revolver befördert. In Bild 8-6 ist eine nach diesem System konzipierte Maschine, Bauart Burkhardt & Weber, dargestellt. Die Beförderung des Werkzeuges vom Magazin zum Revolver findet in der Zeit statt, in der sich das andere im Doppelrevolver befindliche Werkzeug im Eingriff befindet. Als Zugriffszeit wird deshalb nur die Zeit gerechnet, die zum Schwenken des Doppelrevolvers von der Bereitschaftsstellung in die Arbeitsstellung benötigt wird. Sie beträgt ca. 2 Sekunden.

Nach dem beschriebenen Prinzip sind die Maschinen mit 30 Werkzeugen im Magazin ausgeführt.

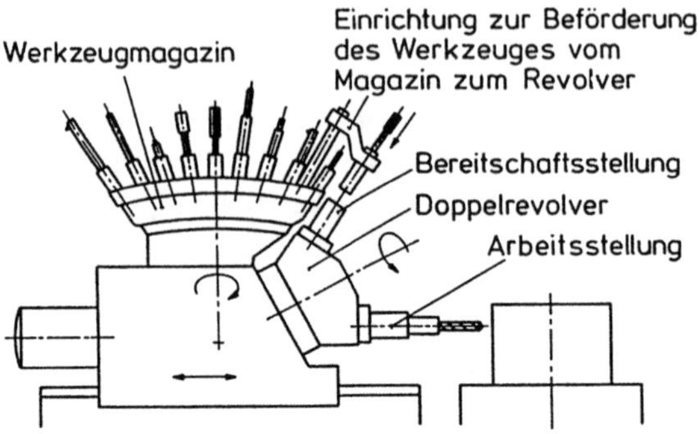


**Bild 8-6**

Indirekter Werkzeugwechsel über einen Revolver

### 8.1.7 Direkter Werkzeugwechsel mittels einer Werkzeugwechseleinrichtung

Bei diesem System wird der Werkzeughalter vom Magazin zur Hauptspindel direkt mittels einer Werkzeugwechseleinrichtung befördert. Dieses System wird direkter Werkzeugwechsel auch in den Fällen genannt, in denen das Werkzeug zwischen dem Magazin und der Hauptspindel zuerst in eine Bereitschaftsstellung befördert wird.

Es gibt eine große Zahl von verschiedenen Werkzeugwechseleinrichtungen, die nach dem Prinzip des Doppelgreifers, des Zwischengreifers und des Transportzylinders arbeiten. Die Wahl eines Werkzeugwechselsystems wird im Zusammenhang mit der Anordnung der Maschine, der Art der Entnahme des Werkzeughalters aus dem Magazin und der Art der Aufnahme und der Sicherung des Werkzeughalters im Magazin und im Greifer der Werkzeugwechseleinrichtung getroffen.

#### Entnahme des Werkzeughalters aus dem Magazin

Die Werkzeughalter können aus dem Magazin axial (Bild 8-7) oder radial (Bild 8-8) entnommen werden.

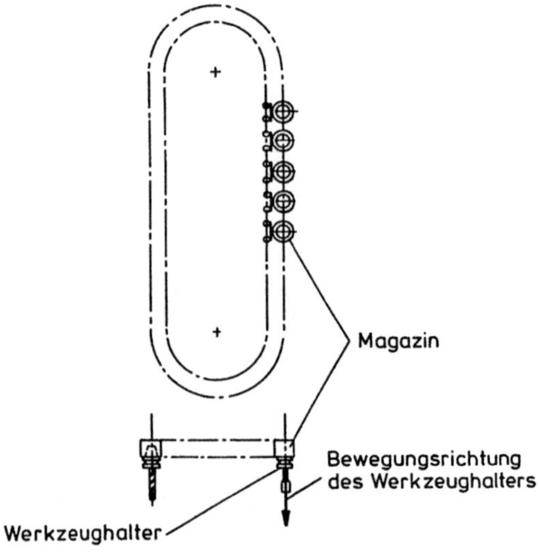


**Bild 8-7**

Axiale Entnahme des Werkzeughalters aus dem Magazin

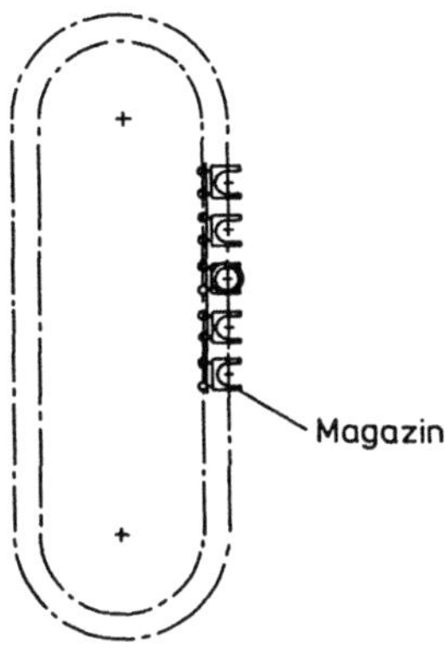


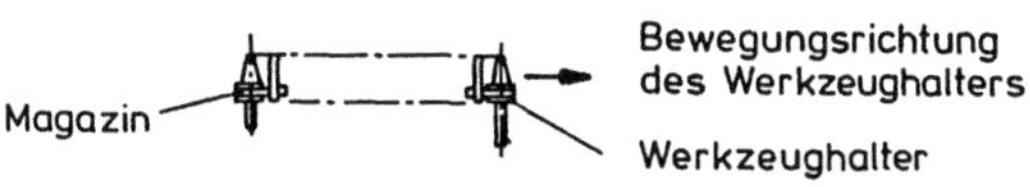


**Bild 8-8**
Radiale Entnahme des Werkzeughalters aus dem Magazin

**Aufnahme und Sicherung des Werkzeughalters im Magazin, im Greifer und in der Hauptspindel**

Der Werkzeughalter muß im Magazin auf dem Weg zwischen Magazin und Hauptspindel und in der Hauptspindel so formschlüssig gefaßt werden, daß die Lage des Werkzeughalters in Bezug auf das aufnehmende Element vollkommen bestimmt ist.

Es gibt sehr viele Ausführungen der Werkzeughalter und viele Lösungen für seine Aufnahme und Sicherung in dem aufnehmenden Element. Wenn die Hauptspindel mit Steilkegel nach DIN 2079 versehen ist, muß der Werkzeughalter als Werkzeugschaft nach DIN 2080 ausgeführt werden. Die einfachste Ausführung des Werkzeughalters wäre, wenn er vollständig ohne jegliche Abweichung nach dieser DIN-Norm ausgeführt werden kann. In Bild 8-9 ist ein solcher Werkzeughalter dargestellt. Er wird in der Hauptspindel in der kegeligen Bohrung aufgenommen, mit den Mitnehmersteinen gesichert und anschließend mit einer Schnellspanneinrichtung oder einem Elektrospannantrieb axial angezogen (Bild 8-10).

Das axiale Halten des Werkzeughalters ist notwendig, da mit dem Steilkegel keine Selbsthemmung erreicht werden kann.

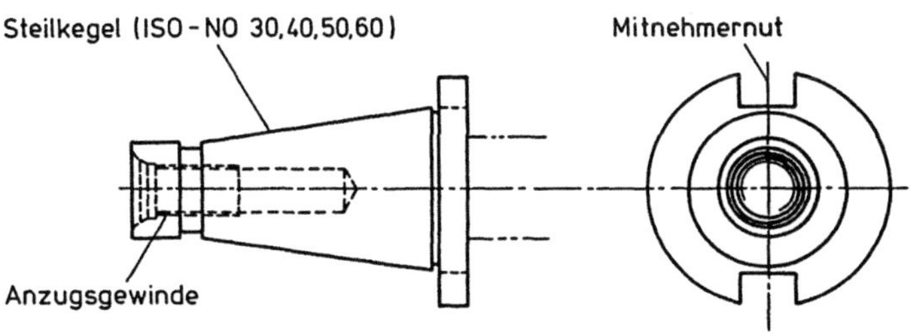


**Bild 8-9** Werkzeughalter als Werkzeugschaft mit Steilkegel für Gewindeanzug nach DIN 2080

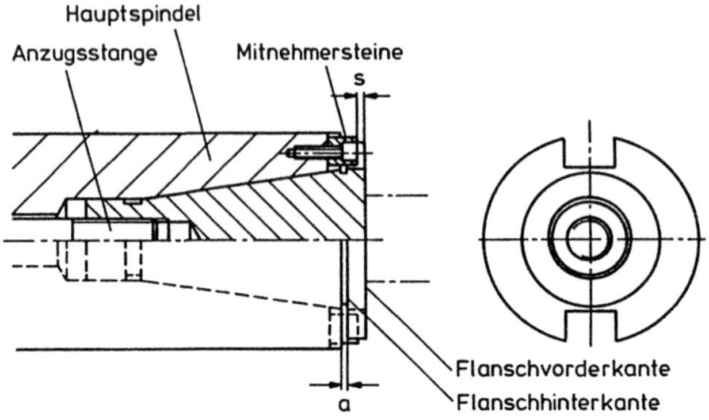


**Bild 8-10** Aufnahme und Sicherung des Werkzeughalters in der Hauptspindel

**Tabelle 8-1** Axialspiele „a“ und „s“ nach Bild 8-10

| Steilkegel ISO-NO | 30 | 40 | 50 | 60 |
|---|---|---|---|---|
| a [mm] | 1,6 | 1,6 | 3,2 | 3,2 |
| $s_{MIN}$ [mm] | 1,6 | 3,6 | 2,7 | 6,7 |

Die Zugkraft der Anzugstange wird nach den radialen Schnittkräften bestimmt. Zwischen der Hauptspindel und der Flanschhinterkante besteht ein axiales Spiel „a“, zwischen den Mitnehmersteinen und der Flanschvorderkante des Werkzeughalters ist ein axiales Spiel „s“ vorhanden. Diese Spiele sind für alle Steilkegel genormt und können Tabelle 8-1 entnommen werden.

Der Werkzeughalter wird aus der Hauptspindel von einem Greifer übernommen. Für diese Übernahme bleiben frei der Flansch des Werkzeughalters und die beiden Mitnehmernuten auf der Länge „s“.

In Bild 8-11 ist dargestellt, wie die Übernahme des nach DIN 2080 genormten Werkzeughalters durchgeführt werden kann. Das ist nur eine von vielen Lösungsmöglichkeiten. Der Werkzeughalter wird nach dieser Lösung auf dem Flansch von beiden Backen des Greifers aufgenommen und axial gehalten und mit zwei Mitnehmersteinen gegen Verdrehung gesichert. Das Spiel „s“ ermöglicht die Verdrehsicherung, das Spiel „a“ erlaubt, daß gleichzeitig die Flanschvorderkante und die Flanschhinterkante von Greiferbacken gefaßt und in axialer Richtung beidseitig gehalten werden. Die in Bild 8-11 dargestellte Lösungsmöglichkeit hat praktische Bedeutung für Steilkegel ISO-NO. 50 und ISO-NO. 60, da für die kleineren Steilkegel die Spiele „s“ und „a“ zu klein sind (s. Tabelle 8-1).

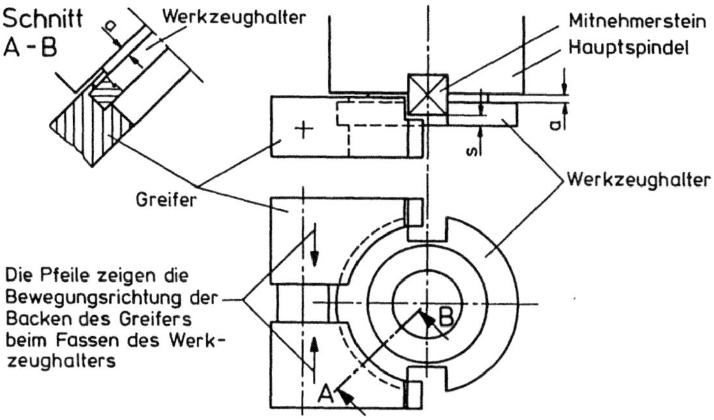


**Bild 8-11** Übernahme des Werkzeughalters nach DIN 2080 durch einen Greifer aus der Hauptspindel

Nachdem der Greifer den Werkzeughalter formschlüssig gefaßt hat, kann er ihn nach dem Lösen der Werkzeugspanneinrichtung aus der Hauptspindel herausziehen. Der nächste Schritt ist die Übergabe des Werkzeughalters an das Magazin. Für die Aufnahme und Sicherung des Werkzeughalters im Magazin, während er sich im Greifer befindet, bleiben die gleichen Flächen zur Verfügung, die für die Aufnahme und Sicherung in der Hauptspindel in Anspruch genommen wurden. Der Werkzeughalter kann deshalb im Magazin auf gleiche Art wie in der Hauptspindel aufgenommen und gesichert werden. Eine so starre Aufnahme und Sicherung des Werkzeughalters ist im Magazin nicht erforderlich, da hier keine Schnittkräfte eingreifen. Der Werkzeughalter kann deshalb im Magazin auf gleiche Art wie im Greifer aufgenommen und gesichert werden (Bild 8-12).

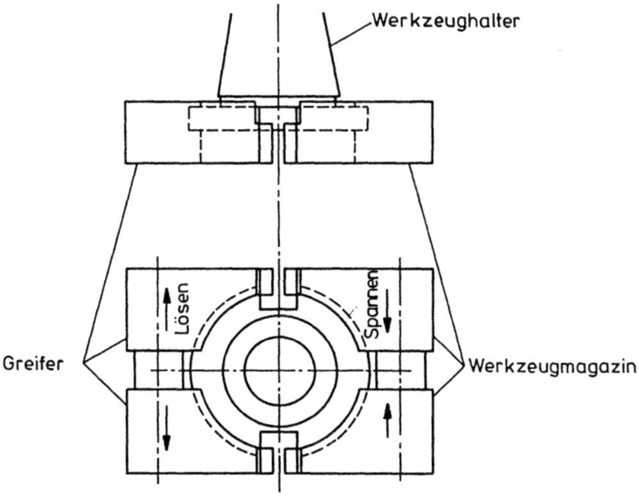


**Bild 8-12** Übergabe des Werkzeughalters nach DIN 2080 aus dem Greifer durch das Magazin (eigene konstruktive Untersuchung)

Es wurde an einem konstruktiven Beispiel gezeigt, wie ein nach DIN 2080 genormter Werkzeughalter (Bild 8-9) in der Hauptspindel (Bild 8-10), in dem Greifer (Bild 8-11) und im Magazin (Bild 8-12) aufgenommen und gesichert wird. Die Verwendung solcher Werkzeughalter kann vorteilhaft sein, da die genormten und in jedem Betrieb vorhandenen Standard-Werkzeugschafte als Werkzeughalter für die Werkzeugwechseleinrichtung eingesetzt werden können.

Die meisten ausgeführten Werkzeughalter haben außer den nach DIN 2080 vorgesehenen Flächen noch zusätzliche Flächen und Nachbearbeitungen, die für ihr Werkzeugwechselsystem erforderlich sind. In Bild 8-13 ist ein Werkzeughalter dargestellt, der sich von der nach DIN 2080 genormten Werkzeugschaft durch zwei Flanschabflachungen nach DIN 6355 und zwei Ausfräsungen unterscheidet.

Diese Abflachungen entsprechen den für die Fräserdorne genormten Abflachungen.

In Bild 8-14 und 8-15 wird gezeigt, wie dieser Werkzeughalter durch einen Greifer aus der Hauptspindel und aus dem Greifer durch das Magazin übernommen wird. Der Werkzeughalter wird auf dem runden Flansch von beiden Backen des Greifers bzw. des Magazins aufgenommen, mit zwei Mitnehmersteinen gegen Verdrehung gesichert und durch zwei Flachstähle in den Ausfräsungen axial beidseitig gehalten.

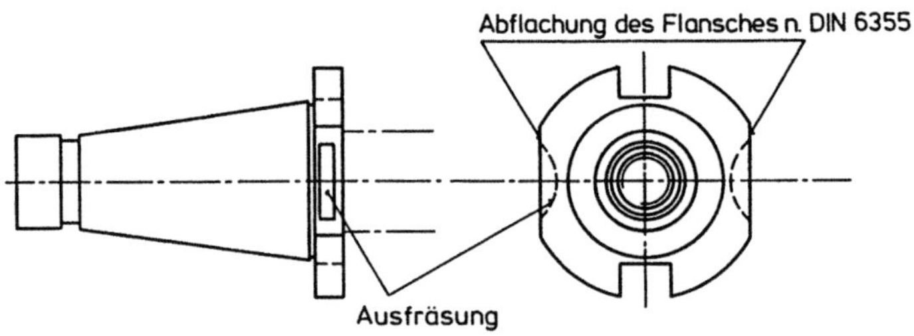


**Bild 8-13** Durch zwei Abflachungen und zwei Ausfräsungen geänderter Werkzeughalter nach DIN 2080

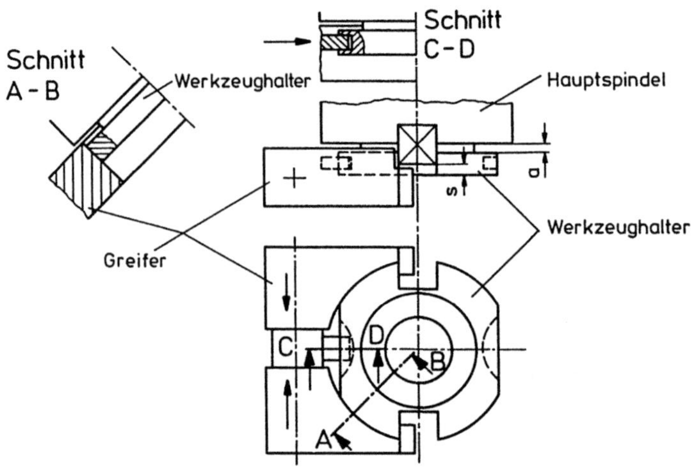


**Bild 8-14** Übernahme des Werkzeughalters (Bild 8-13) durch einen Greifer aus der Hauptspindel

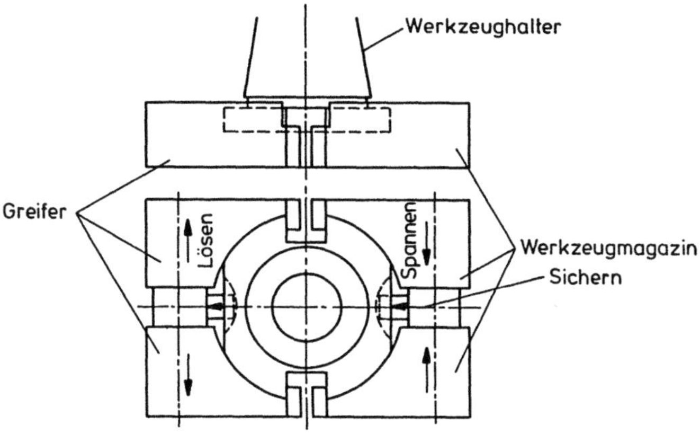


**Bild 8-15** Übernahme des Werkzeughalters (Bild 8-13) aus dem Greifer durch das Magazin

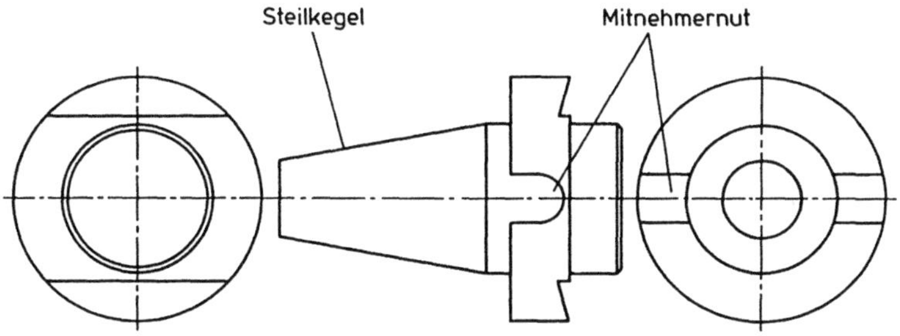


**Bild 8-16** Werkzeughalter (Fabrikat Scully Jones)

Ein patentgeschützter Werkzeughalter und Greifer sind in Bild 8-16 und 8-17 dargestellt. Der Werkzeughalter wird in der Hauptspindel in der kegeligen Bohrung aufgenommen, mit den Mitnehmersteinen gesichert und mit einer Schnellspanneinrichtung axial angezogen (Bild 8-17).

Es wird auch gezeigt, wie der Werkzeughalter aus der Hauptspindel durch einen Greifer übernommen wird. Das Spiel „a" zwischen Flanschhinterkante und Hauptspindel (Bild 8-17) ermöglicht, daß gleichzeitig die Flanschhinterkante und die Flanschvorderkante vom Greifer erfaßt und in axialer Richtung beidseitig gehalten werden. In Bild 8-18 wird gezeigt, wie der Werkzeughalter aus einem Greifer durch den anderen, der ihn zum Magazin führt, übernommen wird.

Bei manchen Lösungen verfügt der Werkzeughalter außer über den nach DIN 2080 vorgesehenen noch über einen zusätzlichen Flansch. In Bild 8-19 ist ein Werkzeughalter mit zwei Flanschen dargestellt (Fabrikat Fritz Werner). Er wird in der Hauptspindel in der kegeligen Bohrung aufgenommen, mit den Mitnehmersteinen in dem hinteren Flansch gesichert und mit der Schnellspanneinrichtung axial angezogen.

Die Übernahme dieses Werkzeughalters durch einen Doppelgreifer aus der Hauptspindel ist in Bild 8-20 dargestellt.

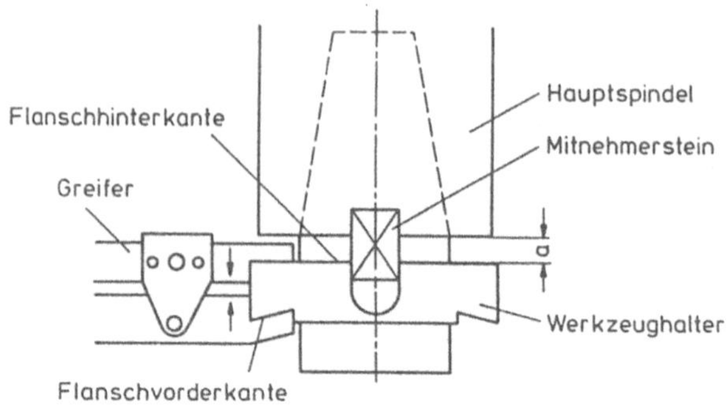


**Bild 8-17**
**Übernahme des Werkzeughalters durch einen Greifer aus der Hauptspindel (Fabrikat Scully Jones)**

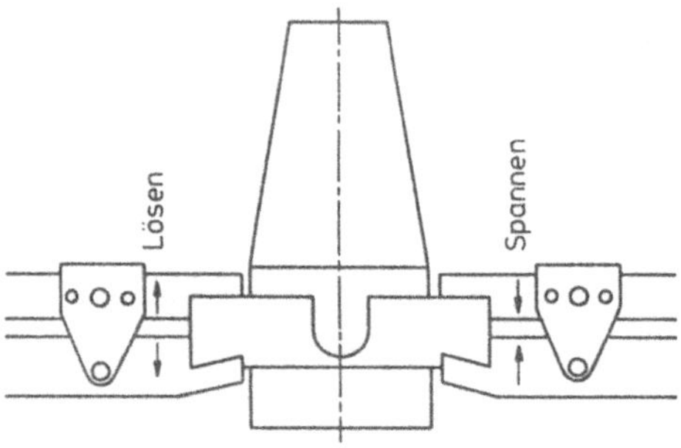


**Bild 8-18**
**Übernahme des Werkzeughalters aus einem Greifer durch den anderen Greifer (Fabrikat Scully Jones)**

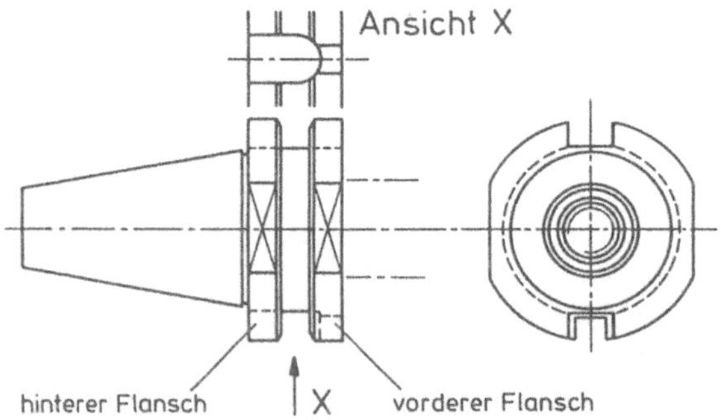


**Bild 8-19**
Werkzeughalter mit zwei Flanschen, Fabrikat Fritz Werner

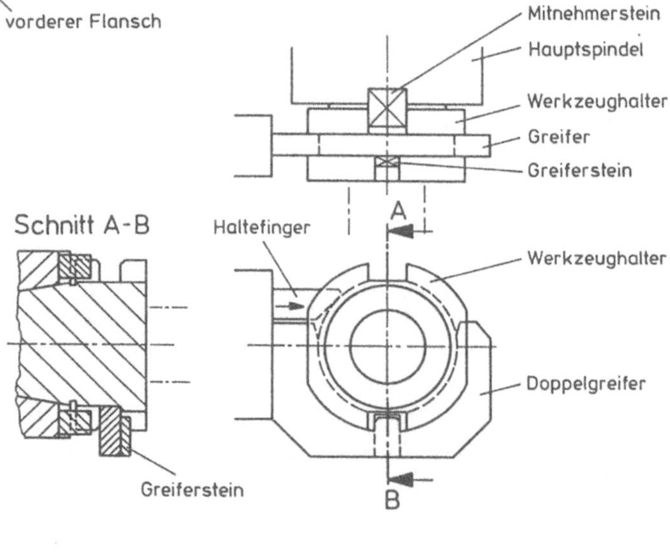


**Bild 8-20**
Übernahme des Werkzeughalters durch einen Greifer aus der Hauptspindel, Fabrikat Fritz Werner

Der Greifer faßt den Werkzeughalter an dem runden Sitz zwischen zwei Flanschen, um ihn gleichzeitig in axialer Richtung halten zu können. Der Greiferstein sichert den Werkzeughalter in der Nut des vorderen Flansches gegen Verdrehung. Der Haltefinger des Greifers verhindert das radiale Ausgleiten des Werkzeughalters aus dem Greifer.

Bild 8-21 zeigt, wie der Werkzeughalter aus dem Doppelgreifer durch den Zwischengreifer übernommen wird.

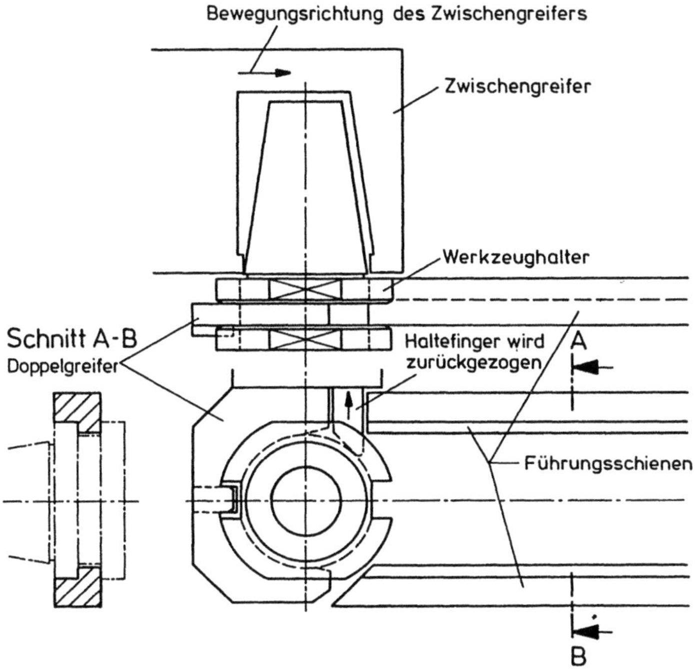


**Bild 8-21**
Übernahme des Werkzeughalters aus dem Doppelgreifer durch den Zwischengreifer (Fabrikat Fritz Werner)

Der Zwischengreifer faßt den Werkzeughalter an dem kegeligen Schaft und schiebt ihn aus dem Doppelgreifer hinaus. Der Haltefinger des Greifers wird vorher zurückgezogen.

Die Führungsschienen befinden sich unmittelbar an dem Doppelgreifer, und der Werkzeughalter wird beim Verlassen des Doppelgreifers in die Führungsschienen hineingeschoben. Er gleitet in den Führungsschienen an den Abflachungen des hinteren Flansches und wird somit gegen Verdrehung gesichert. Die axiale Sicherung des Werkzeughalters in den Führungsschienen wird durch seine Aufnahme zwischen zwei Flanschen gewährleistet.

Der Zwischengreifer befördert den Werkzeughalter zum Werkzeugmagazin (Bild 8-22).

Die Führungsschienen befinden sich unmittelbar an dem Magazin, und der Werkzeughalter wird beim Verlassen der Führungsschienen in das Magazin hineingeschoben. Er gleitet im Magazin an den Abflachungen des vorderen Flansches und wird axial zwischen zwei Flanschen gehalten, bis er in die Endstellung des Magazins kommt. In dieser Endstellung wird der Werkzeughalter an dem runden Sitz zwischen zwei Flanschen gehalten und durch den Magazinstein in der Nut des vorderen Flansches gegen Verdrehung gesichert. Der nächste Schritt ist das Rollen des Kettenmagazins, wobei der Zwischengreifer in der auf Bild 8-22 gezeichneten Stellung verbleibt.

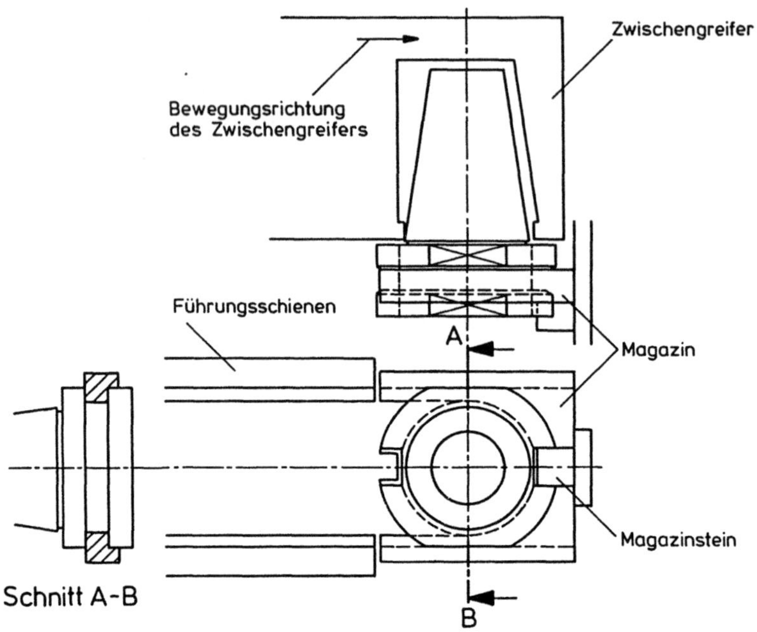


**Bild 8-22** Übernahme des Werkzeughalters aus dem Zwischengreifer durch das Magazin, (Fabrikat Fritz Werner)

### Doppelgreifersystem

Dieses System gibt es in vielen Ausführungen; alle arbeiten jedoch nach dem in Bild 8-23 dargestellten Prinzip:

c) Doppelgreifer schwenkt um 90° aus der Ruhelage und faßt die beiden Werkzeuge;
d) Doppelgreifer zieht die Werkzeuge aus ihren Lagerungen heraus;
e) Doppelgreifer schwenkt um 180°;
f) Doppelgreifer setzt die Werkzeuge ein;
g) Doppelgreifer schwenkt um 90° in seine Ruhelage.

a Hauptspindel
b Werkzeugmagazin
h Doppelgreifer

Es gibt viele Ausführungen von Doppelgreifern; drei charakteristische sind in Bild 8-24 dargestellt.

Bei der Ausführung „A“ wird der Werkzeughalter durch die Schwenkbewegung des Doppelgreifers gefaßt. Dieser Greifer wurde schon in Bild 8-20 und 8-21 dargestellt und beschrieben. Bei der Konstruktion des Werkzeugmagazins ist darauf zu achten, daß der Greifer den vorgesehenen Werkzeughalter aus dem Magazin herausnimmt, ohne mit den anderen Werkzeugen zu kollidieren. Der Radius des Magazins und der Abstand zwischen den Werkzeugen im Magazin müssen so bestimmt werden, daß sich innerhalb des Schwenkradius des Greifers kein Werkzeughalter befindet (s. Bild 8-25).

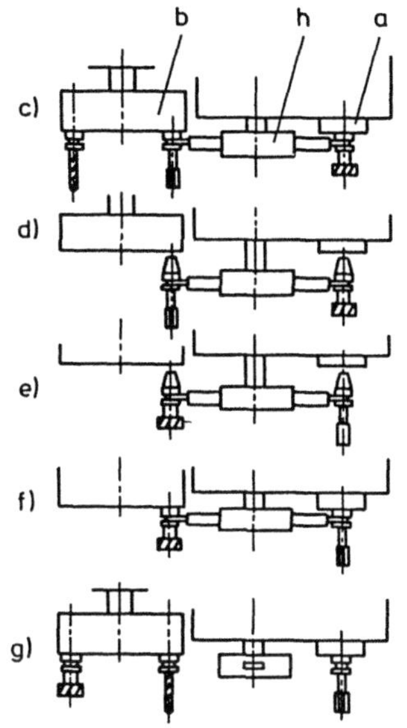


**Bild 8-23**
Prinzipskizze von Doppelgreifersystemen [79]

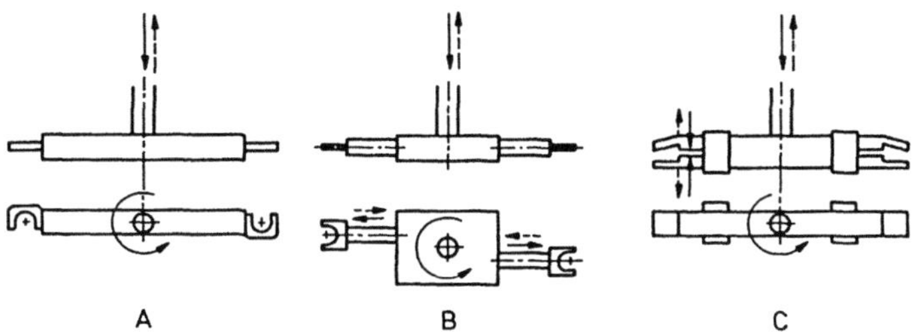


**Bild 8-24**
Charakteristische Ausführungen von Doppelgreifern

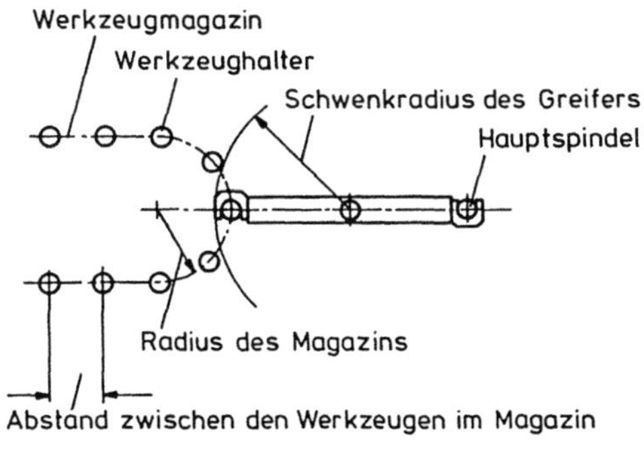


**Bild 8-25**
Direkte Entnahme des Werkzeughalters durch den Doppelgreifer, Ausf. „A" aus dem Magazin

Die Entnahme des Werkzeughalters aus dem Magazin ist direkt, da kein Zwischengreifer vorhanden ist. Eine direkte Entnahme des Werkzeughalters durch den Doppelgreifer, Ausf. „A" aus dem Magazin ist bei dem Werkzeugmagazin (Bild 8-7) möglich, da die Werkzeughalter aus dem Magazin axial entnommen werden.

Bei dem Werkzeugmagazin (Bild 8-8) erfolgt die radiale Entnahme des Werkzeughalters aus dem Magazin durch einen Zwischengreifer. Ein solches System, bestehend aus einem Magazin mit radialer Entnahme des Werkzeughalters (Bild 8-8), einem Zwischengreifer (Bild 8-21) und einem Doppelgreifer (Bild 8-20) ist als Bauart der Fa. Fritz Werner bekannt. Das Bild 8-26 ist die Prinzipskizze dieses Systems.

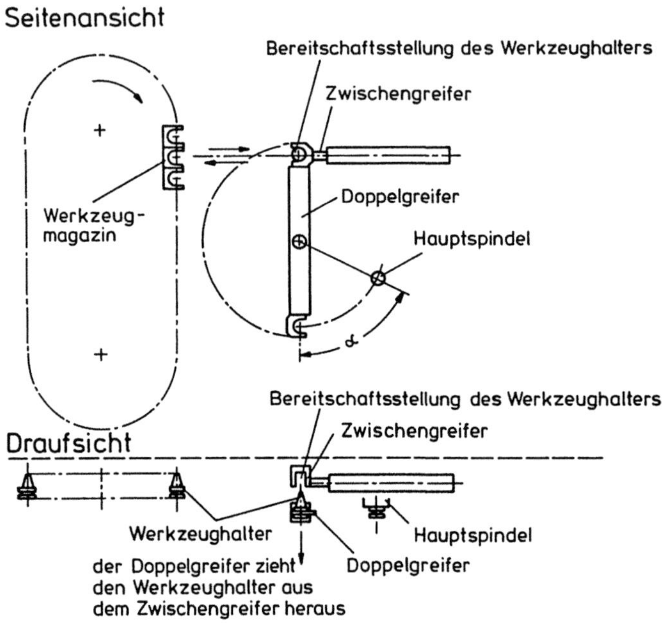


**Bild 8-26**
Entnahme des Werkzeughalters durch den Zwischengreifer aus dem Magazin und Weitergabe durch den Doppelgreifer zur Hauptspindel,
(Fabrikat Fritz Werner)

Der Werkzeughalter wird aus dem Magazin durch einen Zwischengreifer radial in eine Bereitschaftstellung befördert und zugleich in die Aufnahmeklaue des Doppelgreifers hineingeschoben. Der Doppelgreifer zieht den Werkzeughalter aus dem Zwischengreifer axial heraus, schwenkt um Winkel $\alpha$ und faßt den Werkzeughalter, der sich in der Hauptspindel befindet. Dieser Werkzeughalter wird dann aus der Hauptspindel axial herausgezogen, und der Doppelgreifer schwenkt um 180°, um die Werkzeuge auszutauschen. Der aus dem Magazin herausgenommene Werkzeughalter wird nun in die Hauptspindel axial hineingeschoben. Der Doppelgreifer schwenkt nun um den Winkel $\alpha$ zurück und schiebt den aus der Hauptspindel herausgenommenen Werkzeughalter axial in den Zwischengreifer, der ihn anschließend zum Magazin befördert. Die Beförderung des Werkzeughalters vom Magazin in die Bereitschaftstellung und zurück findet während des Bearbeitungsvorganges statt.

Der Doppelgreifer, Ausf. „A", war das erste Doppelgreifersystem, das von der Fa. Kearney & Trecker entwickelt wurde.

Der Doppelgreifer, Ausf. „B", hat außer des Schwenkens und der translatorischen Bewegung in der Achsrichtung noch eine Bewegungsfreiheit: er kann die Arme translatorisch „ausstrecken". Diese Bewegungsfreiheit ermöglicht ihm das direkte Herausholen des

Werkzeughalters aus jedem Magazin (Bilder 8-7 und 8-8). Eine direkte Entnahme des Werkzeughalters durch den Doppelgreifer, Ausf. „B", aus dem Magazin ist in Bild 8-27 dargestellt. Dieser Doppelgreifer wird deshalb an Bearbeitungszentren häufig angewandt.

Der Doppelgreifer, Ausf. „C" (Bilder 8-17 und 8-18), hat folgende Bewegungsfreiheiten: Schwenken, translatorische Bewegung in Achsrichtung, Spreizen der Finger. Der Werkzeughalter wird genauso wie bei der Ausf. „A" durch die Schwenkbewegung des Doppelgreifers gefaßt. Alles, was in diesem Zusammenhang bei der Auslegung des Magazins (Bild 8-25) gesagt wurde, gilt auch hier. Bei der Verwendung dieses Doppelgreifers können die Werkzeughalter aus dem Magazin nur axial herausgenommen werden (Bild 8-7).

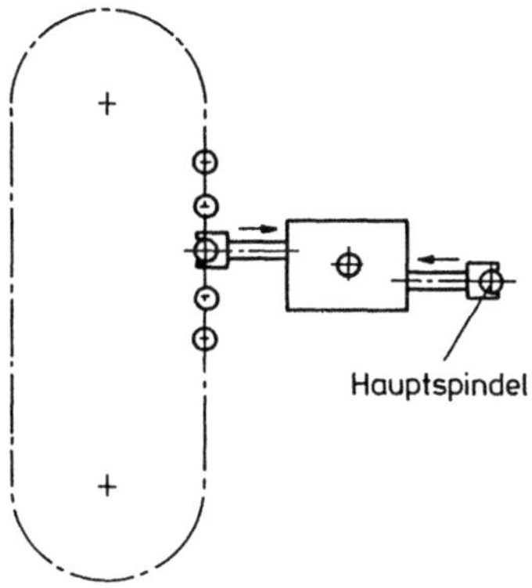


**Bild 8-27**
Direkte Entnahme des Werkzeughalters durch den Doppelgreifer, Ausf. „B", aus dem Magazin

### Einfluß der Anordnung der Maschine auf das Werkzeugwechselsystem

In Bild 8-28 ist eine Maschine mit waagerechter Spindel und seitlich angeordneten Führungsbahnen dargestellt. Bei dieser Anordnung der Maschine ist die einfachste Lösung, wenn ein Werkzeugmagazin nach Bild 8-7 für die axiale Entnahme und ein Doppelgreifer nach Bild 8-24, Ausf. „B", vorgesehen werden. Die Kettenräder des Werkzeugmagazins werden im Ständer gelagert. Damit die relative Lage des Doppelgreifers, der im Schlitten gelagert ist, zu dem Magazin beim Fahren des Schlittens in senkrechter Richtung unverändert bleibt, wird der Antrieb des Kettenmagazins an dem Schlitten befestigt. Auf diese Art wird die Kette bei der Bewegung des Schlittens von dem gebremsten Kettenantrieb mitgenommen. Die relative Lage des Doppelgreifers zu dem Magazin bleibt unverändert, der Werkzeugwechsel kann in jeder Position des Schlittens in senkrechter Richtung durchgeführt werden. Wenn das Magazin mit den Werkzeugen dem zu bearbeitenden Werkstück und dem Arbeitstisch im Wege stehen, so kann dieses Problem durch die Bewegung der Arbeitsspindel in axialer Richtung zum Werkstück hin nach dem Werkzeugwechsel gelöst werden. Diese Bewegung kann konstruktiv entweder als eine Pinolenausführung der Spindel oder als ein im Senkrechtschlitten geführter Schlitten, der in axialer Richtung beweglich ist, ausgeführt werden.

In Bild 8-29 ist eine Maschine mit waagerechter Spindel und frontal angeordneten Führungsbahnen dargestellt. Bei dieser Anordnung der Maschine könnte der Werkzeugwechsel wie dargestellt ausgeführt werden. Hier wurde ein Werkzeugmagazin nach Bild 8-7 für die axiale Entnahme des Werkzeughalters und ein Doppelgreifer nach Bild 8-24, Ausf. „B", der noch eine Bewegungsfreiheit, nämlich das Schwenken um eine senkrechte Achse um 90°, hat, vorgesehen. Die Kettenräder des Werkzeugmagazins werden im Ständer gelagert. Das Werkzeugmagazin ist bei dieser Anordnung der Maschine in Bezug auf die Hauptspindel um 90° versetzt. Die Zugriffszeit des Doppelgreifers beträgt ca. 4 Sekunden, die Werkzeugwechselzeit je nach der Ausführung von 9 bis 15 Sekunden. Bei diesem System steht das Magazin mit den Werkzeugen dem zu bearbeitenden Werkstück und dem Arbeitstisch nicht im Wege.

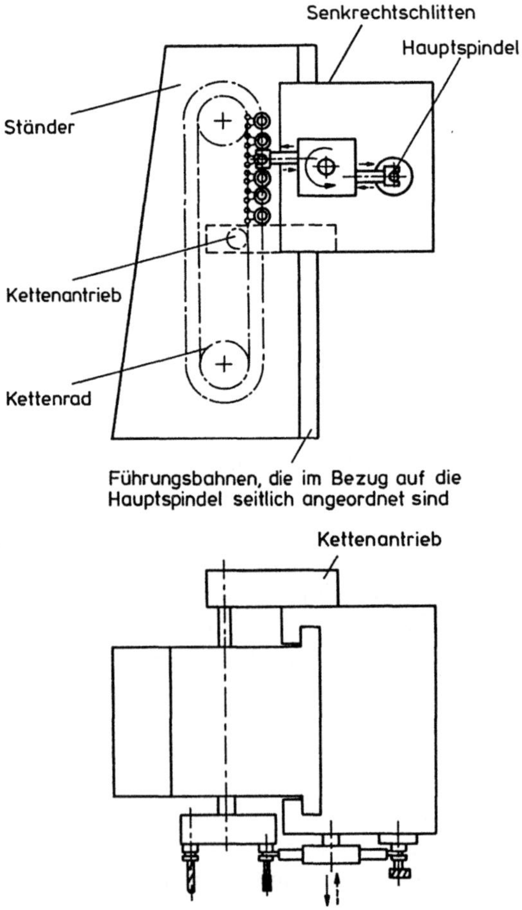


**Bild 8-28**

Maschine mit waagerechter Spindel und seitlich angeordneten Führungsbahnen

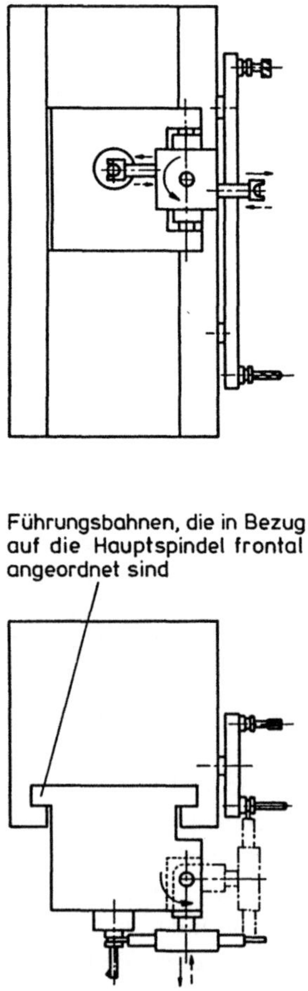


**Bild 8-29**

Maschine mit waagerechter Spindel und frontal angeordneten Führungsbahnen

**Beförderung des Werkzeughalters vom Magazin zur Hauptspindel durch die Transportzylinder**

Die einfachste Beförderung des Werkzeughalters vom Magazin zur Hauptspindel wird zweifellos geradlinig durch die Transportzylinder erreicht. Dabei können die kürzesten Zugriffszeiten erreicht werden. Bei diesem Konzept würde der Transportzylinder zuerst den benutzten Werkzeughalter aus der Hauptspindel herausnehmen und zum Magazin befördern. Zu dieser Zeit läuft die Kette des Magazins um, bis der gewünschte Werkzeughalter in die Werkzeugwechselstellung kommt. Der Transportzylinder holt den Werkzeughalter aus dem Magazin heraus und befördert ihn geradlinig zur Hauptspindel. In Bild 8-30 ist die Lösung nach diesem Konzept nach eigenen konstruktiven Untersuchungen dargestellt. Die Aufnahme und die Sicherung des Werkzeughalters in der Hauptspindel, im Greifer und im Magazin wurden bei diesem Beispiel den Bildern 8-11 und 8-12 entnommen. Nachdem der Transportzylinder den Werkzeughalter zur Hauptspindel befördert hat, fährt er in axialer Richtung und holt den Werkzeughalter aus dem Greifer des Transportzylinders heraus.

Eine weitere Verkürzung der Zugriffszeit könnte beim Einsatz von zwei Transportzylindern erreicht werden (Bild 8-31). Bei dieser Lösung würde der benutzte Werkzeughalter von der Hauptspindel zum Magazin in der gleichen Zeit befördert, in der der neue Werkzeughalter vom Magazin zur Hauptspindel befördert wird.

Die in Bild 8-30 und Bild 8-31 dargestellten Lösungen können mit jedem Werkzeugmagazin mit radialer Entnahme verwirklicht werden. Nach diesem Konzept könnten die Zugriffszeiten von ca. 2 bis 3 Sekunden, und die Werkzeugwechselzeiten von ca. 5 bis 6 Sekunden realisiert werden.

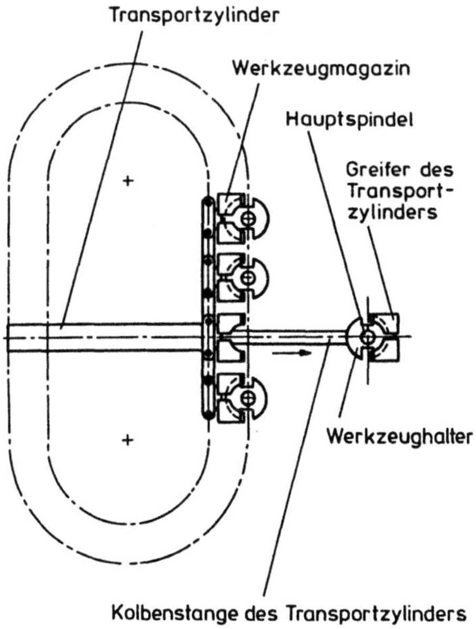


**Bild 8-30**
Werkzeugwechsel durch einen Transportzylinder
(eigene konstruktive Untersuchungen)

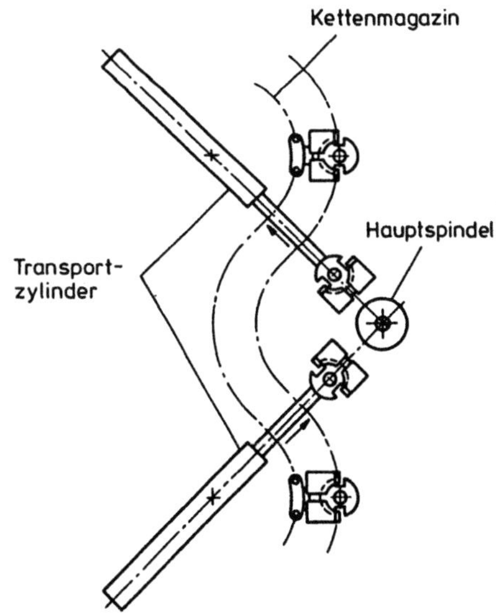


**Bild 8-31**
Werkzeugwechsel durch zwei Transportzylinder
(eigene konstruktive Untersuchungen)

**Werkzeugcodierung und Platzcodierung**

Alle Werkzeuge müssen eindeutig gekennzeichnet werden, damit sie im gegebenen Moment von der Maschinensteuerung gerufen werden können. Die Werkzeuge, die sich in dem umlaufenden Magazin befinden, werden abgetastet, und nach der Identifizierung wird von der Steuerung Befehl zum Werkzeugwechsel gegeben. Die Kennzeichnung der Werkzeuge kann durch Werkzeugcodierung oder durch Platzcodierung durchgeführt werden.

Bei der Werkzeugcodierung sind die Werkzeughalter mit den Codierringen versehen. Sie werden direkt elektrisch abgetastet. Bei diesem System muß dafür gesorgt werden, daß alle Werkzeuge in die richtigen Werkzeughalter eingebaut werden.

Bei der Platzcodierung sind die Teile des Magazins, in welchen die Werkzeughalter aufgenommen werden, codiert und werden beim Umlauf des Magazins elektrisch abgetastet. Bei diesem System muß dafür gesorgt werden, daß alle Werkzeughalter mit ihren Werkzeugen in die richtigen numerierten Plätze des Magazins hineingesetzt werden.

## 8.2 Bohrkopfwechsel

Bei Bearbeitungszentren wird die Möglichkeit zum Bohrkopfwechsel gegeben, falls es nicht möglich ist, mit einem Bohrkopf in dem gesamten Drehzahlbereich zu arbeiten oder wenn die Arbeit mit Mehrspindelköpfen gewünscht wird.

Um diese Einrichtungen prinzipiell zu beschreiben, ist in Bild 8-32 eine Maschine mit waagerechter Spindel und einer nach eigenen konstruktiven Untersuchungen konzipierten Bohrkopfwechseleinrichtung schematisch dargestellt. Das obere Bild ist eine Seitenansicht, jedoch ohne Tischeinheit; das untere Bild zeigt die Draufsicht der Maschine mit der Bohrkopfwechseleinrichtung. Für die Aufnahme auswechselbarer Bohrköpfe wird am Senkrechtschlitten eine Bohrkopf-Spanneinheit angebaut. Nachdem der Bohrkopf beim Einrollen in die Spanneinheit die richtige Lage erreicht hat, wird er gespannt und fixiert. Der Hauptantrieb wird anschließend mit dem Bohrkopf gekoppelt. Da bei dieser Lösung der Bohrkopf von der Spanneinheit direkt in das Bohrkopfmagazin befördert wird, findet der Umlauf der Bohrköpfe in einer senkrechten Ebene statt.

Falls der Umlauf der Bohrköpfe in einer waagerechten Ebene stattfinden soll, wird der Bohrkopf von der Spanneinheit zuerst in eine Schwenkeinrichtung befördert (Bild 8-33). Erst nach der Schwenkung um 90° gelangt der Bohrkopf in das Bohrkopfmagazin, in dem der Umlauf der Bohrköpfe in einer waagerechten Ebene stattfindet. Das obere Bild ist eine Seitenansicht, das untere Bild zeigt eine Draufsicht der Maschine mit der Bohrkopfwechseleinrichtung.

Die Bohrköpfe sind mit den Codiernocken versehen und werden direkt elektrisch abgetastet.

## 8.3 Palettenwechsel

Bei Bearbeitungszentren wird häufig die Möglichkeit zum Palettenwechsel gegeben, damit die Nebenzeit auf ein Minimum reduziert wird. Der prozentuelle Anteil der Schnittzeit zur Stückzeit wird somit erhöht. Ein Werkstück kann auf einer Palette ausgerichtet, fixiert und gespannt werden, während das andere, sich auf dem Arbeitstisch befindliche Werkstück, zerspant wird..

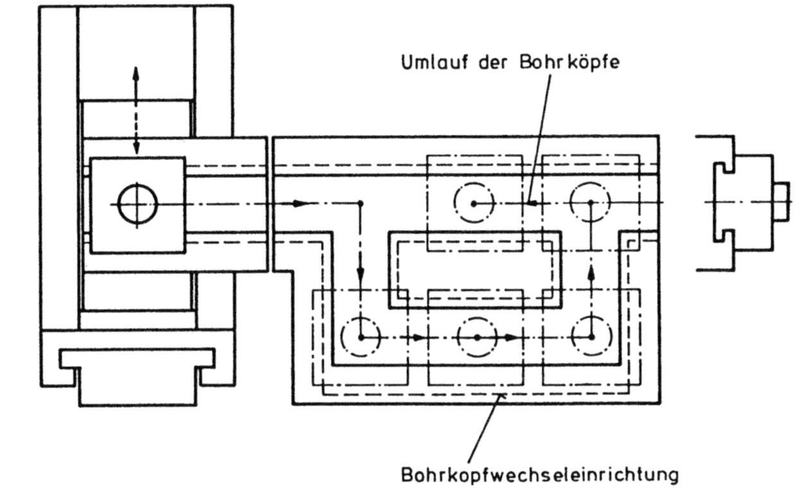


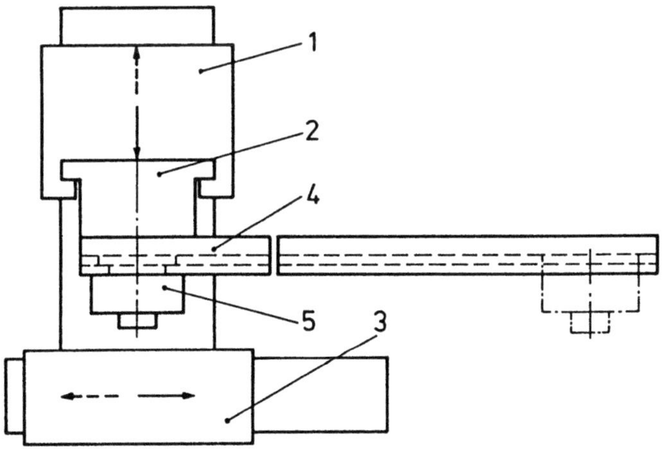


**Bild 8-32**
Bohrkopfwechseleinrichtung mit Bohrkopfumlauf in der senkrechten Ebene (eigene konstruktive Untersuchungen)
1 Ständer;
2 Senkrechtschlitten;
3 Tischeinheit;
4 Bohrkopf-Spanneinheit;
5 Auswechselbarer Bohrkopf

Die Palettenwechseleinrichtungen werden mit Hilfe von zwei Systemen erläutert. Die Funktion des in Bild 8-34 dargestellten Systems wird nun schrittweise beschrieben

1. Die auf dem Tisch fixierte und gespannte Palette I wird entspannt. Sie bewegt sich anschließend in Richtung 1, bis sie in die Endlage der Palettenwechseleinrichtung gelangt.
2. Die Palette II bewegt sich von der Ladestation in Richtung 2 bis zur Tischmitte.
3. Die Palette II bewegt sich in Richtung 3 zum Arbeitstisch der Maschine. Nach dem Erreichen der richtigen Lage wird sie auf dem Tisch fixiert und gespannt. Die Vorschubbewegung des Tisches wird eingeleitet.
4. Die Palette I wird nun in Richtung 4 bewegt.

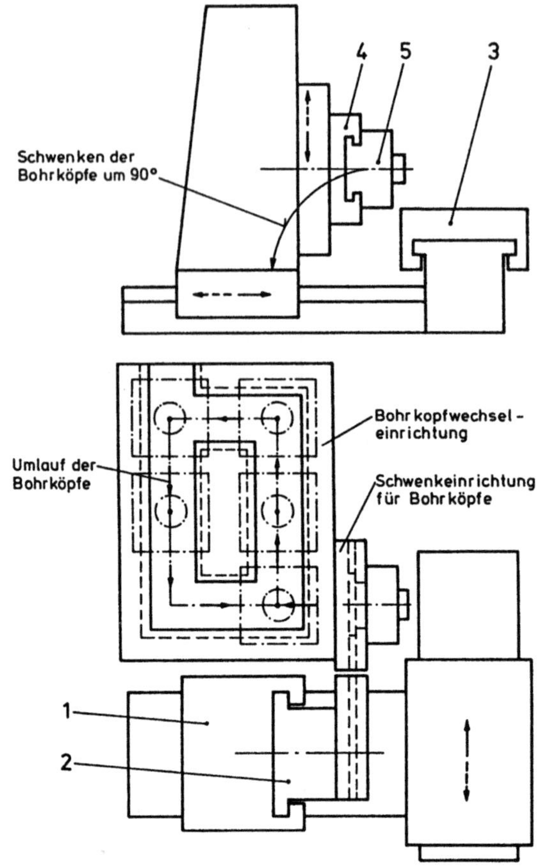


**Bild 8-33**
Bohrkopfwechseleinrichtung mit Bohrkopfumlauf in der waagerechten Ebene

1 Ständer;
2 Senkrechtschlitten;
3 Tischeinheit;
4 Bohrkopf-Spanneinheit;
5 Auswechselbarer Bohrkopf

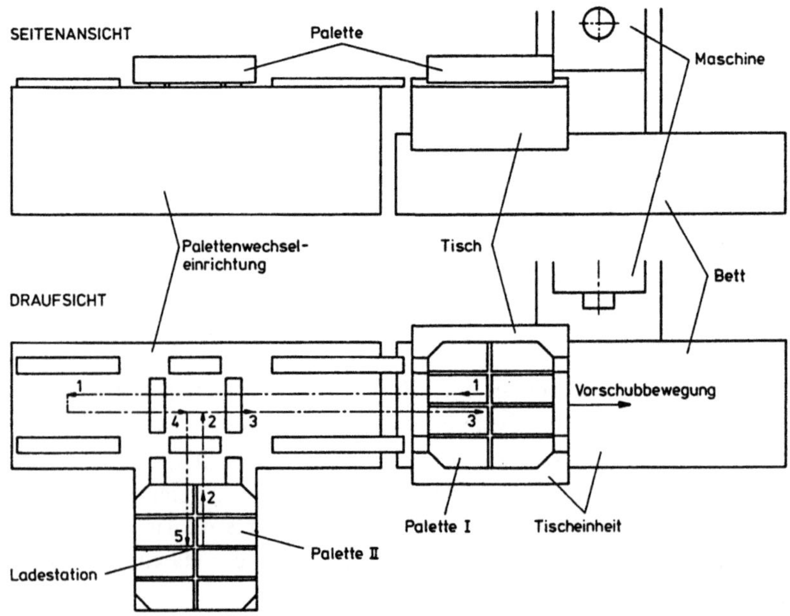


**Bild 8-34** Palettenwechseleinrichtung mit längerer Palettenwechselzeit

5. Die Palette I wird weiter in Richtung 5 zur Ladestation bewegt. Hier wird das fertig bearbeitete Werkstück entspannt und entladen, das neue Werkstück wird gespannt.

In Bild 8-35 ist ein anderes Palettenwechselsystem dargestellt, dessen Funktion beschrieben wird

1. Die auf dem Tisch fixierte und gespannte Palette I wird entspannt. Sie bewegt sich anschließend in Richtung 1 zur Ladestation.
2. Beide Paletten (I und II) bewegen sich gleichzeitig in Richtung 2.
3. Die Palette II bewegt sich in Richtung 3 zum Arbeitstisch. Nach dem Erreichen der richtigen Lage wird sie auf dem Tisch fixiert und gespannt. Die Vorschubbewegung des Tisches wird eingeleitet. Das fertige Werkstück wird in der gleichen Zeit auf der Ladestation entspannt und gegen das unbearbeitete Werkstück ausgetauscht.

Die Palettenwechselzeit beträgt je nach dem Palettenwechselsystem ca. 30 bis 40 Sekunden.

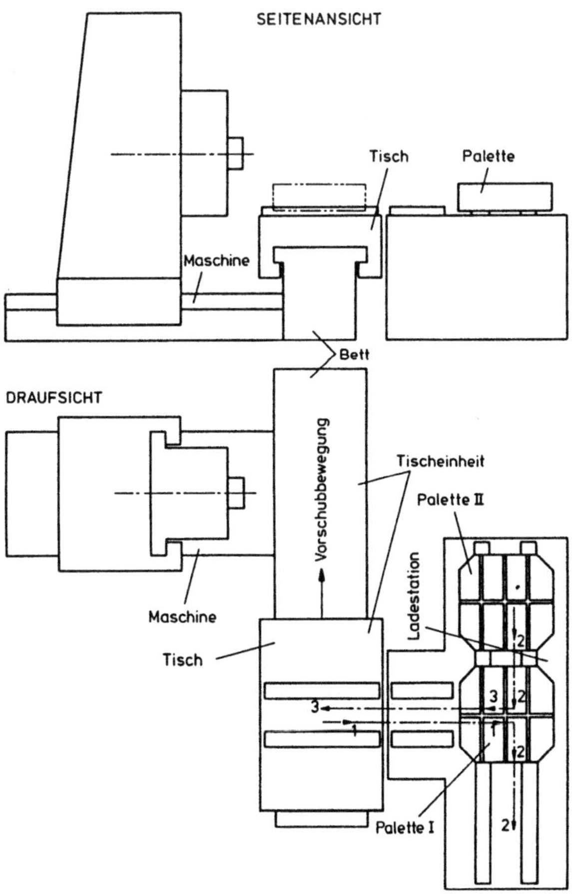


**Bild 8-35** Palettenwechseleinrichtung mit kürzerer Palettenwechselzeit

## 8.4 Industrieroboter

Industrieroboter sind Handhabungseinrichtungen, die zur selbsttätigen Handhabung von Werkzeugen oder Werkstücken in mehreren Bewegungsachsen programmierbar sind. Sie sind mit Greifern ausgerüstet, die den zu handhabenden Teilen angepaßt sind.

Begriffe und Definitionen der Handhabungseinrichtungen werden nach VDI-Richtlinien (VDI 2860 vom Oktober 1982) beschrieben und erläutert [80].

Handhaben ist das Schaffen, definierte Verändern oder vorübergehende Aufrechterhalten einer vorgegebenen räumlichen Anordnung von geometrisch bestimmten Körpern in einem Bezugskoordinatensystem. Es können weitere Bedingungen wie z.B. Zeit, Menge und Bewegungsbahn vorgegeben sein [80].

Die für bestimmte Maschinen konstruierten Handhabungseinrichtungen wurden in den Abschnitten 8.1, 8.2 und 8.3 behandelt. Werkzeugwechsel- und Bohrkopfwechseleinrichtungen (Abschnitte 8.1 und 8.2) werden zur Handhabung von Werkzeugen, die Palettenwechseleinrichtungen zur Handhabung von Werkstücken verwendet. Diese Einrichtungen, die maschinengebunden sind, haben Anwendung an Bearbeitungszentren.

Die Zielsetzung bei der Entwicklung von Industrierobotern war, einerseits möglichst vielseitige Universaleinrichtungen mit einfacher Programmierung zu schaffen, andererseits diese Einrichtungen weitgehend den entsprechenden Maschinen für bestimmte Fertigungsaufgaben anzupassen. Sie werden bei den Verkettungen von Maschinen zum Aufbau flexibler Fertigungssysteme zum Zwecke der Produktivitätssteigerung angewandt. Weitere Anwendungsbereiche sind automatische Schweiß- und Lackierstraßen. Industrieroboter erhöhen hier die Produktivität, zugleich humanisieren sie die menschliche Arbeit, da sie gefährliche und eintönige Arbeit übernehmen.

Bild 8-36 zeigt einen für die Werkstückhandhabung in der Montage und Fertigung konzipierten Industrieroboter, Fabrikat Bosch. Er besteht aus den festprogrammierbaren, pneumatischen Handhabungsmodulen:

- Lineareinheiten,
- Schlitteneinheiten,
- Greiferrotationseinheiten,
- Kurzhubschlitten,
- Greifer,
- Befestigungselemente.

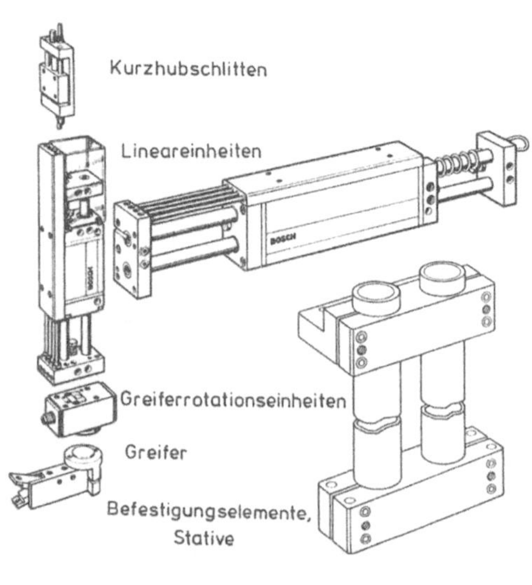


**Bild 8-36**

**Industrieroboter, (Fabrikat Bosch [81])**

Die freiprogrammierbaren elektrischen Handhabungsmodule beinhalten Lineareinheiten, Schlitteneinheiten, Greiferrotationseinheiten und Befestigungselemente. Sie werden eingesetzt, wenn viele Positionen pro Achse angefahren werden sollen, unterschiedliche Verfahrgeschwindigkeiten gefordert werden und wenn hohe Flexibilität in Bezug auf Umprogrammierung verlangt wird. Die pneumatischen und die elektrischen Handhabungsmodule sind untereinander kompatibel und lassen sich somit den gewünschten Fertigungsaufgaben anpassen.

## 8.5 Beispielaufgaben

Bei einem Bearbeitungszentrum mit waagerechter Spindel und frontal angeordneten Führungsbahnen (Bild 9-7) soll außer der in Bild 8-29 dargestellten Lösung des Werkzeugwechsels noch weitere Möglichkeiten gesucht und beschrieben werden.

Lösung im Anhang

# 9 Bauarten und Bautypen von Werkzeugmaschinen

Werkzeugmaschinen können nach dem Bearbeitungsvorgang in Dreh-, Bohr-, Fräs-, Räum- und Schleifmaschinen eingeteilt werden. Alle vorgenannten Maschinen können auch nach der Bauart eingeteilt werden wie z.B.: Spitzendreh-, Futterdreh-, Revolverdreh-, Karusseldreh- und Plandrehmaschinen u.a..

Eine weitere Gliederung kann nach dem Automatisierungsgrad, in handbediente, halbautomatische und automatische Maschinen erfolgen. Je nach der Spindellage werden Maschinen in waagerechte und senkrechte eingeteilt.

Ziel dieses Buches ist es nicht, strikte Einteilungen von Werkzeugmaschinen durchzuführen und alle einzelnen Maschinentypen zu beschreiben. Deshalb werden hier nicht Universalwerkzeugmaschinen für verschiedene Bearbeitungsvorgänge und Einzweckmaschinen, die nur zur Bearbeitung spezieller Werkstücke verwendet werden, behandelt.

Neuzeitliche Fertigungssysteme, die in allen Hauptabschnitten des Buches erwähnt werden: Sonderwerkzeugmaschinen aus Baueinheiten, Transferstraßen, Bearbeitungszentren und flexible Fertigungssysteme werden in diesem Abschnitt mit ihren Hauptmerkmalen beschrieben.

## 9.1 Sonderwerkzeugmaschinen aus Baueinheiten

Bei der Großserienfertigung finden Sonderwerkzeugmaschinen aus Baueinheiten Verwendung, da mit den Universalmaschinen keine hohe Produktivität erreicht werden kann. Höhere Flexibilität im Werkstückfluß und relativ rasche Umrüstbarkeit der Bearbeitungsstationen gibt den aus Baueinheiten bestehenden Maschinen wesentliche Vorteile gegenüber den speziellen Einzweckmaschinen.

Sonderwerkzeugmaschinen werden aus den genormten Baueinheiten zusammengestellt. Die Forderung nach der Normung kam von den Anwendern, vor allem von der Autoindustrie, die erreichen wollte, daß die aus Baueinheiten bestehenden Maschinen je nach Wagenmodellwechsel umgebaut werden können.

Die ersten Festlegungen über Baueinheiten nach DIN-Normen entstanden im Jahre 1944. Sie wurden im Jahre 1954 zurückgezogen. Im Jahre 1959 erschienen VDI-Richtlinien über Baueinheiten, die im Jahre 1965 in Normblätter nach DIN 69512 bis 69643 übergeführt wurden [82].

In diesen Rahmennormen sind nur die einzuhaltenden wesentlichen Haupt- und Anschlußmaße der verschiedenen Baugruppen festgelegt. Besondere konstruktive Eigenheiten werden dadurch nicht betroffen.

In Bild 9-1 ist eine aus Baueinheiten zusammengesetzte Dreiweg – Vier Stationen – waagerechte und senkrechte Sonderwerkzeugmaschine mit festem Tisch dargestellt. Sie ist als Anwendungsbeispiel in DIN 69520 angegeben [82].

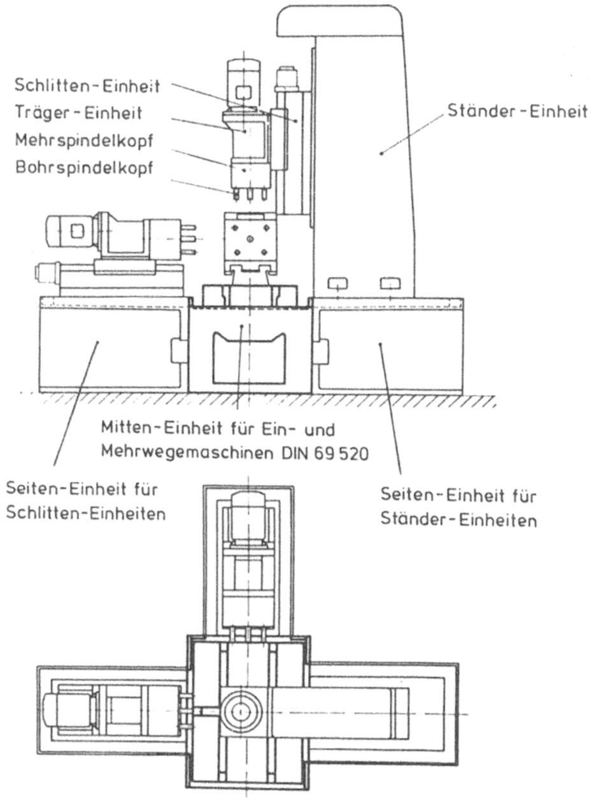


**Bild 9-1**

Dreiweg – Vier Stationen – Sonderwerkzeugmaschine mit festem Tisch [82]

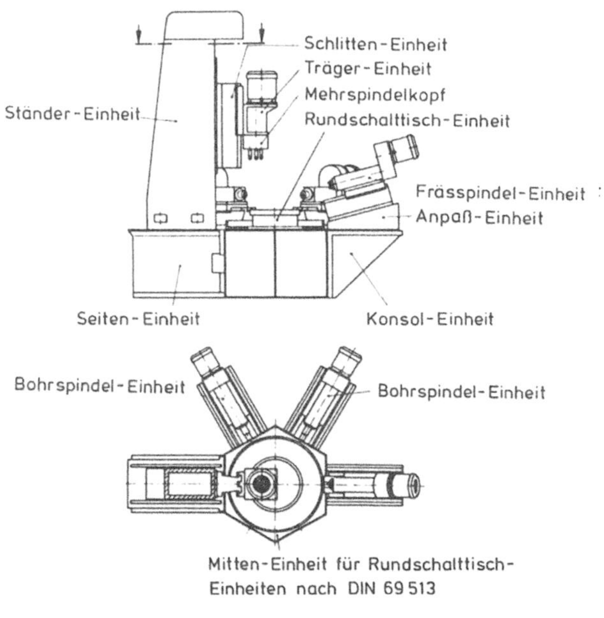


**Bild 9-2**

Vierweg – Sechs Stationen – Rundschalttischmaschine [82]

Eine Vierweg – Sechs Stationen – waagerechte und senkrechte Sonderwerkzeugmaschine mit waagerechter, kreisförmiger Zubringbewegung (Rundschalttischmaschine) ist als Anwendungsbeispiel in DIN 69513 [82] (Bild 9-2) gezeigt.

In Bild 9-3 ist der Bearbeitungsplan von Pleueln an einer halbautomatischen Dreiweg – Vier Stationen – Rundschalttischmaschine dargestellt.

Für Sonderwerkzeugmaschinen werden häufig Vorschubantriebe durch einen Hydraulikzylinder oder durch einen Drehstrommotor mit konstanter Drehzahl und nachgeschaltetem Stufengetriebe angewandt. Im Zusammenhang mit dem Vorschubantrieb werden hydraulische oder festverdrahtete Steuerungen eingesetzt. In zunehmendem Maße werden speicherprogrammierbare Steuerungen (PC-Steuerung) für Sonderwerkzeugmaschinen angewandt, da mit ihnen beim Umrüsten auf andere Werkstücke eine rasche Neuprogrammierung möglich wird.

Weitere Vorteile sind die Möglichkeiten der Überwachung des Bearbeitungsvorganges und Fehlerdiagnose. Durch rasches Erkennen der elektrischen Fehlerursachen (Endschalterausfall, Motorüberlastung) sowie mechanischer Fehlerursachen (Bohrerbruch, Werkzeugverschleiß) kann auch die Stillstandzeit der Maschine wesentlich verringert werden [84].

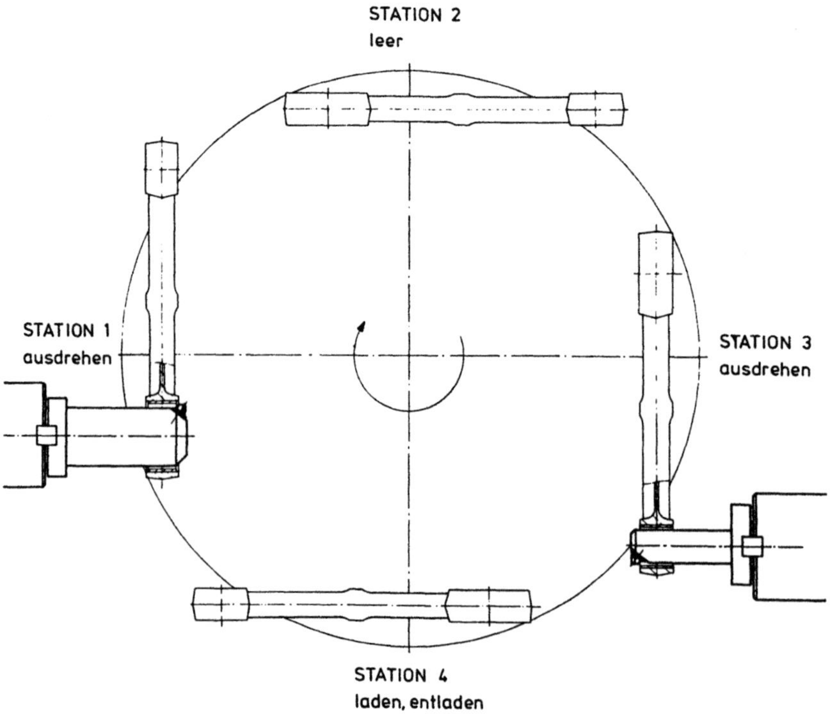


**Bild 9-3** Bearbeitungsplan zur Bearbeitung von Pleueln an einer halbautomatischen Dreiweg – Vier Stationen – Rundschalttischmaschine [83]

## 9.2 Transferstraßen

Transferstraßen sind aus Baueinheiten zusammengesetzte Fertigungssysteme mit vollautomatischem Arbeitsablauf, die bei der Großserienfertigung angewandt werden. Die Werkstücke werden durch eine Werkstücktransporteinrichtung jeweils zur nächsten Station befördert. Das unbearbeitete Werkstück wird in der ersten Station geladen, in allen darauffolgenden Stationen bearbeitet und in der letzten Station entladen. Jede Station hat eine bestimmte Bearbeitungsaufgabe zu erfüllen, an allen Stationen wird zur gleichen Zeit bearbeitet. Die Taktzeit der Transferstraße bestimmt die Station, die für die Bearbeitungsaufgabe die längste Zeit in Anspruch nimmt.

Bild 9-4 zeigt eine aus 19 Stationen zusammengesetzte Transferstraße für die Bearbeitung von LKW-Bremstrommeln.

Laden (Station 1) und Entladen (Station 19) erfolgen automatisch. Die Bremstrommeln werden als lose Werkstücke (ohne Vorrichtungswagen) von der ersten bis zur letzten Station automatisch befördert und an den Stationen automatisch ausgerichtet und gespannt. An der vorletzten Station 18 wird das fertigbearbeitete Werkstück geprüft.

In Bild 9-5 ist eine 6-Stationen Transferstraße zur Bearbeitung von Pleuelstangen und Deckeln dargestellt.

Die Werkstücke werden in der ersten Station manuell in die Speicher-Transporteinrichtung geladen, in der sechsten Station werden sie automatisch entladen.

Bild 9-6 zeigt den Bearbeitungsplan für diese Transferstraße.

Für die Transferstraßen werden die gleichen Vorschubantriebe und die gleiche Steuerung wie bei den Sonderwerkzeugmaschinen (Abschnitt 9.1) verwendet.

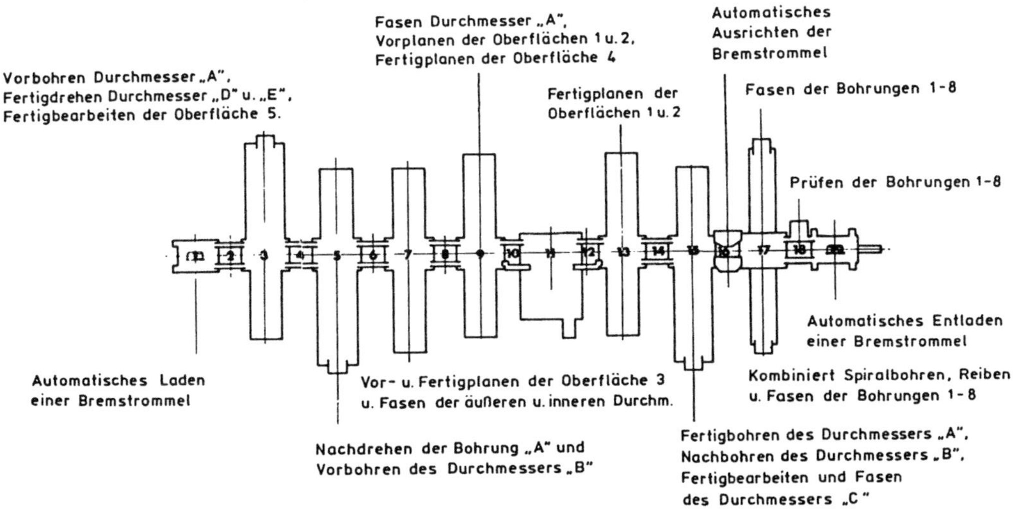


**Bild 9-4** 19-Stationen Transferstraße ohne Vorrichtungswagen für LKW-Bremstrommeln [85]

Die erste NC-gesteuerte Transferstraße wurde im Jahre 1982 in einem englischen Automobilwerk in Betrieb genommen [87]. Sie ist zur Bearbeitung von Vierzylinderblöcken für 1,1 l- bis 1,6 l-Motoren konzipiert. Die Fertigungsstraße wird aus 28 Bearbeitungsstationen zusammengesetzt. Die Vorschubbewegungen werden von Drehstrommotoren ausgeführt.

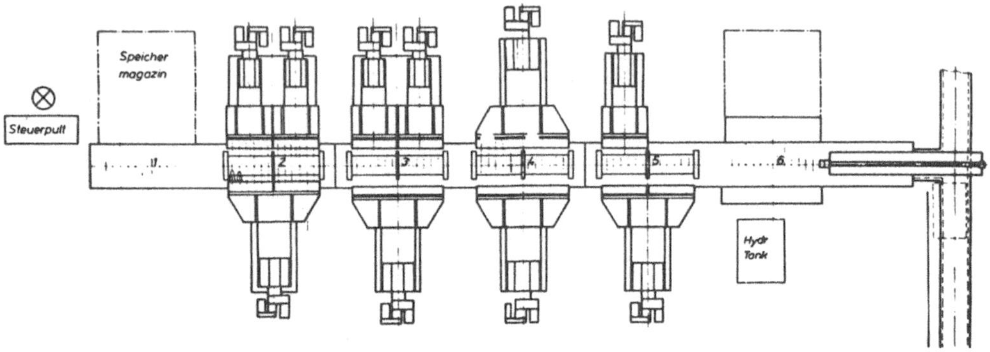


**Bild 9-5** 6-Stationen Transferstraße zur Bearbeitung von Pleuelstangen und Deckel [86]

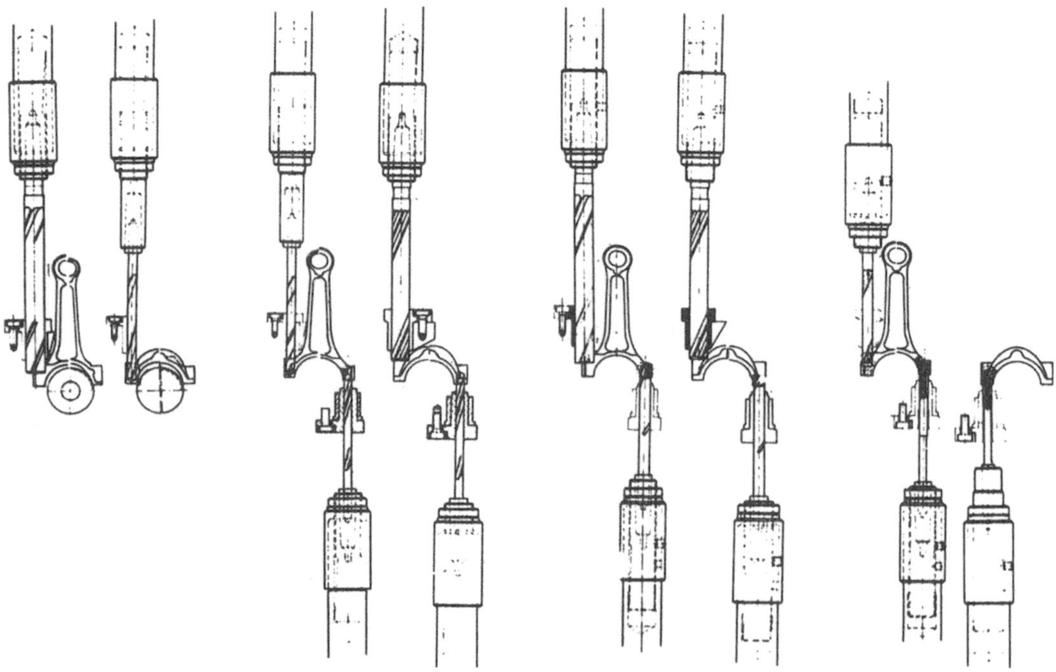

**Bild 9-6** Bearbeitungsplan zur Bearbeitung von Pleuelstangen und Deckel [86]

## 9.3 Bearbeitungszentren

Bearbeitungszentren sind numerisch gesteuerte Werkzeugmaschinen zum Bohren und Fräsen, die mit einer automatischen Werkzeugwechseleinrichtung in Verbindung mit einem Werkzeugmagazin ausgerüstet sind. Allgemeine Begriffe und Definitionen für alle im Hauptabschnitt 9 behandelten Maschinen waren in DIN 69650 im Jahre 1973 als Entwurf vorgelegt und im Jahre 1977 zurückgezogen. Im Moment gibt es einen Entwurf – DIN 69651 von 1981 – für die Begriffe der Werkzeugmaschinen für Metallbearbeitung.

Die im Abschnitt 8.1 beschriebenen Werkzeugwechseleinrichtungen werden in Bearbeitungszentren eingesetzt. In der höchsten Ausbaustufe der Automatisierung der Maschine werden zum Zwecke der Verringerung der Nebenzeit die in den Abschnitten 8.2 und 8.3 beschriebenen Bohrkopfwechsel- und Palettenwechseleinrichtungen an Bearbeitungszentren eingesetzt.

Die Anordnung der drei numerisch gesteuerten translatorischen Achsen sind bei dem Bearbeitungszentrum nb-h, Fabrikat Hüller Hille in Bild 9-7 dargestellt.

Diese Maschinen haben eine horizontale Arbeitsspindel. Die Werkzeugwechseleinrichtung arbeitet nach dem Prinzip des Doppelgreifers, Ausführung A (s. Bild 8-24), der in Bild 9-7 eingezeichnet ist. Bei dieser Maschine wird die Längsbewegung X durch den Tisch d.h. durch das Werkstück ausgeführt.

Die Bearbeitungszentren, bei denen alle drei Bewegungen (X, Y, Z) durch das Werkzeug ausgeführt werden, bieten vielfältige Variationsmöglichkeiten für den Einsatz verschiedener Werkstückträger wie Drehtisch ohne und mit automatischem Palettenwechsel, Festtisch, Aufspannplatte mit oder ohne Aufspannwinkel sowie Kombinationen von Fest- und Drehtisch und damit eine optimale Anpassung an unterschiedliche Bearbeitungsaufgaben (Bild 9-8).

Diese Systeme eignen sich für die Verkettungen von Bearbeitungszentren (Abschnitt 9.4).

Bearbeitungszentren werden bei der Kleinserienfertigung (einspindlige Maschinen) und Mittelserienfertigung (mehrspindliche Maschinen) angewandt.

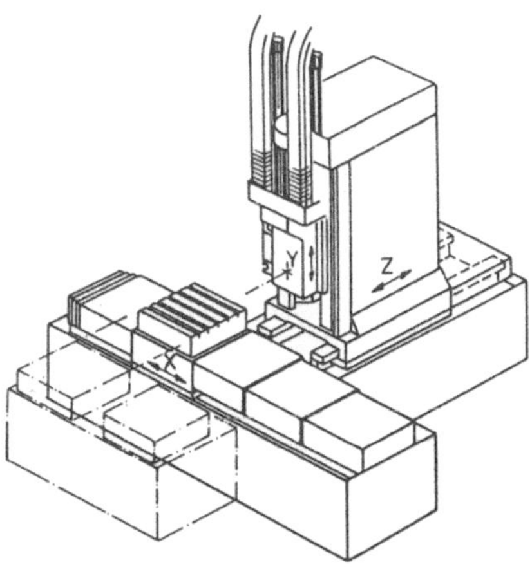


**Bild 9-7** Anordnung der Bewegungsachsen bei dem Bearbeitungszentrum nb-h [88]

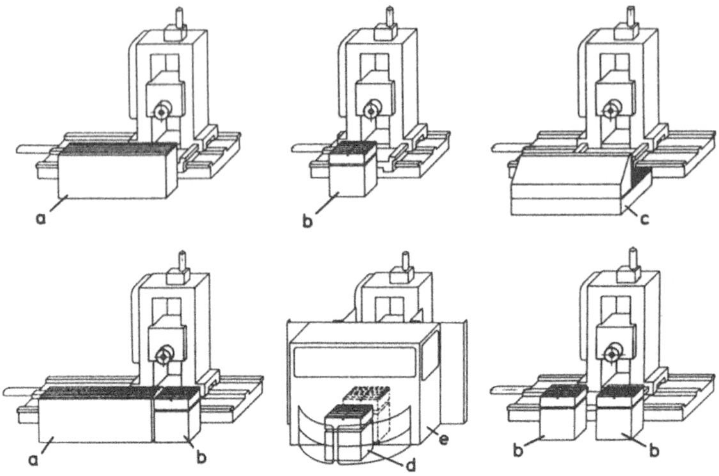


**Bild 9-8** Varianten der werkstücktragenden Baugruppen [89]
a Festtisch längs, b Drehtisch, c Aufspannplatte mit Winkel, d Drehtisch mit Palettenwechsel, e Arbeitsraumabschirmung

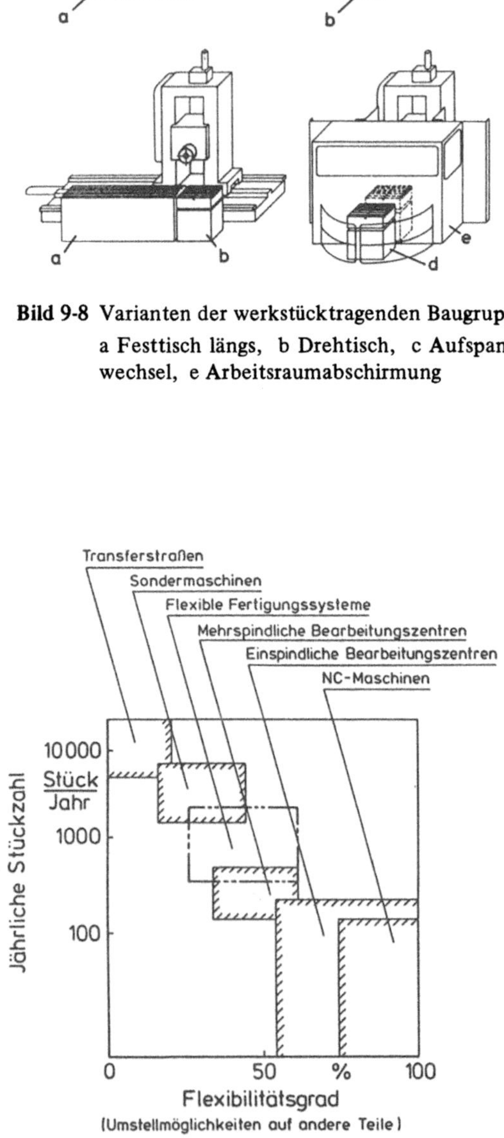


**Bild 9-9** Bereich der wirtschaftlichen Fertigungsauslegung in Abhängigkeit von Stückzahl und Flexibilitätsgrad [90]

## 9.4 Flexible Fertigungssysteme und flexible Fertigungszellen

Für die Einzel- und Kleinserienfertigung werden bevorzugt numerisch gesteuerte Werkzeugmaschinen, für die Großserienfertigung Transferstraßen angewandt. Einspindlige und mehrspindlige Bearbeitungszentren decken die Klein- und Mittelserienbereiche (Bild 9-9) ab.

Flexible Fertigungssysteme haben zum Ziel, die zwischen den oben aufgeführten Bereichen entstandene Lücke zu schließen. Es mußten Maschinen konzipiert werden, die eine höhere Produktivität als Bearbeitungszentren und zugleich eine höhere Flexibilität als Transferstraßen aufweisen. Die Lösung dieses Problems war die Verkettung verschiedener Bearbeitungsmaschinen mit entsprechenden Transporteinrichtungen.

Bild 9-10 zeigt die erste Realisierung dieser Aufgabe durch ein flexibles Fertigungssystem der Firma Burr, Ludwigsburger Maschinenbau, Ludwigsburg. Die Fertigungsanlage war für Getriebeteile ausgelegt und bestand aus neun Bearbeitungszentren TCl, die in zwei Reihen aufgestellt wurden. Zwischen den beiden einander zugewandten Maschinenreihen befand sich das Werkstücktransport- und Werkstückzubringersystem. Die bestückten Paletten wurden mit dem Transportsystem bis zur betreffenden Maschine gebracht, um 90° gedreht und anschließend in die Übergabestation (Palettenwechsel) übernommen.

Ein flexibles Fertigungssystem für die Bearbeitung von Achsteilen, Zwischenflanschen und Lenkteilen ist in Bild 9-11 dargestellt. Dieses System besteht aus Dreh-, Bohr-, Fräs-, Abläng- und Zentriermaschinen und zwei Koordinatenmeßgeräten. Ein zentral angeordneter Industrieroboter übernimmt die Funktion der Werkstückhandhabung.

Fertigungszellen sind technologisch autonome Produktionsmittel mit hohem Automatisierungsgrad, die für eine Verkettung zu höher geordneten Produktionssystemen geeignet sind [93]. Sie können unterschiedliche Werkstücke automatisch bearbeiten. So bilden beispielsweise eine numerisch gesteuerte Drehmaschine, ein Handhabungssystem, ein Meßsystem, ein Werkstückbereitstellungssystem und eine Wendestation, die durch ein Steuerungssystem miteinander verbunden sind, eine flexible Drehzelle. Werden mehrere flexible Fertigungszellen durch ein Materialfluß- und ein Informationssystem miteinander verkettet, entsteht ein flexibles Fertigungssystem [94].

## 9.5 Beispielaufgaben

Bei der Großserienfertigung von Ventilstößelbuchsen für Dieseleinspritzpumpen werden die zylindrischen Werkstücke vorgebohrt, fertiggebohrt, gesenkt, vorgerieben und fertiggerieben. Es gibt insgesamt fünf verschiedene Baugrößen von Ventilstößelbuchsen.

An welchen Maschinen werden diese Werkstücke am wirtschaftlichsten bearbeitet?

Lösung im Anhang

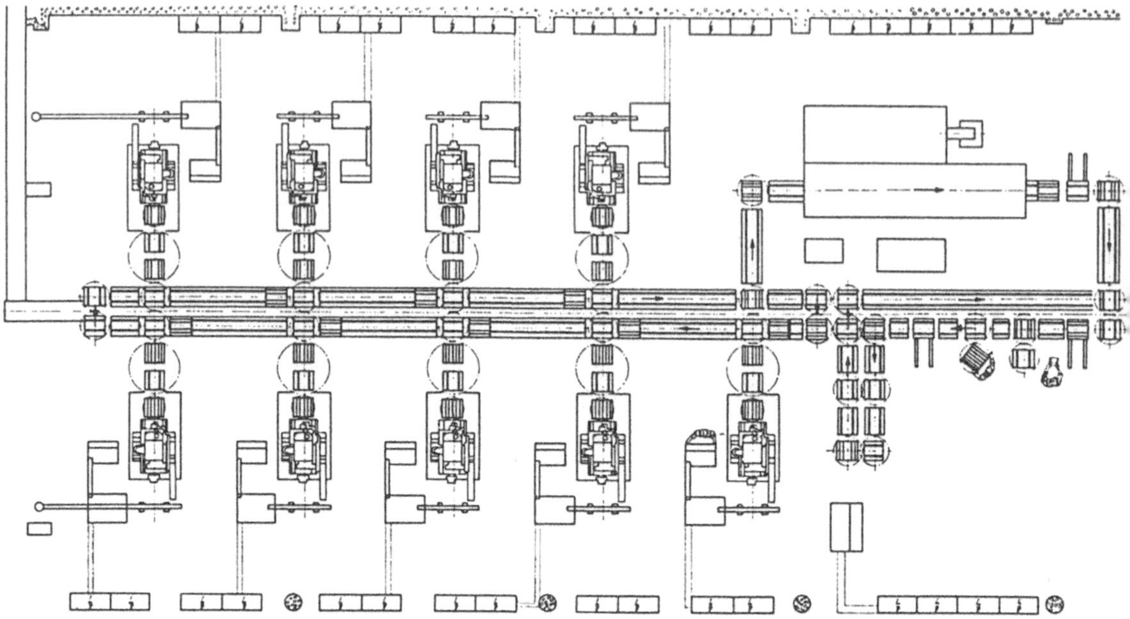

**Bild 9-10** Flexibles Fertigungssystem mit den Bearbeitungszentren und einem Transportsystem [91]

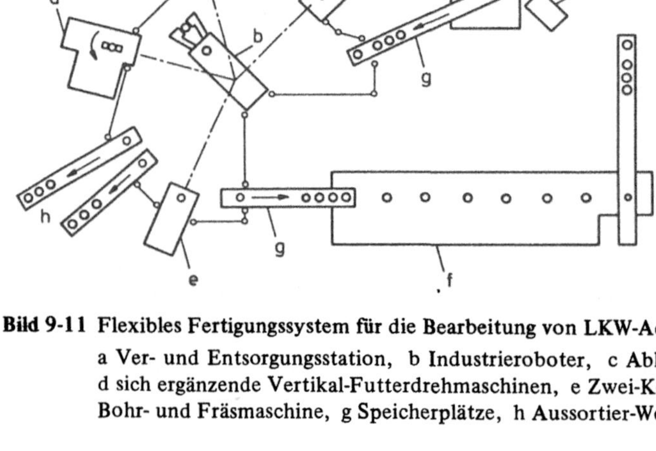


**Bild 9-11** Flexibles Fertigungssystem für die Bearbeitung von LKW-Achsteilen [92]

a Ver- und Entsorgungsstation, b Industrieroboter, c Abläng- und Zentriermaschine, d sich ergänzende Vertikal-Futterdrehmaschinen, e Zwei-Koordinaten-Meßgerät, f Sonder-Bohr- und Fräsmaschine, g Speicherplätze, h Aussortier-Weichen für fehlerhafte Werkstücke

# Anhang

## Lösung der Aufgabe 1.4

Schlittengeschwindigkeit $v_{120}$ wird bei a = 4 mm und s = 0,6 mm/U beim Bearbeiten des Werkstoffes CK45 nach der erweiterten Taylor'schen Gleichung errechnet

$$v = \frac{C_v \cdot \left(\frac{G}{5}\right)^g}{A_s^f \cdot \left(\frac{T_L}{60}\right)^y}.$$

Der Schlankheitsgrad wird bestimmt

$$G = \frac{a}{s} = \frac{4}{0,6} = 6,67.$$

Der Spanquerschnitt beträgt

$$A_s = as = 4 \cdot 0,6 = 2,4\ \text{mm}^2.$$

Die Festigkeit des geglühten Vergütungsstahles 55NiCrMoV6 wird der Tabelle 1-1 entnommen

$$\sigma_B = 94 \cdot 10^7\ \text{N/m}^2.$$

Die Konstante $C_v$ wird nach der Tabelle 1-2 bestimmt

$$C_v = 101.$$

Die Exponenten f, g und y werden nach der Tabelle 1-4 bestimmt

$$f = 0,28, \quad g = 0,14, \quad y = 0,30.$$

Durch Einsatz dieser Werte ergibt sich

$$v_{120} = \frac{101 \cdot \left(\frac{6,67}{5}\right)^{0,14}}{2,4^{0,28} \cdot \left(\frac{120}{60}\right)^{0,30}} = 66,85\ \text{m/min}.$$

Die Spanbreite b und die Spandicke h werden nach Bild 1-2 bestimmt

$$b = \frac{a}{\sin\kappa} = \frac{4}{\sin 45^\circ} = 5,66\ \text{mm}$$

$$h = s \cdot \sin\kappa = 0,6 \cdot \sin 45^\circ = 0,42\ \text{mm}.$$

Der spezifische Schnittdruck beim Drehen wird für den geglühten Vergütungsstahl 55NiCrMoV6 nach der Tabelle 1-1 ermittelt

$$k_{s1.1} = 174 \cdot 10^7 \text{ N/m}^2 .$$

Der spezifische Schnittdruck $k_s$ wird nach folgender Gleichung errechnet (s. Tabelle 1-1)

$$k_s = \frac{k_{s1.1}}{h^p} = \frac{174 \cdot 10^7}{0{,}42^{0{,}24}} = 214{,}27 \cdot 10^7 \text{ N/m}^2 .$$

Der Spanquerschnitt wird aus dieser Formel bestimmt

$$A_s = a \cdot s = 4 \cdot 0{,}6 = 2{,}4 \text{ mm}^2 = 2{,}4 \cdot 10^{-6} \text{ m}^2 .$$

Die Hauptschnittkraft wird nach folgender Gleichung gerechnet

$$F_H = k_s \cdot A_s = 214{,}27 \cdot 10^7 \cdot 2{,}4 \cdot 10^{-6} = 5142{,}48 \text{ N}.$$

## Lösung der Aufgabe 2.5

Die wirksamen Taschenflächen der Tragbahn und des Umgriffes werden nach folgenden Gleichungen errechnet

$$A_{WI} = B_{WI} \cdot L_{WI} = 0{,}2 \cdot 0{,}1 = 0{,}02 \text{ m}^2$$
$$A_{WII} = B_{WII} \cdot L_{WII} = 0{,}125 \cdot 0{,}1 = 0{,}0125 \text{ m}^2 .$$

Die Abströmbreiten der Tragbahn und des Umgriffes werden nach folgenden Formeln bestimmt

$$b_I = 2 \cdot L_{WI} + 2 \cdot B_{WI} = 2 \cdot 0{,}1 + 2 \cdot 0{,}2 = 0{,}6 \text{ m}$$
$$b_{II} = 2 \cdot L_{WII} + 2 \cdot B_{WII} = 2 \cdot 0{,}1 + 2 \cdot 0{,}125 = 0{,}45 \text{ m}.$$

Das Verhältnis $b/l$ wird für die Tragbahn und für den Umgriff errechnet

$$\frac{b_I}{l_I} = \frac{0{,}6}{0{,}02} = 30 \qquad \frac{b_{II}}{l_{II}} = \frac{0{,}45}{0{,}015} = 30.$$

Die Gleichgewichtsgleichung im Anfangszustand d.h. unter der Wirkung des Schlittengewichtes lautet

$$\frac{G}{z} = F_O = p_{TOI} \cdot A_{WI} - p_{TOII} \cdot A_{WII} .$$

Durch den Einsatz $p_{TOI} = p_{TOII} = p_{TO}$ ergibt sich

$$\frac{G}{z} = F_O = p_{TO} \cdot A_{WI} \left(1 - \frac{A_{WII}}{A_{WI}}\right) .$$

Aus dieser Gleichung können die Taschendrücke der Tragbahn und des Umgriffes unter der Wirkung des Schlittengewichtes bestimmt werden

$$p_{TO} = \frac{\frac{G}{z}}{A_{WI}\left(1 - \frac{A_{WII}}{A_{WI}}\right)} = \frac{\frac{60.000}{8}}{0{,}02\left(1 - \frac{0{,}0125}{0{,}02}\right)} = 10 \cdot 10^5 \ \mathrm{N/m^2} = 10 \ \mathrm{bar}.$$

Gesamtanzahl der hydrostatischen Taschen

$$n = 2 \cdot z = 2 \cdot 8 = 16.$$

Das Öl ISO VG 22 hat eine kinematische Viskosität von $\nu_{40} = 22$ cSt bei 40 °C und $\nu_{20} = 52$ cSt $= 0{,}52$ cm²/s bei 20 °C.

Das spezifische Gewicht des Öles bei 20 °C beträgt $\gamma_{20} = 0{,}87$ kg/dm³ $= 0{,}87 \cdot 10^{-3}$ kg/cm³ (diese Unterlagen sind von Shell, Mobil, BP und anderen Ölfirmen erhältlich).

Die dynamische Viskosität wird nach folgender Gleichung gerechnet

$$\eta_{20} = \frac{\nu_{20} \cdot \gamma_{20}}{g} = \frac{0{,}52 \cdot 0{,}87 \cdot 10^{-3}}{981} = 46{,}1 \cdot 10^{-8} \ \frac{\mathrm{kg\,s}}{\mathrm{cm^2}} = 0{,}0461 \ \frac{\mathrm{Ns}}{\mathrm{m^2}}$$

($g = 981$ cm/s² = Erdbeschleunigung).

Der Pumpenvolumenstrom muß so groß sein wie die Summe aller Volumenströme, die durch alle Taschen der Tragbahnen und des Umgriffes fließen

$$\dot{V}_P = n \cdot \frac{p_{TO} \cdot h_o^3}{12 \cdot \eta} \cdot \frac{b}{l} = 16 \cdot \frac{10 \cdot 10^5 \cdot (0{,}00002)^3}{12 \cdot 0{,}0461} \cdot 30 =$$

$$= 6{,}9414 \cdot 10^{-6} \ \frac{\mathrm{m^3}}{\mathrm{s}} = 0{,}4165 \ \frac{\mathrm{dm^3}}{\mathrm{min}} \ .$$

## Lösung der Aufgabe 3.6

Das axiale Flächenträgheitsmoment der Spindel wird nach folgender Gleichung errechnet

$$J_{SP} = \frac{\pi \cdot D^4}{64} = \frac{\pi \cdot 0{,}120^4}{64} = 1{,}02 \cdot 10^{-5} \ \mathrm{m^4}.$$

Der statisch optimale Lagerabstand, bei welchem die kleinsten Systemverlagerungen an der Kraftangriffsstelle erzielt werden, wird rechnerisch nach folgender Gleichung ermittelt

$$b^3 - \frac{6 \cdot E \cdot J_{SP}}{a \cdot K_v} \cdot b - \frac{6 \cdot E \cdot J_{SP}(K_v + K_h)}{K_v \cdot K_h} = 0.$$

Beim Einsatz der bekannten Daten erhält man

$$b^3 - \frac{6 \cdot 2{,}1 \cdot 10^{11} \cdot 1{,}02 \cdot 10^{-5}}{0.350 \cdot 1300 \cdot 10^6} \cdot b - \frac{6 \cdot 2{,}1 \cdot 10^{11} \cdot 1{,}02 \cdot 10^{-5} (1300 + 1000) \cdot 10^6}{1300 \cdot 10^6 \cdot 1000 \cdot 10^6} = 0.$$

Die endgültige Gleichung kann in dieser Form geschrieben werden

$$b^3 - 0{,}0282\,b \quad - 0{,}0227 = 0.$$

Aus dieser Gleichung erhält man den statisch optimalen Lagerabstand

$$b = 0{,}310\ \text{m}.$$

Die Gesamtverlagerung des Spindel-Lager-Systems an der Kraftangriffsstelle wird nach folgender Gleichung bestimmt

$$y = \frac{F \cdot b \cdot a^2}{3 \cdot J_{SP} \cdot E}\left(1 + \frac{a}{b}\right) + \frac{F}{b^2}\left[\frac{(a+b)^2}{K_v} + \frac{a^2}{K_h}\right]$$

$$y = \frac{30.000 \cdot 0{,}31 \cdot 0{,}35^2}{3 \cdot 1{,}02 \cdot 10^{-5} \cdot 2{,}1 \cdot 10^{11}}\left(1 + \frac{0{,}35}{0{,}31}\right) + \frac{30.000}{0{,}31^2}\left[\frac{(0{,}35 + 0{,}31)^2}{1300 \cdot 10^6} + \frac{0{,}35^2}{1000 \cdot 10^6}\right]$$

$$y = 0{,}000520\ \text{m} = 0{,}52\ \text{mm}.$$

## Lösung der Aufgabe 4.4

Da es sich um eine Sondermaschine handelt, wird nur ein Gestell gefertigt. Das Gestell soll in Schweißausführung gefertigt werden, da bei der Fertigung eines Ständers bei den geschweißten Gestellen geringere Herstellungskosten als bei den gegossenen erreicht werden.

Da der Senkrechtständer durch Kräfte, Biegemomente und Torsionsmomente belastet wird, soll ein geschlossenes Profil mit Kopfplatte und mit den senkrechten Diagonalverrippungen (Bild 4-19) gewählt werden.

## Lösung der Aufgabe 5.3

Die erforderliche Drehzahl der Kugelrollspindel zum Erreichen der vorgesehenen Schlittenzustellgeschwindigkeit beträgt

$$n_{MIN} = \frac{v}{h} = \frac{0{,}1}{2{,}5} = 0{,}04\ \text{min}^{-1}.$$

Beim Eilgang wird folgende Drehzahl der Kugelrollspindel verlangt

$$n_{MAX} = \frac{v_{EIL}}{h} = \frac{5000}{2{,}5} = 2000\ \text{min}^{-1}.$$

Der Gleichstrom-Servomotor kann direkt (ohne Anpaßgetriebe) mit der Kugelrollspindel (Bild 7-36) gekoppelt werden, da mit der höchsten Motordrehzahl die gewünschte Eilganggeschwindigkeit erreicht werden kann und die geforderte niedrigste Motordrehzahl $n_{MIN} = 0{,}04\ \text{min}^{-1}$ durch die Ansteuerung des Gleichstrommotors durch Transistoren realisiert werden kann (im Abschnitt 5.2.3 wurde ein Steuerbereich 1 : 50000 angegeben)

$$n_{MIN} = \frac{2.000}{50.000} = 0{,}04\ \text{min}^{-1}.$$

Beim Einsatz des Schrittmotors wird zuerst die Anzahl der Schritte je Umdrehung rechnerisch ermittelt

$$\text{Anzahl der Schritte je Umdrehung} = \frac{360}{\text{Schrittwinkel}} = \frac{360}{1{,}8} = 200$$

bzw. mit den Halbschritten $\frac{360}{0{,}9} = 400$.

Die maximale Motordrehzahl wird nach folgender Gleichung errechnet

$$n_{MAX} = \frac{\text{maximale Schrittfrequenz} \cdot 60}{\text{Anzahl der Schritte je Umdrehung}} = \frac{6500 \cdot 60}{200} = 1950\ \text{min}^{-1}.$$

Diese Motordrehzahl liegt knapp unter der vorgeschriebenen Drehzahl zum Erreichen der gewünschten Eilganggeschwindigkeit.

Der kleinste, impulsmäßig kontrollierbare Schlittenhub wird nach folgender Gleichung bestimmt

$$H = \frac{\text{Schrittwinkel} \cdot h}{360} = \frac{h}{\text{Anzahl der Schritte je Umdrehung}} = \frac{2{,}5}{400} = 0{,}0063\ \text{mm}.$$

Obwohl mit Halbschritten gerechnet wurde, ist der Zustellweg bei direkter Kopplung des Schrittmotors mit der Kugelrollspindel zu groß. Zwischen dem Schrittmotor und der Kugelrollspindel muß deshalb ein Anpaßgetriebe (Bild 5-13) eingesetzt werden. Das Untersetzungsverhältnis des Getriebes i wird bestimmt

$$H = \frac{h}{(\text{Anzahl der Schritte je Umdrehung}) \cdot i} = \text{oder}$$

$$i = \frac{h}{H \cdot (\text{Anzahl der Schritte je Umdrehung})} = \frac{2{,}5}{0{,}00025 \cdot 400} = 25.$$

Mit der Anwendung eines Untersetzungsgetriebes kann der kleinste, impulsmäßig kontrollierbare Zustellweg erreicht werden, die Eilganggeschwindigkeit wäre aber zu klein

$$v_{EIL} = \frac{1950}{25} \cdot 2{,}5 = 195\ \text{mm/min}.$$

Für die gestellte Aufgabe kann das Problem nur mit einem Gleichstromantrieb gelöst werden.

## Lösung der Aufgabe 6.7

Der Innendurchmesser des Dämpfers wird angenommen

$$d_2 = 15\ \text{mm} = 0{,}015\ \text{m}.$$

Das Reibmoment auf den Flächen „A“ und „B“ zwischen dem Dämpfer und der schwingenden Welle soll 10–15 % des Motormoments betragen

$$M = 0{,}15 \cdot M_M = 0{,}15 \cdot 32 = 4{,}8\ \text{Nm}.$$

Dieses Moment wird durch die durch Tellerfeder erzeugte Reibkraft $F_\mu$ zwischen dem Dämpfer und der Welle erreicht

$$M = F_\mu \cdot \frac{(d_{1/2} + d_{2/2})}{2}.$$

So ergibt sich

$$F_\mu = \frac{2\,M}{(d_{1/2} + d_{2/2})} = \frac{2 \cdot 4{,}8}{(0{,}015 + 0{,}0075)} = 426{,}6 \text{ N}.$$

Die erforderliche Anpreßkraft wird ermittelt

$$F_N = \frac{F_\mu}{\mu} = \frac{426{,}6}{0{,}1} = 4266 \text{ N}.$$

Die Tellerfeder soll so bestimmt und vorgespannt sein, daß diese Anpreßkraft erreicht wird.

Das Massenträgheitsmoment des Dämpfers $I_D$ soll 2 bis 3 mal so groß sein wie das Massenträgheitsmoment vom Rotor des Antriebsmotors plus Massenträgheitsmoment aller rotierenden und translatorisch bewegten Massen, die auf die Motorwelle reduziert werden

$$I_D = 3 \cdot (I_M + I_R) = 3 \cdot (0{,}037 + 0{,}02) = 0{,}171 \text{ kgm}^2.$$

Der Dämpfer ist ein Hohlzylinder mit einem Außendurchmesser D, Innendurchmesser $d_2$ und der Breite B.

Das Massenträgheitsmoment des Hohlzylinders lautet

$$I_D = \frac{G}{8}(D^2 + d_2^2).$$

Das Gewicht G des Dämpfers wird bestimmt

$$G = (D^2 - d_2^2) \cdot \frac{\pi}{4} \cdot B \cdot \gamma.$$

Wenn G in die Gleichung von $I_D$ eingesetzt wird, bekommt man

$$I_D = \frac{(D^2 - d_2^2) \cdot (D^2 + d_2^2) \cdot \pi \cdot B \cdot \gamma}{32}.$$

spezifisches Gewicht $\gamma = 7{,}85 \cdot 10^3$ kg/m³

Wenn der Außendurchmesser des Dämpfers angenommen wird

$$D = 200 \text{ mm} = 0{,}2 \text{ m},$$

kann aus dieser Gleichung die Breite des Dämpfers errechnet werden

$$B = \frac{32 \cdot I_D}{(D^2 - d_2^2)(D^2 + d_2^2) \cdot \pi \cdot \gamma} = \frac{32 \cdot 0{,}171}{(0{,}2^2 - 0{,}015^2)(0{,}2^2 + 0{,}015^2) \cdot \pi \cdot 7{,}85 \cdot 10^3} =$$

$$= 0{,}138 \text{ m} = 138 \text{ mm}.$$

Der Dämpfer hat die Maße

$$D \times d_2 \times B = 200 \times 15 \times 138.$$

## Lösung der Aufgabe 7.7

Konstruktive Änderungen sind erforderlich, da mit diesem Vorschubantrieb die vorgeschriebene Resonanzfrequenz von 60 $s^{-1}$ nicht erreicht werden kann.

Durchmesser der Kugelrollspindel und Lagerinnendurchmesser werden deshalb geändert

$$d_S = 0{,}070 \text{ m},$$
$$d_L = 0{,}060 \text{ m}.$$

Die axiale Federkonstante der Gewindespindel beträgt

$$K_S = \frac{d_s^2 \cdot \pi \cdot E}{4 \cdot l} = \frac{0{,}070^2 \cdot \pi \cdot 2{,}1 \cdot 10^{11}}{4 \cdot 1{,}485} = 5{,}4 \cdot 10^8 \text{ N/m}.$$

Steigung der Gewindespindel beträgt

$$t_g\alpha = \frac{h}{\pi \cdot d_2} = \frac{0{,}010}{\pi \cdot 0{,}072} = 0{,}0442 \qquad \alpha = 2{,}5314°.$$

Die Summe $\alpha + \rho$ wird bestimmt

$$\alpha + \rho = 2{,}5314° + 0{,}2865° = 2{,}8179°.$$

Die Schubkraft des Schlittens wird gerechnet

$$F_V = \frac{2 \cdot M}{d_2 \cdot \text{tg}(\alpha + \rho)} = \frac{2 \cdot 49{,}7}{0{,}072 \cdot \text{tg}\, 2{,}8179°} = 28048{,}1 \text{ N}.$$

Die Federkonstante des axialen Rollenlagers im spielfreien Zustand wird bestimmt

$$K_{LO} = 1{,}7 \cdot d_L^{0,96} \cdot F_V^{0,1} = 1{,}7 \cdot 60^{0,96} \cdot 2804{,}81^{0,1} = 191{,}54 \text{ kp/}\mu\text{m}.$$

Die Steifigkeit des Lagers im vorgespannten Zustand ist etwa 50 % höher

$$K_L = 1{,}5 \cdot 191{,}54 = 287 \text{ kp/}\mu\text{m} = 28{,}7 \cdot 10^8 \text{ N/m}.$$

Die axiale Federkonstante der Gewindemutter ist auch größer geworden, sie beträgt

$$K_M = 200 \frac{\text{kp}}{\mu\text{m}} = 20 \cdot 10^8 \text{ N/m}.$$

Die resultierende axiale Federkonstante des Vorschubantriebes wird rechnerisch bestimmt

$$\frac{1}{K} = \frac{1}{K_S} + \frac{1}{K_L} + \frac{1}{K_M} = \frac{1}{5{,}4 \cdot 10^8} + \frac{1}{28{,}7 \cdot 10^8} + \frac{1}{20 \cdot 10^8} = 2{,}7 \cdot 10^{-9}$$

$$K = 3{,}703 \cdot 10^8 \text{ N/m}.$$

Die mechanische Kreiseigenfrequenz beträgt

$$\omega = \sqrt{\frac{K}{m_s} \cdot \frac{g}{10}} = \sqrt{\frac{3{,}703 \cdot 10^8 \cdot 9{,}81}{2265 \cdot 10}} = 400{,}49\ s^{-1}.$$

Die mechanische Resonanzfrequenz des Vorschubantriebes mit verstärkter Kugelrollspindel und verstärkten Lagern beträgt

$$f = \frac{1}{2\pi} \cdot \omega = \frac{1}{2\pi} \cdot 400{,}49 = 63{,}74\ s^{-1}.$$

Die angegebenen konstruktiven Änderungen haben ausgereicht, um die von der NC-Steuerungsfirma vorgeschriebene Steifigkeit mechanischer Antriebselemente einzuhalten. Die Wegmessung ist direkt, die Kugelrollspindel mit großer Steigungsgenauigkeit ist nicht erforderlich.

## Lösung der Aufgabe 8.5

Es könnten ein Werkzeugmagazin (Bild 8-7) für die axiale Entnahme des Werkzeughalters und ein Doppelgreifer (Bild 8-24, Ausf. „B") vorgesehen werden. Das Werkzeugmagazin könnte so angeordnet sein, daß die Werkzeuge im Magazin parallel sind mit der Hauptspindel. Damit das Magazin mit den Werkzeugen dem zu bearbeitenden Werkstück nicht im Wege steht, fährt der Maschinenständer in Z-Richtung zurück (Bild 9-7) in die Werkzeugwechselstellung.

Das Werkzeugmagazin ist nicht mit dem Maschinenständer, sondern mit dem Maschinenbett fest verbunden. Bei dieser Lösung würden sich in Bezug auf die in Bild 8-29 dargestellte Lösung Vorteile ergeben, da einfachere Werkzeugwechseleinrichtungen (ohne Schwenkbewegung um die senkrechte Achse) eingebaut werden können. Die Werkzeugwechselzeiten werden in beiden Fällen ähnlich sein, da bei diesem Beispiel eine Schwenkbewegung durch die Bewegung des Maschinenständers in Z-Richtung ersetzt wird.

## Lösung der Aufgabe 9.5

Bei der Großserienfertigung werden Sonderwerkzeugmaschinen aus Baueinheiten oder Transferstraßen angewandt. In diesem Falle ist es zweckmäßig, eine waagerechte Fünfweg-Sechsstationen-Rundschalttischmaschine vorzusehen (ähnlich Bild 9-2).

In der ersten Station wird das Werkstück geladen bzw. entladen. In den Stationen 2, 3, 4, 5 und 6 wird das Werkstück vorgebohrt, fertiggebohrt, gesenkt, vorgerieben und fertiggerieben. Beim Umrüsten auf andere Baugrößen werden die Werkstückspannelemente ausgewechselt, die sich auf dem Rundschalttischoberteil befinden.

# Schrifttum

[1] *Kienzle, O.:* Spezifische Schnittkräfte bei der Metallbearbeitung. Werkstatt-Technik und Maschienenbau 1959, H. 5, S. 224/25.

[2] *Witthoff, J.:* Die Ermittlung der günstigsten Arbeitsbedingungen bei der spanabhebenden Formgebung. Werkstatt und Betrieb 80 (1947), H. 4, S. 77–83; 85 (1952), H. 10, S. 521–526; 90 (1957), H. 1, S. 61–68.

[3] *Kirchner, E.:* Optimierungsmöglichkeiten bei zerspanenden Drehbearbeitungen unter besonderer Berücksichtigung numerisch gesteuerter Drehmaschinen. 4 Teile. Technische Zeitschrift für praktische Metallbearbeitung 63 (1969), H. 6, S. 298–306; 64 (1970), H. 5, S. 245–249; 64 (1970), H. 6, S. 287–292; 64 (1970), H. 8, S. 457–459.

[4] *Eisele, F.:* Die Wirtschaftlichkeit der Zerspanung. Maschinenmarkt 61 (1955), H. 69/70.

[5] *Burmester, H.:* Über die Wahl der Schnittbedingungen beim Drehen. Werkstatt und Betrieb 82 (1949), H. 6, S. 185–224.

[6] *Shaw, M. C.:* Wirtschaftlichkeitsbetrachtungen für die spanabhebende Bearbeitung. Industrie-Anzeiger 79 (1957), H. 56, S. 847–851.

[7] *Schaumann, R.:* Ermittlung und Berechnung der kostengünstigsten Standzeit und Schnittgeschwindigkeit. Werkstattstechnik 60 (1970), H. 1, S. 14–21.

[8] *Taylor, F. W.:* On the Art of Metall Cutting. Trans. ASME 28 (1907), S. 31.

[9] *Taylor-Wallichs:* Dreharbeit und Werkzeugstähle. Berlin: Springer 1917.

[10] *Kronenberg, M.:* Grundzüge der Zerspanungslehre, Erster Band, Zweite Auflage, Springer-Verlag, Berlin, 1954.

[11] *Spur, G.:* Optimierung des Fertigungssystems Werkzeugmaschine. Carl Hanser Verlag, München 1972.

[12] *Degenhardt, U.:* Grundlagen zur Optimierung der Zerspanungsbedingungen unter besonderer Berücksichtigung des Werkzeugverschleißes. Aachen, Techn. Hochschule Dr.-Ing. Diss. 1968.

[13] *Hirsch, B.:* Bestimmung optimaler Schnittbedingungen bei der maschinellen Programmierung mit EXAPT 2. Industrie-Anzeiger 90 (1968), H. 24, S. 469–473.

[14] *Pahlitzsch, G.:* Ermittlung von Richtwerten beim Bohren mit Spiralbohrern unter Berücksichtigung ausgewählter Einflußgrößen. V.D.W.-Forschungsbericht, August 1964.

[15] *Haidt, H.:* Wirtschaftliches Fräsen mit Hartmetallwerkzeugen. Technischer Verlag Günter Grossmann GmbH, Stuttgart–Vaihingen, 1968.

[16] Montanwerke Walter GmbH, Tübingen – Richtwert-Tafeln Metallbearbeitung.

[17] *Kronenberg, M.:* Grundzüge der Zerspanungslehre. Zweiter Band. Zweite Auflage. Springer–Verlag, Berlin, 1963.

[18] *Stribeck, R.:* Die wesentlichen Eigenschaften der Gleit- und Rollenlager. Z.V.D.I. Bd. 46 (1902), S. 1341/48, S. 1432/38 u. S. 1463/70.

[19] *Vogelpohl, G.:* Die Stribeck-Kurve als Kennzeichen des allgemeinen Reibungsverhaltens geschmierter Gleitflächen. Zeitschrift des Vereines deutscher Ingenieure, Band 96, Nr. 9 Düsseldorf, März 1954, S. 261–268.

[20] *Saljé, E.:* Elemente der spanenden Werkzeugmaschinen. Carl Hanser Verlag, München, 1968.

[21] *Opitz, H.:* 2. Bericht über Untersuchungen des Reibungs- und Verschleißverhaltens von Werkzeugmaschinen-Gleitführungen. V.D.W.-Forschungsberichte, Januar 1967.

[22] *Slezinger, I. N.* und *L. B. Erlik:* Berechnung der Vorschubmechanismen auf Gleichmäßigkeit der Bewegungen. Stanki i Instrument (1956), Nr. 10, S. 26/29.

[23] *Stepaneck, K.:* Die Stabilität der Gleitführungen bei Werkzeugmaschinen. VDI-Zeitschrift 102 (August 1960).

[24] *Eisele, F.* und *H. D. Schulz:* Dynamische Eigenschaften der Werkzeugmaschinenantriebe. Maschinenmarkt 66 (1960), H. 63.

[25] *Opitz, H.:* 1. Bericht über Untersuchungen des Reibungs- und Verschleißverhaltens von Werkzeugmaschinen-Gleitführungen. V.D.W.-Forschungsberichte, Februar 1966.

[26] *Opitz, H.:* 4. Bericht über Untersuchungen des Reibungs- und Verschleißverhaltens von Werkzeugmaschinen-Gleitführungen. V.D.W.-Forschungsberichte, April 1969.

[27] *Lapidus:* Wahl des Materials und der Konstruktion von Werkzeugmaschinenführungen. Übersetzung aus Stanki i instrument. Industrie-Anzeiger 78 (1956).

[28] *Saljé, E.:* Gleitführungen an Werkzeugmaschinen. Industrie-Anzeiger 78 (1956), H. 89.

[29] *Hertel, H.:* Untersuchungen von Gußeisen und Preßstoff-Gleitführungen bezüglich ihres Verschleißverhaltens und ihrer Neigung zu Anfressungen. Aachen, Techn. Hochschule, Dr. Ing. Diss. 1938.

[30] *Escher:* Gleitführungen aus Gußeisen und Kunststoffen. Maschinenbau und Betrieb. 1942.

[31] *Perović, B.:* Einstellen der Kapillardrosseln an hydrostatischen Führungen. Maschinenmarkt, 84 (1978), H. 10, S. 169–171.

[32] *Perović, B.:* Steifigkeit hydrostatischer Lager. Konstruktion & Design. Dezember 1977, S. 52–55.

[33] *Perović, B.:* Steifigkeit des hydrostatischen Lagers bei Verwendung verschiedener Ölversorgungssysteme. Industrie-Anzeiger 99 (1977), H. 103, S. 2089–2090.

[34] *Perović, B.:* Thermisches Verhalten hydrostatischer Führungen. Werkstatt und Betrieb 111 (1978), H. 8, S. 518–522.

[35] *Perović, B.:* Optimierung von hydrostatischen Führungen nach Steifigkeit und thermischem Verhalten. Berlin, Techn. Universität, Dr.-Ing. Diss. 1977.

[36] *Perović, B.:* Hauptspindellagerung, Auslegung und Konstruktion von Hauptspindellagerungen. Konstruktion & Design, März 1978, S. 30–34.

[37] *Köhler, G.* und *H. Rögnitz:* Maschinenteile, Teil 1. B. G.-Teubner Verlagsgesellschaft, Stuttgart 1960.

[38] *Mohrenstein, A. V.:* Das Hydrolager, ein neuartiges hydrodynamisches Gleitlager. Konstruktion 9 (1957), H. 2, S. 52–55.

[39] *Keßler, F.:* Das Gleitstützenlager in hydrodynamischen FAG-Spindeln. Schweinfurt. FAG-Kugelfischer Georg Schäfer & Co., Publ. Nr. 44110.

[40] *Perović, B.:* Optimale Auslegung der Ölversorgung hydrostatischer Führung hinsichtlich Steifigkeit. Industrie-Anzeiger 99 (1977), H. 69, S. 1321–1322.

[41] *Betsch, H.:* Spindellagerungs-Konzepte für die Werkzeugmaschinenindustrie. Maschinenmarkt 81 (1975), H. 100.

[42] *Perović, B.:* Steifigkeit von Hauptspindeln. Konstruktion & Design, Februar 1979, S. 26–27.

[43] *Kunkel, H.:* Untersuchungen über das statische und dynamische Verhalten verschiedener Spindel-Lager-Systeme. Aachen, Techn. Hochschule, Dr.-Ing. Diss. 1966.

[44] *Honrath, K.:* Über die Starrheit von Werkzeugmaschinenspindeln und deren Lagerung. Aachen, Techn. Hochschule, Dr.-Ing. Diss. 1960.

[45] *Koenigsberger, F.:* Berechnungen, Konstruktionsgrundlagen und Bauelemente spanender Werkzeugmaschinen. Springer-Verlag, Berlin, 1961.

[46] *Troost, A.:* Über die innere Dämpfung metallischer Werkstoffe, ihre Ursache, Ermittlung und Bedeutung. Guß im Werkzeugmaschinenbau. Schriftenreihe: Guß und seine Verwendung. Zentrale für Gußverwertung, Düsseldorf.

[47] *Piekenbrink, R.:* 7. Bericht über Betrachtungen über das statische und dynamische Verhalten von Werkzeugmaschinen. V.D.W.-Forschungsberichte.

[48] DIN – 16945, Reaktionsharze, Reaktionsmittel und Reaktionsharzmassen, Prüfverfahren. Beuth Verlag, Berlin 1976.

[49] *Grab, H.* und *Theimert, P. H.:* Beton im Werkzeugmaschinenbau. Werkstatt und Betrieb 109 (1976), H. 4, S. 195–202.

[50] *Schulz, H.* und *R. G. Nicklau:* Werkzeugmaschinengestelle aus Polymerbeton. Werkstatt und Betrieb 114 (1981), H. 10.

[51] *Bühler, H.* und *H. G. Pfalzgraf:* Beitrag zur Frage der Verminderung von Eigenspannungen in Werkstücken aus Gußeisen. Werkstatt und Betrieb 97 (1964), Nr. 2, S. 163–171.

[52] *Opitz, H.:* Berechnungen von Maschinenelementen und Gestellbauteilen mit Digitalrechnern. Bericht über die VDW-Konstrukteur-Arbeitstagung am 24. und 25. Januar 1969 in Aachen.

[53] *Tobias, S. A.:* Schwingungen an Werkzeugmaschinen. Carl Hansen Verlag, München, 1961.
[54] *Loewenfeld, K.:* Die statische und dynamische Steifigkeit von Platten. Zweites Forschungs- und Konstruktionskolloquium Werkzeugmaschinen. Coburg, Vogel-Verlag 1955.
[55] *Tschierschke:* Berechnung von Bauteilen einer Fräsmaschine mit Finiten Elementen bei statischer und dynamischer Beanspruchung. Firmendruckschrift von Heller Maschinenfabrik.
[56] *Opitz, H.:* Auslegung von Vorschubantrieben für NC-Maschinen. Bericht über die VDW-Konstrukteur-Arbeitstagung am 7. und 8. Februar 1969.
[57] EV. Firmendruckschrift 6/76/1000 von Gebr. Honsberg GmbH.
[58] *Lasermann, K.* und *H. H. Zander:* Drehstrom-Vorschubantriebe für Werkzeugmaschinen. Sonderdruck aus Siemens-Energietechnik, Produktinformation, 3. Jahrgang, Juni 1983, H. 2, S. 45 und 46.
[59] *Engel, D.* und *H. Riedel:* Gleichstrom-Vorschubantriebe für Werkzeugmaschinen. Sonderdruck aus Siemens-Energietechnik, Produktinformation, 3. Jahrgang, Juni 1983, H. 2, S. 42–44.
[60] *Derichs, J.:* Untersuchungen an Schrittmotoren. Aachen, Techn. Hochschule, Dr.-Ing. Diss. 1965.
[61] *Opitz, H.:* Aufbau und Auslegung hydrostatischer Lager und Führungen und konstruktive Gesichtspunkte bei der Gestaltung von Spindellagerungen mit Wläzlagern. Bericht über die VDW-Konstrukteur-Arbeitstagung am 21. und 22. Februar 1969 in Aachen.
[62] *Opitz, H., Umbach, R., Dreyer, W.:* Dynamische Versteifung von Werkzeugmaschinen durch gedämpfte Hilfsmassensysteme. Forschungsberichte des Landes Nordrhein Westfalen, Nr. 1357. Köln/Opladen: Westdeutscher Verlag.
[63] *Alfa Laval, A. B. Bofors, Asea, Scania Vabis:* Dynamischer Maschinentest. BAS-Norm, Schweden.
[64] *Tobias, S. A.:* The Vibrations of Vertikal Milling Machines under Test and Working Conditions. Proceedings Institution of Mechanical Engineers 173 (1959), S. 474.
[65] DIN 12226, Regelungstechnik und Steuerungstechnik, Begriffe und Benennungen. Beuth Verlag, Berlin 1968.
[66] *Spur, G.:* Mehrspindel Drehautomaten. Carl Hanser Verlag, München 1970.
[67] Numerisch gesteuerte Arbeitsmaschinen, Nahtstelle zwischen der numerischen Steuerung (NC) und der Anpaßsteuerung. VDI-Richtlinie 3422. VDI-Verlag, Düsseldorf 1972.
[68] DIN 66025, Programmaufbau für numerisch gesteuerte Arbeitsmaschinen. Beuth Verlag, Berlin 1983.
[69] *Bramm, T.* und *H. Meier:* Entwicklung einer CNC-Drehmaschinensteuerung für die Mehrstück- und Mehrschrittbearbeitung. ZWF-Zeitschrift für wirtschaftliche Fertigung 76 (1981), H. 8, S. 391–393.
[70] *Kief, H. P.:* NC-Handbuch 1982. NC-Handbuch-Verlag, Michelstadt, Stockheim 1982.
[71] *Peklenik, J.:* Geometrical Adaptive Control of Manufacturing Systems. Annals of the C.I.R.P. 18 (1970), S. 265–272.
[72] Marposs "in Process". Firmendruckschrift IP/03-BO-7/81 von Fa. Marposs.
[73] Kombinierte Meß- und Schrittmotorensteuerung zur Optimierung an Schleifmaschinen. Firmendruckschrift von Fa. Marposs.
[74] *Dutcher, J. L.:* Maschinengestaltung und Regelantrieb für numerische Steuerungen. Firmendruckschrift GET 3210.2 von General Electric.
[75] *Fasol, K. H.:* Die Frequenzkennlinien. Springer-Verlag 1968.
[76] *Jüstel, K.:* Wegmessung und Informationsverarbeitung bei numerisch gesteuerten Werkzeugmaschinen. Industrie-Anzeiger 83 (1961).
[77] *Mann, H.* und *H. Schiffelgen:* Einführung in die Regelungstechnik. Carl Hanser Verlag, München, 1972.
[78] *Coppelius, F.:* Maschineller Werkzeugwechsel bei NC-Bohr- und Fräswerken. Steuerungstechnik 1 (1968), H. 2, S. 73–76.
[79] *Simon, W.:* Die numerische Steuerung von Werkzeugmaschinen. 2. Auflage. Carl Hanser Verlag, München 1971.
[80] Handhabungsfunktionen, Handhabungseinrichtungen, Begriffe, Definitionen, Symbole. VDI-Richtlinie 2860. VDI-Verlag, Düsseldorf 1982.

[81] Bosch, Flexible Automation. Firmendruckschrift IA/AKN 001/6 (1.82), 1. Nachtrag von Fa. Bosch.

[82] DIN 69512 bis 69643, Baueinheiten für Werkzeugmaschinen. Beuth Verlag, Berlin 1965 bis 1981.

[83] Einheiten und Sondermaschinen von Steinel. Firmendruckschrift 3 Form 108 3000.6.76 Sch von Fa. Steinel.

[84] *Perović, B.:* Sonderwerkzeugmaschinen bearbeiten komplett, flexibel beim Umrüsten, Schleifen und Feinstbohren, 2 EMO. VDI-Nachrichten 48 (1977), S. 19.

[85] Innovationen 4. Firmendruckschrift CREW F-6052, Juli 75 von Fa. CROSS.

[86] 6. Stationen XLO-Transfermaschine mit Trägertransfereinrichtung zur Bearbeitung von Pleuelstangen und Deckel. Firmendruckschrift 504020/72 von Fa. EX-CELL-O.

[87] NC-Transfermaschine. Sonderdruck aus Industrie-Anzeiger 104 (1982).

[88] *Lipp, W.* und *E. Hackenberg:* Eine neue Baureihe von Bearbeitungszentren mit horizontaler Arbeitsspindel. Thyssen Technische Berichte 1977, H. 2.

[89] *Ulrich, P.:* Vierseitige Komplettbearbeitung von Getriebegehäusen auf Bearbeitungszentren. Werkstatt und Betrieb 114 (1981), H. 3, S. 175–178.

[90] *Spur, G., Feldmann, K.* und *H. Mathes:* Entwicklungsstand integrierter Fertigungssysteme. ZWF 68 (1973) H. 5, S. 229–236.

[91] *Neubrand, P.:* Flexibles Fertigungssystem für Getriebeteile. Sonderdruck aus Werkstatt und Betrieb 108 (1975) H. 8.

[92] *Legan, R.* und *O. Rudin:* Einsatz flexibler Fertigungssysteme für mittlere Serien beim LKW-Bau. Werkstatt und Betrieb 114 (1981) H. 9, S. 609–610.

[93] *Spur, G.:* Die automatische Fabrik, eine Utopie? ZWF-Zeitschrift für wirtschaftliche Fertigung 70 (1975) H. 6, S. 272–274.

[94] *Spur, G.* und *Ö. S. Ganiyusufoglu:* Wirtschaftliche Nutzung von flexiblen Fertigungszellen am Beispiel der Drehbearbeitung. ZWF-Zeitschrift für wirtschaftliche Fertigung 78 (1983) H. 4, S. 176–182.

# Sachwortverzeichnis

Abklingkonstante 129
Abschaltkreis 169
Abschirmung 145
ACC-Systeme 161
ACG-Systeme 163
ACO-Systeme 163
Abstimmung 133

Bahnsteuerung 166
BAS-NORM 138, 139
Bearbeitungszentren 211
Betongestell 80
Biegeschwingungsform 89
Biegesteifigkeit 85
Bohrkopfwechsel 201, 202

CNC-Steuerung 159

Dämpfungsmaß 129
Dekadenschalter 154
DNC-Steuerung 160
Doppelgreifer 195
Drehmelder 178
Drehstrom-Servomotor 110
Drehzahlbild 98, 100, 102

Eigenfrequenz 129
Eigenspannungen 82

Federkonstante 124
Fertigungskosten 6
Festkörperreibung 28
Flüssigkeitsreibung 28
Flexible Fertigungssysteme 213
Flexible Fertigungszellen 213
Frequenzkennlinien 180, 181
Führungen, Freßbeginn 36, 37
Führungen, gleitende 27
Führungen, hydrostatische 42
Führungen, Verschleiß 34, 35, 36
Führungen, wälzende 39

Gegengewicht 76
Gegenlauffräsen 20
Gewichtsausgleich 76
Gleichlauffräsen 20
Gleichstrommotor 96, 111
Gleitlager 54
Gleitstützenlager 59
Gußgestell 79

Hilfsmassensysteme 146
Hydraulikzylinder 116
hydraulische Steuerung 151
hydrodynamische Lager 56
Hydromotor 104

Inductosyn 178
Industrieroboter 204

Klemmungsgefahr 38
Kostengünstigste Schnittgeschwindigkeit 7
Kostengünstigste Standzeit 7
Kreiseigenfrequenz 116, 117, 118
Kreuzschienenverteiler 155
Kurvensteuerung 150

Lageregelkreis 179

Mackensen-Lager 59
Meßsteuerung 162, 164
Meßverfahren, absolut 173
–, inkremental 173
Meßwerterfassung, analog 172
–, digital 171
Methode der Finiten Elemente 90
MGF-Lager 58
Modalanalyse 141

Numerische Steuerung 156

Ortskurve 143

Palettenwechsel 202, 203
Phasenwinkel 133, 143
Platzcodierung 200
Pneumatische Steuerung 152
Programmsteuerung 153
Punktsteuerung 165

Rattern 136
Regelkreis 169
Reibungskoeffizient 28, 30, 31
Resonanzfrequenz 123
Ruck-Gleiten 29, 54, 133

Sägediagramm 94
Schnittgeschwindigkeit 5, 13, 23
Schrittmotor 120
Schweißgestell 79
Schwingungen, erzwungene 130
–, freie 128
–, fremderregte 128
–, selbsterregte 133
Schwingungsdauer 129
Schwingungserreger 140
Senkrechtständer 75
Sonderwerkzeugmaschinen 207
Speicherprogrammierbare Steuerung 156
spezifische Schnittkräfte 3, 11, 22
Streckensteuerung 165

Thyristoren 114
Torsionsdämpfer 147
Torsionsschwingungsform 90
Torsionssteifigkeit 86
Torsionsverformungen 88
Transferstraßen 209
Transistoren 115

Untergestell 74

Vergrößerungsfaktor 132

Wälzlager 62
Wegmessung, direkt 174
–, indirekt 175
Werkzeugcodierung 200
Werkzeughalter 187
Werkzeugmagazin 184
Werkzeugwechsel 183
Wirkungsweg, geschlossen 169
Wirkungsweg, offen 167

# Autorenregister


Alfa Laval 138
Betsch 66
Bramm 160
Bühler 82, 83
Burmester 7
Coppelius 184
Degenhardt 7
Derichs 120
Dreyer 127
Dutcher 168
Eisele 7, 29
Engel 114, 115
Erlik 29
Escher 34
Fasol 171
Feldmann 212
Ganiyusufoglu 213
Grab 80
Haidt 21
Hackenberg 211
Hertel 34
Hirsch 7
Honrath 68, 70
Jüstel 173
Keßler 59, 60
Kief 161
Kienzle 3
Kirchner 7
Koenigsberger 78, 105
Kühler 56
Kronenberg 5, 7, 25
Kunkel 68, 69, 70
Lapidus 27
Lasermann 110, 111
Legan 214
Lipp 211
Loewenfeld 90
Mann 180, 181
Mathes 212
Meier 160
Mohrenstein 59
Montanwerke 23
Neubrand 214
Nicklau 81
Opitz 29, 33, 34, 83, 85, 87, 89, 90, 96, 112, 115, 125, 127, 143, 146
Pahlitzsch 7, 9, 10, 15
Peklenik 163
Perović 46, 48, 49, 55, 56, 58, 60, 63, 64, 65, 66, 208
Pfalzgraf 82, 83
Piekenbrink 79
Riedel 114, 115
Rögnitz 56
Rudin 214
Saljé 29, 34
Schaumann 7
Schiffelgen 180, 181
Schulz H. D. 29
Schulz H. 81
Shaw 7
Simon 195
Slezinger 29
Spur 7, 150, 163, 212, 213
Stepanek 29
Stribeck 27, 28
Taylor 4
Theimert 80
Tobias 89, 127, 144
Troost 79
Tschierschke 91
Ulrich 212
Umbach 127
Vogelpohl 28
Wallichs 4
Witthoff 6
Zander 110, 111

GPSR Compliance

*The European Union's (EU) General Product Safety Regulation (GPSR) is a set of rules that requires consumer products to be safe and our obligations to ensure this.*

*If you have any concerns about our products, you can contact us on ProductSafety@springernature.com*

In case Publisher is established outside the EU, the EU authorized representative is:

Springer Nature Customer Service Center GmbH
Europaplatz 3
69115 Heidelberg, Germany

**Batch number: 10584556**

Printed by Printforce, the Netherlands